■ ■ ■ 智能系统与技术丛书

MXNet Deep Learning in Action

MXNet
深度学习实战

魏凯峰 著

机械工业出版社
China Machine Press

图书在版编目（CIP）数据

MXNet 深度学习实战 / 魏凯峰著 . —北京：机械工业出版社，2019.5
（智能系统与技术丛书）

ISBN 978-7-111-62680-0

I. M…　II. 魏…　III. 机器学习　IV. TP181

中国版本图书馆 CIP 数据核字（2019）第 083513 号

MXNet 深度学习实战

出版发行：机械工业出版社（北京市西城区百万庄大街 22 号　邮政编码：100037）	
责任编辑：张锡鹏	责任校对：殷　虹
印　　刷：三河市宏图印务有限公司	版　　次：2019 年 5 月第 1 版第 1 次印刷
开　　本：186mm×240mm　1/16	印　　张：19.75
书　　号：ISBN 978-7-111-62680-0	定　　价：89.00 元

凡购本书，如有缺页、倒页、脱页，由本社发行部调换

客服热线：（010）88379426　88361066　　　　投稿热线：（010）88379604
购书热线：（010）68326294　　　　　　　　　　读者信箱：hzit@hzbook.com

前　言

为什么要写这本书

深度学习领域开始受到越来越多的关注，各大深度学习框架也孕育而生，在这个阶段，我被深度学习深深吸引并逐渐开始学习相关知识。研究生毕业后，我继续从事算法相关的工作，具体而言是深度学习算法在图像领域的应用，也就是常说的计算机视觉算法。

MXNet 和 PyTorch 这两个框架我都非常喜欢，不过目前市面上关于 MXNet 框架的书籍较少，而且 MXNet 发展至今各种接口比较稳定，用户体验挺不错的，所以最终决定以 MXNet 框架来写这本深度学习实战教程。MXNet 是亚马逊官方维护的深度学习框架，在灵活性和高效性方面都做得很棒，非常推荐读者学习。

本书的写作难度比想象中要大许多，在写作过程中许多零散的知识点需要想办法串联起来，让不同知识储备的人都能看懂，许多环境依赖需要从头到尾跑一遍来确认清楚。写书和写博客⊖（AI 之路）最大的区别在于书籍在出版后修正比较麻烦，不像博客，随时发现错误都可以修改，因此在写作过程中对许多细节和措辞都推敲了很久，自己也从中学到了许多。

读者对象

随着深度学习的快速发展和相关学习资料的出版，深度学习入门门槛越来越低，竞争也越来越激烈，相关从业者不仅要有坚实的算法基础，更要具备一定的实战经验，相信本书能够帮助你更好地入门深度学习。

⊖　笔者的 CSDN 博客。

本书面向的读者为：

- ❏ 计算机视觉算法从业者或爱好者
- ❏ 准备入门深度学习的读者
- ❏ 使用 MXNet 框架进行算法实现的读者

本书特色

假如一本书只是单纯介绍算法内容，那其实和直接看论文没有太大区别；假如一本书只是单纯介绍框架接口，那其实和直接看接口文档没有太大区别。在笔者看来，算法是思想，框架是工具，用框架实现算法才能体现算法的价值，因此这本书将算法和框架结合起来，通过讲解算法和个人项目经验介绍如何使用 MXNet 框架实现算法，希望能够帮助读者领略算法之美。

本书是从一名算法工程师的角度出发介绍算法实现，整体上偏基础和细节，能够帮助入门者少走弯路。随着这几年深度学习的快速发展，众多深度学习框架对各类接口的封装都很完善，使用起来非常方便，但是部分深度学习入门者仅仅停留在跑通 demo 却不理解细节内容的层面，这也常常被人调侃有些浮躁，通过本书，笔者希望读者不仅能够灵活调用这些接口实现算法，而且能够理解这些接口的内在含义，不断夯实自己的算法基础。

如何阅读本书

本书分为四大部分：

第一部分为准备篇（第 1~2 章），简单介绍深度学习相关的基础背景知识、深度学习框架 MXNet 的发展过程和优缺点，同时介绍基础开发环境的构建和 docker 的使用，帮助读者构建必要的基础知识背景。

第二部分为基础篇（第 3~7 章），介绍 MXNet 的几个主要模块，介绍 MXNet 的数据读取、数据增强操作，同时介绍了常用网络层的含义及使用方法、常见网络结构的设计思想，以及介绍模型训练相关的参数配置。

第三部分为实战篇（第 8~10 章），以图像分类、目标检测和图像分割这三个常用领域为例介绍如何通过 MXNet 实现算法训练和模型测试，同时还将结合 MXNet 的接口详细介绍算法细节内容。

第四部分为扩展篇（第 11~12 章），主要介绍 Gluon 和 GluonCV。Gluon 接口是 MXNet 推出的用于动态构建网络结构的重要接口，GluonCV 则是一个专门为计算机视觉任务服务的深度学习库。

本书按照由浅至深的顺序进行编写，如果你是一名初学者，那么建议从第 1 章的基础理论知识开始学习，如果你是一名经验丰富的资深用户，能够理解 MXNet 的相关基础知识和使用技巧，那么你可以直接阅读实战部分的内容。

勘误和支持

由于作者的水平有限，编写时间仓促，书中难免会出现一些错误或者不准确的地方，恳请读者批评指正。本书所有代码都可以从 https://github.com/miraclewkf/MXNet-Deep-Learning-in-Action 下载，同时如果你遇到任何问题，都可以在 Issues 界面提出，我将尽量在线上为读者提供最满意的解答，后期发现的错误也将在该项目中注明，欢迎读者关注。如果你有更多的宝贵意见，也欢迎发送邮件至邮箱 wkf8092@163.com，期待能够得到你们的真挚反馈。

致谢

首先要感谢 MXNet 的开发者们，是你们创造并一直维护这个高效便捷的深度学习框架，让众多深度学习爱好者能够通过 MXNet 享受算法带来的乐趣。

感谢 MXNet 社区中每一位为 MXNet 的发展和推广做出贡献的朋友，是你们带领我走进 MXNet 并逐渐喜欢上它，你们的活力与坚持将使得 MXNet 的明天更加美好。

感谢机械工业出版社华章公司的杨福川老师、李良老师和张锡鹏老师，在这一年多的时间中始终支持我的写作，你们的鼓励和帮助引导我顺利完成全部书稿。

感谢那些通过华章鲜读购买和阅读早期电子版书籍的读者们，你们的支持让我更加有动力不断完善这本书的内容，也让我更加确信自己在做一件非常有意义的事情。

最后感谢我的家人将我培养成人，你们永远是我最坚实的后盾！

谨以此书献给众多热爱深度学习算法及 MXNet 的朋友们！

魏凯峰

CONTENTS

目　录

前言

第 1 章　全面认识 MXNet ················ 1

1.1　人工智能、机器学习与深度学习 ······ 2
　　1.1.1　人工智能 ······················ 2
　　1.1.2　机器学习 ······················ 2
　　1.1.3　深度学习 ······················ 4
1.2　深度学习框架 ······················ 4
　　1.2.1　MXNet ·························· 6
　　1.2.2　PyTorch ························ 6
　　1.2.3　Caffe/Caffe2 ··················· 7
　　1.2.4　TensorFlow ···················· 7
　　1.2.5　其他 ·························· 7
1.3　关于 MXNet ························ 8
　　1.3.1　MXNet 的发展历程 ············· 8
　　1.3.2　MXNet 的优势 ················· 9
1.4　MXNet 开发需要具备的知识 ········ 10
　　1.4.1　接口语言 ···················· 11
　　1.4.2　NumPy ······················ 11
　　1.4.3　神经网络 ···················· 11
1.5　本章小结 ·························· 12

第 2 章　搭建开发环境 ················ 13

2.1　环境配置 ·························· 14
2.2　使用 Docker 安装 MXNet ·········· 19
　　2.2.1　准备部分 ···················· 19

2.2.2　使用仓库安装 Docker ·········· 20
2.2.3　基于安装包安装 Docker ········ 23
2.2.4　安装 nvidia-docker ············ 23
2.2.5　通过 Docker 使用 MXNet ····· 25
2.3　本地 pip 安装 MXNet ·············· 27
2.4　本章小结 ·························· 29

第 3 章　MXNet 基础 ················ 31

3.1　NDArray ·························· 31
3.2　Symbol ···························· 37
3.3　Module ···························· 43
3.4　本章小结 ·························· 48

第 4 章　MNIST 手写数字体分类 ···· 50

4.1　训练代码初探 ······················ 52
4.2　训练代码详细解读 ·················· 55
　　4.2.1　训练参数配置 ················ 56
　　4.2.2　数据读取 ···················· 59
　　4.2.3　网络结构搭建 ················ 59
　　4.2.4　模型训练 ···················· 61
4.3　测试代码初探 ······················ 62
4.4　测试代码详细解读 ·················· 64
　　4.4.1　模型导入 ···················· 64
　　4.4.2　数据读取 ···················· 66
　　4.4.3　预测输出 ···················· 67
4.5　本章小结 ·························· 68

第 5 章 数据读取及增强 ················ 69

5.1 直接读取原图像数据 ············· 70

  5.1.1 优点及缺点 ············· 70

  5.1.2 使用方法 ··············· 71

5.2 基于 RecordIO 文件读取数据 ··· 75

  5.2.1 什么是 RecordIO 文件 ··· 75

  5.2.2 优点及缺点 ············· 76

  5.2.3 使用方法 ··············· 76

5.3 数据增强 ······················ 78

  5.3.1 resize ················· 79

  5.3.2 crop ·················· 83

  5.3.3 镜像 ·················· 89

  5.3.4 亮度 ·················· 90

  5.3.5 对比度 ················ 92

  5.3.6 饱和度 ················ 94

5.4 本章小结 ······················ 95

第 6 章 网络结构搭建 ················· 97

6.1 网络层 ························· 98

  6.1.1 卷积层 ················ 98

  6.1.2 BN 层 ················ 106

  6.1.3 激活层 ················ 108

  6.1.4 池化层 ················ 111

  6.1.5 全连接层 ·············· 114

  6.1.6 损失函数层 ············ 116

  6.1.7 通道合并层 ············ 119

  6.1.8 逐点相加层 ············ 121

6.2 图像分类网络结构 ·············· 122

  6.2.1 AlexNet ·············· 123

  6.2.2 VGG ················· 124

  6.2.3 GoogleNet ············ 125

  6.2.4 ResNet ··············· 128

  6.2.5 ResNeXt ············· 130

  6.2.6 DenseNet ············· 131

  6.2.7 SENet ··············· 132

  6.2.8 MobileNet ············ 134

  6.2.9 ShuffleNet ············ 136

6.3 本章小结 ····················· 138

第 7 章 模型训练配置 ··············· 140

7.1 问题定义 ····················· 141

7.2 参数及训练配置 ················ 142

  7.2.1 参数初始化 ············ 142

  7.2.2 优化函数设置 ·········· 144

  7.2.3 保存模型 ·············· 145

  7.2.4 训练日志的保存 ········ 146

  7.2.5 选择或定义评价指标 ···· 147

  7.2.6 多 GPU 训练 ·········· 150

7.3 迁移学习 ····················· 151

7.4 断点训练 ····················· 153

7.5 本章小结 ····················· 154

第 8 章 图像分类 ··················· 156

8.1 图像分类基础知识 ·············· 157

  8.1.1 评价指标 ·············· 158

  8.1.2 损失函数 ·············· 160

8.2 猫狗分类实战 ·················· 160

  8.2.1 数据准备 ·············· 161

  8.2.2 训练参数及配置 ········ 165

  8.2.3 数据读取 ·············· 168

  8.2.4 网络结构搭建 ·········· 170

  8.2.5 训练模型 ·············· 171

  8.2.6 测试模型 ·············· 176

8.3 本章小结 ····················· 179

第 9 章 目标检测 ··················· 180

9.1 目标检测基础知识 ·············· 182

  9.1.1 数据集 ················ 184

  9.1.2 SSD 算法简介 ········· 188

  9.1.3 anchor ··············· 189

9.1.4 IoU 194

9.1.5 模型训练目标 195

9.1.6 NMS 199

9.1.7 评价指标 mAP 201

9.2 通用目标检测 202

9.2.1 数据准备 203

9.2.2 训练参数及配置 205

9.2.3 网络结构搭建 208

9.2.4 数据读取 215

9.2.5 定义训练评价指标 218

9.2.6 训练模型 220

9.2.7 测试模型 221

9.4 本章小结 224

第 10 章 图像分割 225

10.1 图像分割 226

10.1.1 数据集 227

10.1.2 评价指标 229

10.1.3 语义分割算法 230

10.2 语义分割实战 231

10.2.1 数据准备 232

10.2.2 训练参数及配置 233

10.2.3 数据读取 237

10.2.4 网络结构搭建 240

10.2.5 定义评价指标 245

10.2.6 训练模型 249

10.2.7 测试模型效果 251

10.3 本章小结 253

第 11 章 Gluon 255

11.1 Gluon 基础 256

11.1.1 data 模块 256

11.1.2 nn 模块 260

11.1.3 model zoo 模块 265

11.2 CIFAR10 数据集分类 267

11.2.1 基于 CPU 的训练代码 267

11.2.2 基于 GPU 的训练代码 272

11.2.3 测试代码 275

11.3 本章小结 276

第 12 章 GluonCV 278

12.1 GluonCV 基础 279

12.1.1 data 模块 280

12.1.2 model zoo 模块 285

12.1.3 utils 模块 292

12.2 解读 ResNet 复现代码 293

12.2.1 导入模块 296

12.2.2 命令行参数设置 296

12.2.3 日志信息设置 297

12.2.4 训练参数配置 298

12.2.5 模型导入 300

12.2.6 数据读取 301

12.2.7 定义评价指标 303

12.2.8 模型训练 303

12.3 本章小结 308

第 1 章

全面认识 MXNet

人工智能在最近几年非常火热，许多名词不断出现在我们的生活中，比如人工智能、机器学习、大数据、深度学习等。这些名词对大众而言既陌生又熟悉，陌生是因为大部分人其实并不从事相关行业，因此这些名词往往与大众之间隔着一层神秘的面纱；熟悉是因为大部分人在生活中其实正在享受这些名词背后的技术和产品所带来的服务。实际上，很多技术并不是刚刚出现，只不过最近几年，硬件资源和算法的快速迭代，推动了许多技术的发展和产品的落地，使得越来越多的人在生活中接触到人工智能相关的产品。

人工智能相关技术的发展使得我们目前的生活更加智能化，举个例子，目前有很多家公司都在深耕人脸检测和识别技术，该技术既可以用在手机屏幕解锁，又可以用在机场、小区等场景做人脸比对，还可以用人脸识别技术辅助公安部门抓捕逃犯。另一个例子是手机的实时翻译，当你身处异国他乡，语言沟通不畅时，只需要对着手机讲中文，然后实时翻译算法自动将你说的话翻译成对应的语言并播放出来，相信这一定会让你的沟通畅通无阻。综上所述，人工智能相关技术的应用可以节约大量的人力成本，提高效率，同时解决生活中的诸多难题，这也是为什么最近几年人工智能相关技术如此火热。

随着人工智能相关技术在各行各业的不断渗透，学习和使用人工智能相关技术成为了很多人的选择。本书将以深度学习技术在图像领域的应用为切入点，并通过详细的代码例程和算法基础介绍，带领大家了解并使用深度学习框架 MXNet 训练深度学习模型，以达到解决实际问题的目的。本章将首先为大家揭开人工智能、机器学习、深度学习、深度学习框架 MXNet 的神秘面纱，让大家建立起对这些知识的认识，为后续的学习打下坚实的基础。

1.1　人工智能、机器学习与深度学习

人工智能、机器学习和深度学习这三个名词作为最近几年工业界和学术界的宠儿，在我们生活中扮演了非常重要的角色。简单来讲，这三者基本上是从宏观到微观的关系，也就是说人工智能的范围是最广的，机器学习可以看作是人工智能中的一部分，而深度学习可以看作是机器学习的一部分。这样的定义也许并不是十分严谨，但这并不会影响你对这三者的认识。另外还有一个名词也经常出现在我们的生活中，那就是大数据。其实这里提到的人工智能、机器学习和深度学习都离不开大数据的支撑，在今后的学习中你会发现，正是因为越来越多的数据得到了利用，深度学习技术才能不断发挥其"神秘"的作用。

1.1.1　人工智能

人工智能涉及的概念和技术非常广泛，而且其与传统技术之间没有特别明显的界限，所以很难对人工智能相关技术做一个限定，但是提到人工智能，就不得不提图灵测试。图灵测试是由人工智能之父艾伦·麦席森·图灵（Alan Mathison Turing）提出的一个关于检验机器是否具备人类智能的测试。该实验的内容是测试者和被测试者（一个人和一台机器）在分开的前提下，由测试者通过一定的装置（比如键盘）向被测试者发问，经过多次测试之后，如果有超过 30% 的测试者不能判断出被测试者是人还是机器，那么这台机器就通过了图灵测试。

目前，我们所实现的人工智能还不能算是完全的人工智能，基本上都是先进行人工干预才有所谓的智能。那么什么是人工干预呢？比如说你要训练一个模型去判断一张图像里面的动物是猫还是狗，那么大部分情况下，你要提前为这个模型提供大量的猫狗图像并明确告诉它每张图像中的动物是什么，这样模型才能根据它所学到的东西对新提供的图像进行分类。这一点就和婴儿的学习认知过程非常相似，婴儿在刚出生时，这个世界对他来说是陌生的，随着周围人不断教他学习和认识新事物，他的大脑中慢慢地就知道了每个事物及其对应的名字，以后当他再次遇到这些事物时，他就能够直接说出名字。虽然人工智能所涉及的技术难以进行完整描述，但不可否认的是，人工智能所涉及的算法，很大一部分都离不开机器学习。

1.1.2　机器学习

相信很多技术从业者对机器学习这个名词并不陌生，即便不知道这个名词，也肯定享用过机器学习算法提供的服务，比如最常见的推荐。新闻推荐、音乐推荐、商品推荐等大

部分服务都是通过机器学习算法实现的，这些算法基于你的数据构造用户画像，不断了解你的喜好，最后像你的秘书一样为你提供定制化服务。

　　大数据往往是与机器学习紧密相连的名词，因为随着信息的爆炸式增长，网上能够获取到的数据非常多，这些数据是机器学习算法能够发挥作用的主要原料。但是这些数据类型多样，既有结构化数据，又有非结构化数据，同时数据杂乱无章，因此如何有效利用这些数据就成为了大数据带来的挑战，而机器学习其实就是从大量无序的数据中整理并提取有效信息的过程。宏观来讲，机器学习包含数据获取、数据清洗、特征提取、模型构建、结果分析等过程，这其中的每一步都影响着最终的结果，并不仅仅是训练一个模型这么简单。机器学习工程师往往需要具备多学科的知识，比如数据清洗和特征提取需要做数据的统计分析，模型构建离不开线性代数，具体到某种场景领域的数据又需要你具有相关领域的知识储备才能做好特征提取的工作，另外整个过程还需要你具备一定的编程能力才能快速实现想法并反复试错，因此机器学习涉及多学科的知识，如果利用好了这些知识，往往就能取得理想的效果。

　　机器学习涉及的算法非常广泛，如果按照输入数据是否有标签来区分的话可以分为 3 种：有监督学习、无监督学习和半监督学习。有监督学习的算法是指你为算法提供的输入中包含标签，比如你要训练一个识别手写数字的分类器，那么当你提供一张手写数字的图片时，还要告诉分类器该图片上的数字是多少，这就是有监督学习。大部分的分类和回归算法都是有监督学习的算法，比如分类算法中的 kNN、决策树、逻辑回归、支持向量机（Support Vector Machine，SVM）等，以及回归算法中的线性回归、树回归等。既然大部分的分类算法和回归算法都是有监督学习算法，那么二者之间有什么区别呢？区别在于分类算法的标签是类别，而回归算法的标签是数值，因此二者的应用场景也不一样。比如，你可以用分类算法去训练一个手写数字识别的分类器，因为手写数字的标签是类别（这里讨论的是整数数字），一般而言类别都是 1、2、3 这样的整数；你还可以用回归算法去训练一个房价预测、股票预测的模型，因为房价和股票价格都是数值，一般而言数值都是 1234.56、40.01、999 这样的实数。显然，与有监督学习算法相比，无监督学习算法并不会向算法提供标签，也就是说你为算法提供一堆手写数字的图像，但是并不告知每张图像的标签，然后让算法自行学习。无监督学习算法主要是聚类算法，比如 K-Means，可以用来将具有相同属性的变量聚集在一起达到分类的效果。半监督学习算法是近年来的研究热点，因为我们常常难以获取大量带有标签的数据，但是又需要训练一个有监督学习模型，这时候就可以同时用带和不带标签的混合数据进行训练，这就是半监督学习算法。

1.1.3 深度学习

在介绍深度学习之前首先需要了解下神经网络,神经网络是机器学习算法中的一个重要分支,通过叠加网络层模拟人类大脑对输入信号的特征提取,根据标签和损失函数的不同,既可以做分类任务,又可以做回归任务。我们知道在机器学习的大部分算法中,特征提取一般都是手动构造的,这部分需要非常丰富的经验和业务知识,特征构造的优劣将会直接影响到模型的效果,而神经网络可以通过叠加网络层直接基于输入数据提取特征,然后将提取到的特征作为分类或回归层的输入来完成分类或回归任务,这在非结构化数据(图像、语音、自然语言)处理方面已经初见成效。

深度学习就是基于神经网络发展而来的,所谓"深度",一方面是指神经网络层越来越深,另一方面是指学习的能力越来越强,越来越深入。神经网络是一个概念很大的词,一般常听到的多层感知机也大致与神经网络相对应,所以下次当你听到多层感知机这个名词时就不再会是一头雾水了。神经网络是由多个层搭建起来的,这就好比一栋几十层的房子是一层一层搭建起来的一样,稍有不同的是,在神经网络中层的类型更多样,而且层与层之间的联系复杂多变。深度学习中的深度主要就是来描述神经网络中层的数量,目前神经网络可以达到成百上千层,整个网络的参数量从万到亿不等,所以深度学习并不是非常深奥的概念,其本质上就是神经网络。

神经网络并不是最近几年才有的概念,早在 20 世纪中期就已经有人提出了神经网络,那么既然深度学习是基于神经网络发展而来的,为什么到最近几年才引起人们的注意呢?因为训练深层神经网络需要大量的数据和计算力!大量的数据可以通过人为标注输送给模型,这相当于为模型提供了燃料;强大的计算力可以在短时间内训练好模型,这相当于为模型提供了引擎。最近几年正是有了数据和计算力的支持,深度学习才得以大爆发。即便如此,神经网络的结构搭建、训练优化等过程依然十分耗时,许多底层的层操作都需要自己实现,网上相关的开源项目也非常少,相当于一直在重复造轮子,效率非常低下。在这种背景下,各种开源的深度学习框架开始诞生,这些深度学习框架封装了大部分的底层操作,支持 GPU 加速,并为用户提供了各种语言的接口,以方便用户使用。随着这些框架的不断发展和优化,文档越来越详细、清晰,显存优化越来越好,接口支持的语言也越来越多。因此现在利用深度学习框架提供的接口,我们可以像搭积木一样灵活地搭建我们想要的网络,然后训练网络得到结果,这也大大加快了算法的产出。

1.2 深度学习框架

目前大部分深度学习框架都已开源,不仅提供了多种多样的接口和不同语言的 API,

而且拥有详细的文档和活跃的社区，因此设计网络更加灵活和高效。另外，几乎所有的深度学习框架都支持利用 GPU 训练模型，甚至在单机多卡和分布式训练方面都有很好的支持，因此训练模型的时间也大大缩短了。深度学习框架的这些优点让其在开源之初就大受欢迎，同时大大加速了学术界和工业界对深度学习算法的研究，所以最近几年各领域的算法模型如雨后春笋般不断刷新各种指标。

目前主流的深度学习框架不到 10 个，而且大部分框架都由大公司的工程师在维护，代码质量非常高，选择一个合适的框架不仅能加快算法的优化产出，还能提高线上部署的效率。当然不同高校实验室或者企业团队所用的深度学习框架都不大一样，不过你不用担心现在所用的框架在以后的工作中用不到，毕竟各框架的设计理念都有许多相似之处，但我建议你至少要深入了解其中一个深度学习框架，多动手写代码，读一读该框架的源码，以求能够灵活使用该框架实现自己的想法，当然，如果你能对开源社区有一定的贡献并一起推动该框架发展那自然是再好不过了。虽然目前主流的深度学习框架有好几个，不过按照框架的设计方式大致可以将其分为命令式编程（imperative programming）和符号式编程（symbolic programming or declarative programming）两类。

命令式编程（或称动态图）并不是新奇的概念，而且很有可能你从一开始写代码的时候用的就是这种编程方式。假设你用 Python 来编程，当你已经为变量 a、b、c 赋值，然后要计算 $[(a+b)*c]-d$ 的结果时，你可以先计算 $a+b$ 得到结果，假设用变量 ab 表示，接着再计算 ab 和 c 的乘积，假设用变量 abc 表示，最后再用 abc 减去 d 得到最终的结果，这里每一步操作的结果都是可见的。可以看出，命令式编程非常灵活，当你不仅想得到最终的结果还想得到运算的中间结果时，比如你想要获取中间步骤 $a+b$ 的结果，那么你可以读取变量 ab 来得到。因此命令式编程并不是新概念，而是我们最熟悉的那种编程方式。

符号式编程（或称静态图）是指先设计好计算图，然后初始化输入数据，最后将数据输入计算图得到最后的结果。再以前面列举的计算 $[(a+b)*c]-d$ 为例，对于符号式编程而言，当你为 a、b、c、d 赋值后，将这 4 个值输入你定义好的计算图 $[(a+b)*c]-d$ 就可以直接得到结果。与命令式编程不同的是，在符号式编程中，要想获取中间结果几乎是不可能的，比如 $(a+b)$ 的值，你能得到的只是最终的结果。可以看出，符号式编程虽然不灵活，但是非常高效，为什么这么说呢？因为符号式编程在设计好计算图之后就可以根据该计算图高效利用存储空间，一些变量的存储空间能复用则复用。

那么深度学习框架为什么会有命令式编程和符号式编程这两种方式呢？主要是希望能在灵活和高效之间取得平衡。深度学习框架有一定的入门门槛，命令式编程可以让这个门槛变得很低，因为这就是我们最熟悉的编程方式。但我们都知道在 GPU 上训练深度学习模型时需要用到显存，如果是命令式编程，则每运行网络的一层就会分配显存中的一块空间来保存特征图或其他参数，部分空间的使用频率非常低，这样就会造成大量的显存占用。

如果采用符号式编程，那么当你设计好整个计算图之后，框架会根据你的计算图分配显存，这个步骤会共享部分空间从而减小整个网络所占用的显存。因此符号式编程虽然不如命令式编程灵活，但能高效利用显存。

总结起来，命令式编程注重灵活，符号式编程注重高效。本书主要通过深度学习框架 MXNet 来介绍如何实战深度学习算法，该框架融合了命令式编程和符号式编程，在灵活和高效之间取得了非常好的平衡。正如前文所述，各深度学习框架之间有很多相似性，当你深入了解其中一种深度学习框架之后基本上就能举一反三，因此如果你现在还在犹豫学习哪个深度学习框架，那么不妨跟着本书从 MXNet 开始，我相信这会是一个美好的开始。

1.2.1　MXNet

MXNet 是亚马逊 (Amazon) 官方维护的深度学习框架。MXNet 官方文档地址：https://mxnet.apache.org/，GitHub 地址：https://github.com/apache/incubator-mxnet。

MXNet 的前身是 cxxnet。2015 年年底，cxxnet 正式迁移至 MXNet，并在 2016 年年底成为 Amazon 的官方深度学习框架。MXNet 采用的是命令式编程和符号式编程混合的方式，具有省显存、运行速度快等特点，训练效率非常高。2017 年下半年推出的 Gluon 接口使得 MXNet 在命令式编程上更进一步，网络结构的构建更加灵活，同时混合编程的方式也使得 Gluon 接口兼顾了高效和灵活。2018 年 5 月，MXNet 正式推出了专门为计算机视觉任务打造的深度学习工具库 GluonCV，该工具库提供了包括图像分类、目标检测、图像分割等领域的前沿算法复现模型和详细的复现代码，同时还提供了常用的公开数据集、模型的调用接口，既方便学术界研究创新，也能加快工业界落地算法。

1.2.2　PyTorch

PyTorch 是 Facebook 官方维护的深度学习框架之一，是基于原有的 Torch 框架推出的 Python 接口。PyTorch 的官方文档地址：https://github.com/pytorch，GitHub 地址：https://github.com/pytorch。

Torch 是一种深度学习框架，其主要采用 Lua 语言，与主流的 Python 语言相比，学习 Lua 语言需要一定的成本，因此为了更加便于用户使用，基于 Torch 开发出了 Python 接口并不断优化，从而诞生了 PyTorch。PyTorch 采用的是命令式编程，搭建网络结构和调试代码非常方便，因此其很适合用于学术界研究试错，相信用过 PyTorch 的同学都会为该框架的灵活性所吸引。

PyTorch 于 2017 年年初开源，虽然比其他大部分深度学习框架开源时间要晚，但快速发展的 PyTorch 目前拥有较为完善的接口和文档，在众多深度学习框架中已经是出类拔萃、深受追捧。

1.2.3 Caffe/Caffe2

Caffe 是 Facebook 官方维护的深度学习框架之一，Caffe 的官方文档地址：http://caffe.berkeleyvision.org/，GitHub 地址：https://github.com/BVLC/caffe。

Caffe 是老牌的深度学习框架，相信很多早期入门深度学习的人都用过 Caffe，尤其是对安装 Caffe 时的依赖印象深刻。Caffe 非常容易上手，同时开源时间较早，这些都为 Caffe 框架积累了丰富的预训练模型，使其在工业界和学术界都得到了广泛的应用。2017 年 4 月，Facebook 正式推出了 Caffe 的升级版 Caffe2，在 Facebook 内部 Caffe/Caffe2 侧重于线上产品部署，PyTorch 则侧重于研究试错。2018 年 4 月，Caffe2 的代码已经与 PyTorch 代码合并，目前代码已经迁移至 PyTorch 的 GitHub 地址：https://github.com/pytorch，并推出了 PyTorch1.0。

1.2.4 TensorFlow

TensorFlow 是 Google 官方维护的深度学习框架，TensorFlow 的官方文档地址：https://tensorflow.google.cn/，GitHub 地址：https://github.com/tensorflow/tensorflow。

TensorFlow 自 2015 年年底开源以来，在 GitHub 上的火热程度非同一般，也是目前使用最广泛的深度学习框架之一。TensorFlow 为用户提供了丰富的接口、完善的社区、可视化工具 TensorBord 等。尤其是可视化工具 TensorBord 可以让用户查看和记录模型训练过程中的参数变化情况，从而方便对模型进行调优。经过几年的发展壮大，完善的生态为 TensorFlow 积累了越来越多的用户，这对于一个深度学习框架而言非常重要。

1.2.5 其他

除了前面提到的几个深度学习框架之外，还有一些深度学习框架也非常受欢迎。Keras，一个基于 TensorFlow 和 Theano 且提供简洁的 Python 接口的深度学习框架，上手非常快，受欢迎程度非常高。Theano，老牌的深度学习框架之一，由蒙特利尔大学的机器学习团队开发，不过 Theano 的开发者在 2017 年下半年时宣布将终止 Theano 的开发和维护。CNTK，微软官方维护的深度学习框架，也是基于符号式编程。PaddlePaddle，百度官方维护的深度学习框架，是国内公司最早开源的深度学习框架。

1.3   关于 MXNet

在众多主流的深度学习框架中，很难说哪一个在各方面都占有绝对优势，但是假如你选择 MXNet 进行深度学习算法的开发和部署，相信你一定能体会到其运行速度快、省显存等优点。另外随着 MXNet 的不断推广，相关的学习资料也越来越多，社区越来越壮大，这对于 MXNet 而言是非常利好的。

MXNet 从开源起就将命令式编程和符号式编程无缝衔接在一起，比如在设计神经网络结构时采用符号式编程得到计算图，然后根据计算图进行一系列的优化从而提高性能，而在训练模型过程中涉及的逻辑控制操作则可以通过命令式编程的方式实现。因此 MXNet 在灵活和高效之间取得了非常好的平衡，这使得 MXNet 不仅适合于学术界研究试错，也适合工业界进行线上部署。事实上，成功很少会有捷径，MXNet 虽然是 2015 年年底开源，但在开源之前其实经历了较长的开发期，属于典型的厚积薄发。

1.3.1   MXNet 的发展历程

在 MXNet 诞生之前，已有一个深度学习框架 cxxnet，该框架比较成熟，不仅可扩展性强，而且拥有统一的并行计算接口；另外还有一个接口 Minerva，这是一个比较灵活的类似于 NumPy 的计算接口，当时还在 CMU 读博的李沐就和这两个项目的开发者一起将二者结合在一起，最终诞生了 MXNet，MXNet 这个名字也是前面两个项目名字的组合。

2015 年 9 月，cxxnet 正式迁移至 MXNet，这也标志着 MXNet 正式开源。作为 cxxnet 的优化版本，MXNet 在实现了 cxxnet 所有功能的基础上加入了更多新的功能，比如 NDArray 模块和 Symbol 模块，同时其速度更快，显存占用更少。另外 MXNet 提供了更加灵活且直观的接口，更加便于用户使用，详细内容可以参考 MXNet 官方文档。该文档中提供了详细的接口介绍和使用方法，文档地址：https://mxnet.incubator.apache.org/，同时 MXnet 官方开源了代码，感兴趣的读者可以访问：https://github.com/apache/incubator-mxnet 了解。

2016 年年底，Amazon 宣布正式将 MXNet 作为官方使用的深度学习框架。当时的背景是 TensorFlow 已经开源了一年左右，普及速度非常快；Caffe 作为深度学习框架的元老，积累了非常多的用户。这两种深度学习框架对处于快速发展中的 MXNet 施加了很大的压力，毕竟那段时间 MXNet 的开发者们的主要精力还放在开发上，框架推广上的力度还不够，因此此时加入 Amazon 这一事件给了 MXNet 很大的支持，进一步推动了 MXNet 后期的快速发展和推广。

2017 年 8 月，MXNet 发布了 0.11 版本，该版本最大的改进就是发布了动态图接口 Gluon。采用命令式编程的 Gluon 接口使得网络结构的设计更加灵活，同时也更便于代码调试。Gluon 和 PyTorch 拥有许多共同点，比如命令式编程的特点、主要的接口设计等，目前 Gluon 接口已经成为 MXNet 框架非常重要的一部分。为了方便读者交流学习，Gluon 官方推出了技术论坛，该技术论坛目前非常活跃，感兴趣的读者可以访问 Gluon 官方论坛：https://discuss.gluon.ai/。

2018 年 5 月，MXNet 正式推出了专门为计算机视觉任务打造的深度学习工具库 GluonCV，该工具库提供了包括图像分类、目标检测、图像分割等领域的前沿算法复现模型。GluonCV 主要以 Gluon 接口为例进行实现，而且提供了详细的复现代码，从方便读者研究学习。目前 GluonCV 库的代码已经开源，代码地址：https://github.com/dmlc/gluon-cv，GluonCV 库官方文档地址：https://gluon-cv.mxnet.io/。官方文档中还提供了预训练模型的下载链接、复现代码的下载链接、各种接口介绍和教学的例子，非常便于读者学习。

2018 年 10 月，MXNet 推出 GluonCV 0.3.0 版本，新版本不仅添加了图像分类、目标检测、图像分割等领域新的算法模型，而且对已有的复现模型也做了优化，使得算法模型在效果上有了进一步的提升。目前 GluonCV 还在快速发展中，内容也越来越丰富，强烈推荐读者使用和学习。

2018 年 11 月，MXNet 正式推出 1.3.1 版本，该版本提供了更加完善的接口，考虑到目前 GluonCV 库需要 1.3.0 以上版本的 MXNet 才能支持，因此本书代码将基于 MXNet 1.3.1 版本进行开发。

MXNet 主打小巧和灵活，版本更新速度快而且兼容性好，接口方面基本上紧跟前沿的算法，能够及时实现前沿算法中的自定义操作，并整合到 MXNet 框架的接口中。比如目标检测（object detection）算法中比较优秀的 SSD，其中关于 default boxes 的生成和检测层都有对应的实现，用户可以直接调用 MXNet 的指定接口。再比如图像分割领域的 Mask RCNN 算法中用到的 ROIAlign 层在 MXNet 也有对应的实现。这些都说明 MXNet 的开发者一直致力于开发和维护 MXNet，基本上两、三个月的时间就会发布新版本，如此活跃的社区必将推动 MXNet 的快速发展。虽然 MXNet 发布新版本的节奏较快，但有一个好处在于每次发布的新版本对原有接口的改动非常小，主要是修改 bug 和增加新的接口，因此这不仅大大降低了代码维护的成本，还提供了更加丰富的接口选择。

1.3.2 MXNet 的优势

就像任何事物都有两面性一样，几个主流的深度学习框架也各有优缺点。Caffe 框架作为最优秀的深度学习框架之一，一直深受广大用户的欢迎，其优点是非常容易上手，积累的用户也很多；缺点是安装比较麻烦，会涉及各种环境依赖，另外要想灵活应用的话对新手而言还是比较困难的，而且该框架本身比较占用显存。TensorFlow 是目前应用最为广泛的深度学习框架，TensorFlow 的优点在于丰富的接口以及 Google 的强大技术支持，从开源以来，其积累了非常多的用户，并且随着学术界和工业界的不断推广，TensorFlow 的用户群体也在不断壮大。TensorFlow 宏观来看就是 "大而全"，这种特点带来的问题就是其接口过于丰富，因此对于新人而言入门较难，往往会面临的问题是要实现一个简单的层却不知道该选择什么样的接口。PyTorch 作为主流的深度学习框架中的后起之秀，是在原来已有的 Torch 框架上封装了 Python 接口并优化而成的，相信很多使用过 PyTorch 的读者都会被 PyTorch 的简洁所吸引，这得益于其命令式编程的设计方式，因此非常适合用于搞研究，或者称为快速试错；当然纯命令式编程的方式带来的问题是工业界线上部署的效率问题，所以 Facebook 内部对 PyTorch 的定位也是研究首选，而线上部署方面则是首选 Caffe/Caffe2。另外由于 PyTorch 目前还在快速迭代中，所以文档和接口变化较大，新手需要一定的时间来适应。

那么为什么我推荐使用 MXNet 呢？有以下几个原因。

1）MXNet 结合了命令式编程和符号式编程，因此兼顾了灵活和高效，既方便研究试错又适合线上部署。

2）框架比较稳定。MXNet 从开源至今已经经历了早期开发时频繁迭代的阶段，目前接口基本上比较稳定，这将大大降低代码维护的成本。

3）MXNet 在显存方面的优化做得非常好，可以帮助你节省机器资源，而且在训练相同的模型时，MXNet 比大多数的深度学习框架的训练速度要快，这也能节省不少的训练时间。

4）MXNet 安装方便，文档清晰，例子丰富，非常方便新人上手学习。

总结起来，对于深度学习框架而言，没有最好的，只有最适合的。如果在高校做研究，那么我会推荐使用 MXNet 或者 PyTorch，这两者非常便于设计网络结构和调试；如果是在工业界需要上线部署模型，那么我会推荐使用 MXNet、TensorFlow 或 Caffe。

1.4　MXNet 开发需要具备的知识

入门 MXNet 与入门其他深度学习框架类似，一般而言只要你具备基本的代码能力和算法基础就可以开始使用 MXNet 训练模型了。在应用 MXNet 的过程中，希望读者能够多看文档和源码，毕竟各类接口的详细定义和使用都是通过文档来介绍的，部分接口源码也并非高深莫测，只要具备基本的代码编写能力都能看得懂。

虽然入门 MXNet 并不需要具备特殊的知识，但是为了让读者更好地入门 MXNet，接下来本节将介绍一下 MXNet 开发所涉及的相关知识和一些误区。需要强调的是，即便你目前并没有完全掌握这些知识也不用担心，在本书的后续章节中会不断穿插和讲解这些知识，希望读者能够通过不断学习本书的内容来夯实这些知识。

1.4.1　接口语言

MXNet 框架提供了多种语言的 API（比如 Python、C++、Scala、Julia、Perl、R 等），因此不管你之前使用的是什么语言，都能够在这里找到合适的 API 进行算法开发。

在主流的深度学习框架以及开源的各类深度学习算法中，Python 语言的应用应该是最为广泛的，从 MXNet 框架的各种 API 中也可以看出，Python 是文档最丰富、支持最为完善的接口，因此入门深度学习首选 Python 语言，本书也是采用 Python API 来介绍如何实战 MXNet。当然，你千万不要误以为深度学习框架都是用 Python 实现的，事实上包括 Python 在内的 API 都只是接口，这些接口面向用户进行调用，实际上大部分深度学习框架的底层都是用 C++ 实现的，主要原因在于 C++ 的计算效率非常高，可以满足深度学习大量计算的要求，相比之下 Python 更加灵活，容易上手，因此比较适合作为接口语言。因此对于入门而言，Python 语言绝对是不二选择，对于进阶而言，可能你需要用 C++ 或者 CUDA 编程写一些底层实现，但是接口语言大部分还是采用 Python。

1.4.2　NumPy

NumPy（Numerical Python）是 Python 语言中用于科学计算的非常基础和重要的库，支持大量的数组和矩阵运算。NumPy 中最常用的数据类型是 array，array 翻译过来就是数组的意思，在 NumPy 中 array 可以是多维的，比如 0 维的 array 就是标量，1 维的 array 就是向量，2 维的 array 就是矩阵等。

为什么要了解 NumPy 呢？因为大多数深度学习框架的基础数据结构都参考了 NumPy 中的 array，比如 MXNet 框架中的 NDArray、TensorFlow 和 PyTorch 框架中的 Tensor 等。那么既然有 NumPy array，为什么不直接在框架中使用这种数据结构呢？主要原因在于 NumPy array 只能在 CPU 上运行，不能在 GPU 上运行，因此在 MXNet 中就引入了 NDArray，NDArray 的大部分用法与 NumPy array 相似，最大的不同点在于 NDArray 可以在 GPU 上运行。因此，了解和熟悉 NumPy 的相关知识对于后续学习 MXNet 的 NDArray 接口以及其他代码实现都有一定的帮助。

1.4.3　神经网络

通常我们都是用 MXNet 来训练深度学习模型，因此在 MXNet 中定义的接口和算法内容是相关的，所以读者最好具备基础的神经网络知识，这些知识包括如下几个方面。

1）神经网络基础层的含义。比如卷积层、池化层、全连接层、激活层、损失函数层的计算过程、网络层参数的含义及作用等。

2）优化算法。比如最常用的随机梯度下降（Stochastic Gradient Descent，SGD），了解梯度反向传播和优化的基础知识。

3）损失函数。明白损失函数在深度学习算法中的作用，熟悉常用算法的损失函数，比如分类算法中常用的交叉熵损失函数（cross entropy loss），目标检测算法中常用的 Smooth L1 损失函数等。

当然如果你真的一点也不了解神经网络那也不用担心，本书的后续章节会介绍算法相关的内容，另外还会介绍最近几年较为流行且实用的网络结构以帮助读者理解和入门。

1.5 本章小结

数据的爆发和计算力的提升极大地推动了人工智能的发展，其中以深度学习为代表的算法在大多数领域都超越了传统算法，成为学术界和工业界持续研究和关注的对象。

深度学习的热潮带来了深度学习框架的不断发展和进步，通过这些框架，我们可以更加灵活且高效地设计网络结构和训练模型。这段时期涌现出来众多优秀的深度学习框架，比如 Amazon 的 MXNet、Google 的 TensorFlow、Facebook 的 Caffe/Caffe2 和 PyTorch 等。MXNet 作为 Amazon 官方支持的深度学习框架，自 2015 年下半年开源以来深受用户喜爱，其命令式编程（imperative programming）和符号式编程（symbolic programming）相结合的方式兼顾了灵活性和高效性，因此不论是高校研究还是企业部署都具有一定的优势。同时 MXNet 拥有详细的文档和稳定的接口，不仅降低了上手门槛，而且还降低了代码维护的成本。

上手 MXNet 并不需要你具备特殊知识，一般而言，只要你具备基本的代码编写能力和算法知识就可以开始你的深度学习之旅了。最后，为了方便读者学习，全书所涉及的代码在 GitHub 上均可下载，项目地址是：https://github.com/miraclewkf/MXNet-Deep-Learning-in-Action，如果后期本书中的内容或代码有修正也会在该项目上发布说明，欢迎读者访问。

第 2 章

搭建开发环境

MXNet 官方提供了多种安装方式，安装过程非常简单，详细内容请参考官方安装链接：https://mxnet.incubator.apache.org/install/index.html，本章中关于 MXNet 的安装主要参考这个官方链接。该链接中提供了多种安装 MXNet 的方式，如图 2-1 所示，这里一共显示了 5 行安装内容，每行又包含多个选项。第一行表示 MXNet 的版本，点击下拉选项可以选择不同版本的 MXNet；第二行表示操作系统，比如最常用的 Linux、MacOS 和 Windows 等；第三行表示 API，最常用的是 Python 语言的接口；第四行表示训练环境，简单来讲就是，是否需要 GPU；第五行表示不同的安装方式，比如通过 pip 工具进行安装、通过 Docker 进行安装等。

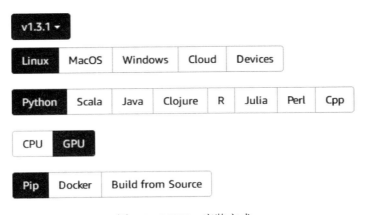

图 2-1　MXNet 安装方式

当你选择好了图 2-1 中的这些选项，安装界面就会按照你的选项给出详细的安装步骤供你参考。本章将以其中最常用的两种安装方式为例介绍如何安装 MXNet，一种是采用 Docker 安装，另一种是采用 pip 在本地安装。

Docker 是一个环境隔离工具，目前在工业界应用非常广泛，采用这种方式其实并不需要你安装 MXNet，而只需先安装 Docker，然后通过 Docker 这个工具从镜像（image）库中拉取 MXNet 镜像就可以直接使用 MXNet 了。为什么 Docker 会得到广泛应用呢？主要原因在于一方面你可以在一个镜像环境中运行你的代码，这个环境与你的电脑环境是隔离的，这样你在镜像中的安装和配置操作都不会影响到你的电脑环境，同时还能保证在你电脑上能够正常运行的代码移植到他人电脑上一样能正常运行，因为只要提供相同的镜像就能保证代码的运行环境相同。另一方面是方便，你想要什么样的镜像都可以从网上拉取，比如你想用 CUDA 9.0、MXNet 1.3.1 或者 CUDA 8.0、MXNet 1.3.1 等，那么直接从镜像库中拉取对应版本的镜像即可，这样你就不需要每次都在本地安装，可谓是一劳永逸。目前 Docker 的发展比较成熟，官方镜像库中提供了非常丰富的选择，大部分镜像中还安装好了 CUDA、cuDNN、OpenCV 等常用工具或库，因此基本上是拉取后就能直接使用，非常方便。当然，对于新手而言，学习 Docker 的安装和使用还需要一些时间，因此假如你想要快速上手深度学习框架，那么可以考虑第二种安装方式，也就是通过 pip 命令进行安装。

本地 pip 安装就是平时我们最熟悉的直接在电脑上安装 MXNet，只要配置好相关的环境，比如显卡驱动、CUDA、cuDNN 和其他所需的工具，安装 MXNet 就只是一行命令的事了。这种安装方式比较直接易懂，但是容易出现的问题是后续的环境依赖不好维护，虽然安装 MXNet 不需要配置太多的环境依赖，但是随着相关库或者软件的不断使用和升级，环境依赖会变得越来越复杂，后期很容易出现这样的问题：在你的电脑上能正常运行的代码移植到他人的电脑上无法正常运行，或者要经过比较复杂费时的环境配置后才能正常运行。

因此如果你有一定的开发能力及经验，项目中需要进行环境隔离，尤其是有代码移植的需要时，那么推荐你安装 Docker，然后在 Docker 镜像中运行你的 MXNet 项目。如果你刚刚入门，暂时不需要做环境隔离，并且相信后期不会因为环境依赖问题而搞得焦头烂额，那么采用本地 pip 安装会更加直观。

2.1　环境配置

目前，使用 GPU 基本上是应用深度学习框架时的默认配置了，毕竟现在仅仅用 CPU 来训练深度学习算法非常慢，而且进行这样操作的人也非常少，因此我在本章中关于开发环境的搭建都是基于 GPU 进行介绍，需要注意的是，支持 GPU 的 MXNet 既可以在 GPU 上运行，也可以在 CPU 上运行，但如果你安装的是仅支持 CPU 的 MXNet，那么就只能在 CPU 上运行了。相比之下，安装支持 GPU 的深度学习框架要比安装仅支持 CPU 的深度学习框架更复杂一些，因为要额外安装 CUDA、cuDNN 等，所以如果你想安装仅支持 CPU 的 MXNet，那么基本上输入几个命令就可以了。

　　深度学习框架所需要的开发环境主要包括操作系统、显卡驱动、CUDA 和 cuDNN，这些基本上是你在使用 MXNet 或者其他深度学习框架时都会涉及的，其中，显卡驱动、CUDA 和 cuDNN 是你安装支持 GPU 的 MXNet 时需要准备的。操作系统是最基本的开发环境，你的所有操作都是基于该系统进行的。显卡驱动是使用 GPU 硬件时要安装的，而且需要与你的 GPU 型号相匹配。CUDA 是英伟达（NVIDIA）官方推出的统一计算架构，是使用支持 GPU 的深度学习框架时必不可少的内容。cuDNN 是英伟达（NVIDIA）推出的加速库，一般在你安装深度学习框架之前都会默认安装。另外，在集成开发环境方面（IDE）推荐使用 PyCharm，项目开发和代码调试都十分方便，接下来我们依次介绍各项环境配置的内容。

　　在操作系统方面，我推荐使用 Linux，本书采用的是目前使用最广泛的 Linux 版本：Ubuntu。目前 Ubuntu 主要有 18.04 LTS 和 16.04 LTS 两个主流版本，考虑到 Ubuntu16.04 LTS 比较稳定且应用广泛，因此本书的所有代码均基于 Ubuntu16.04 LTS 进行开发。如果你想查看自己机器的系统信息，可以在命令行通过以下命令来查看。符号"＄"表示 Ubuntu 系统的终端操作界面的命令行前缀，在本书中符号"＄"表示一条命令的开始，这一点与大部分系统的定义一致。另外，如果没有特殊指明的话，不以符号"＄"开头的内容均表示输入命令后的运行结果。查看系统信息的代码如下：

```
$ cat /etc/os-release
NAME="Ubuntu"
VERSION="16.04.4 LTS (Xenial Xerus)"
ID=ubuntu
ID_LIKE=debian
PRETTY_NAME="Ubuntu 16.04.4 LTS"
VERSION_ID="16.04"
HOME_URL="http://www.ubuntu.com/"
SUPPORT_URL="http://help.ubuntu.com/"
BUG_REPORT_URL="http://bugs.launchpad.net/ubuntu/"
VERSION_CODENAME=xenial
UBUNTU_CODENAME=xenial
```

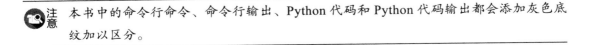

注意　本书中的命令行命令、命令行输出、Python 代码和 Python 代码输出都会添加灰色底纹加以区分。

在显卡驱动方面，如果你的 GPU 机器还没有安装显卡驱动，那么你将无法使用 GPU 训练模型。假设你已经安装好了显卡驱动，那么可以使用下面这个命令查看你的显卡信息：

```
$ nvidia-smi
```

如果运行该命令没有报错且显示了如图 2-2 所示的关于显卡的具体信息，那就说明你的机器上已经安装了可用的显卡驱动。

```
Wed Jul  4 03:31:01 2018
+-----------------------------------------------------------------------------+
| NVIDIA-SMI 384.130                   Driver Version: 384.130                 |
|-------------------------------+----------------------+----------------------+
| GPU  Name        Persistence-M| Bus-Id        Disp.A | Volatile Uncorr. ECC |
| Fan  Temp  Perf  Pwr:Usage/Cap|         Memory-Usage | GPU-Util  Compute M. |
|===============================+======================+======================|
|   0  GeForce GTX 108...  Off  | 00000000:01:00.0 Off |                  N/A |
| 0%   43C    P2    62W / 300W  |   2557MiB / 11170MiB |      0%      Default |
+-------------------------------+----------------------+----------------------+
|   1  GeForce GTX 108...  Off  | 00000000:02:00.0 Off |                  N/A |
| 0%   26C    P8    19W / 250W  |     10MiB / 11172MiB |      0%      Default |
+-------------------------------+----------------------+----------------------+

+-----------------------------------------------------------------------------+
| Processes:                                                       GPU Memory |
|  GPU       PID   Type   Process name                             Usage      |
|=============================================================================|
+-----------------------------------------------------------------------------+
```

图 2-2   显卡信息

图 2-2 中除了显示显卡型号信息之外，还有每块 GPU 的显存上限、当前显存的使用情况和利用率等信息，另外还可以使用下面的命令动态查看显存的占用情况，默认每 2 秒刷新一次：

```
$ watch nvidia-smi
```

显卡驱动的安装并不复杂，在安装驱动前，首先要从网上下载指定型号和版本的驱动文件，英伟达（NVIDIA）官方提供了显卡驱动的下载地址：https://www.geforce.com/drivers。用户可以根据自己机器上 GPU 的型号选择对应的显卡驱动和版本进行安装。以常用的 GeForce GTX 1080 Ti 显卡为例（本书采用的显卡型号），首先在下载地址中选择对应的显卡类型，如图 2-3 所示，这里选择 GeForce GTX 1080 Ti，然后点击下方的 START SEARCH 就可以得到各种版本的显卡驱动，比如图 2-3 中显示了两种版本的显卡驱动，一个版本是 415.13（Version 415.13），另一个版本是 410.78（Version 410.78）。点击你需要的显卡驱动就会进入下载界面，然后点击下载就可以得到对应版本的驱动，最后安装驱动文件即可。需要说明的是，显卡驱动基本上都是向下兼容的，因为我们选用 CUDA 8.0 版本，所以目前大部分显卡驱动都是支持的，驱动版本不需要完全一样。在本书中，我采用的显卡驱动版本是 384.130，前面提到的查看显卡信息的命令就可以看到显卡驱动的版本，具体而言是图 2-2 顶部的 Driver Version 内容。

CUDA（Compute Unified Device Architecture）是英伟达（NVIDIA）官方推出的统一计算架构，支持 GPU 的 MXNet 的许多底层计算都会用到 CUDA 加速库。目前常用的 CUDA 版本是 CUDA 8.0 和 CUDA 9.0，鉴于目前 CUDA 8.0 应用广泛且比较稳定，因此本书采用 CUDA 8.0。关于 CUDA 的安装，可以参考英伟达的 CUDA 官方文档[⊖]。

图 2-3　显卡驱动下载界面

cuDNN（NVIDIA CUDA® Deep Neural Network）是英伟达推出的加速库，一般在你安装 MXNet 之前默认安装，因为 MXNet 的很多底层计算都是基于 cuDNN 库实现的，本书采用的 cuDNN 版本是 cuDNN 7.0.3。关于 cuDNN 的安装，可以参考英伟达的 cuDNN

⊖　https://docs.nvidia.com/cuda/cuda-installation-guide-linux/。

官方链接[⊖]。

虽然 Python 代码可以通过各种 Python 解释器运行或者进行交互式编写（比如，我们在命令行通过运行 Python 或者 Python3 命令进入的 Python 环境，其实就是启动了 CPython 解释器，这是目前使用非常广泛的 Python 解释器），但是我们知道深度学习算法的项目代码一般都比较复杂，对于复杂的工程代码而言，如果仅依靠 Python 解释器来编写和调试代码就比较麻烦了，因此需要一个合适的开发环境（IDE）方便用户编写、调试和运行深度学习的 Python 代码，如果读者目前已经有用得比较顺手的 IDE，那么可以不用更换，如果没有的话，可以尝试使用 PyCharm。PyCharm 是一个主要用于 Python 语言开发的集成开发环境，用户可以通过 PyCharm 编写、调试、运行 Python 代码，非常方便。

读者可以从 PyCharm 的官方网站上下载并安装指定系统环境和版本的 PyCharm，参考链接如下：https://www.jetbrains.com/pycharm/download/#section=linux，该链接中也包含了相关的教学，对于新手而言，PyCharm 入门的门槛较低。目前 PyCharm 主要有专业版（professional）和社区版（community）两个版本可选，如图 2-4 所示。专业版 PyCharm 需要购买才能长期使用。社区版 PyCharm 可以免费使用，对于普通的 Python 开发而言基本上已经足够了，不过目前只有专业版 PyCharm 支持 Docker。

图 2-4　PyCharm 下载界面

本书的大部分代码采用的编程语言是 Python，目前 Python 也是各大深度学习框架中文档最丰富的接口语言。虽然当前广泛使用的 Python 版本是 Python2.x，但是因为

⊖　https://developer.nvidia.com/cudnn。

Python2.x 在 2020 年将不再维护，所以本书采用的 Python 版本是 Python3.x，具体而言是 Python3.5.2。

2.2 使用 Docker 安装 MXNet

本节将介绍如何安装 Docker，以及如何通过 Docker 使用 MXNet。相信很多开发者都曾经被环境依赖搞得焦头烂额，几年前配置深度学习框架的环境确实是一件令人非常头疼的事情，因为会涉及各种环境依赖，而且即便你配置好了，也会出现在你的电脑上可以正常运行的代码一旦移植到另外一台电脑上，却不能正常运行的问题，为了解决这种问题，Docker 横空出世了。

什么是 Docker？简单来讲，Docker 可以做环境隔离，既通过 Docker 的镜像（image）来封装代码所需的环境依赖，这样你只需要复制你的项目代码和指定的 Docker 镜像，就可以直接在另外一台电脑上复现结果，这大大降低了代码从一台电脑移植到另外一台电脑时出现环境不兼容的概率。镜像是 Docker 中非常重要的内容，可以理解为将一些环境依赖打包在一起构成的对象。另外，在使用 Docker 的过程中经常会看到一个名词：容器（container），容器和镜像的关系就好比类和对象的关系，我们可以基于一个镜像启动多个容器，每个容器可以正常运行各自的代码。

接下来介绍如何安装 Docker，这里我推荐安装 Docker 社区版（Docker Community Edition，Docker CE）。安装 Docker CE 可以参考官方链接[⊖]，下面我们主要按照该链接的流程来安装 Docker。该链接中介绍了安装 Docker 的三种方式，接下来我将以其中最常用的两种安装方式为例来安装 Docker。另外，在 2.2.4 节我将介绍 nvidia-docker 的安装方式，该命令能够将你本机的显卡驱动映射到镜像中，这样就能在镜像中使用 GPU 了。

2.2.1 准备部分

因为目前大部分人训练深度学习算法都是在 Linux 操作系统上进行的，其中以 Ubuntu 的使用最为广泛，Docker CE 目前支持以下版本的 Ubuntu 操作系统。

❏ Bionic 18.04（LTS）
❏ Artful 17.10
❏ Xenial 16.04（LTS）

⊖ https://docs.docker.com/install/linux/docker-ce/ubuntu/。

❑ Trusty 14.04（LTS）

因为 Xenial 16.04（LTS）的使用比较广泛，所以接下来的安装都基于 Xenial 16.04（LTS）进行。如果你想要查看你的 Linux 系统版本信息，可以在命令行输入以下命令获取，然后根据 VERSION 信息选择对应版本的 Docker CE：

```
$ cat /etc/os-releas
NAME="Ubuntu"
VERSION="16.04.4 LTS (Xenial Xerus)"
ID=ubuntu
ID_LIKE=debian
PRETTY_NAME="Ubuntu 16.04.4 LTS"
VERSION_ID="16.04"
HOME_URL="http://www.ubuntu.com/"
SUPPORT_URL="http://help.ubuntu.com/"
BUG_REPORT_URL="http://bugs.launchpad.net/ubuntu/"
VERSION_CODENAME=xenial
UBUNTU_CODENAME=xenial
```

在安装 Docker 之前，如果你的电脑上已经安装了 Docker，那么为了避免旧版本的 Docker 影响新版本 Docker 的安装，可以使用如下命令卸载原有的 Docker：

```
$ sudo apt-get remove docker docker-engine docker.io
```

接下来按照 Docker 官方安装链接介绍其中最常用的两种安装方式：使用仓库安装 Docker 和基于安装包安装 Docker，相对而言基于安装包进行安装会更简单一些。

2.2.2　使用仓库安装 Docker

使用仓库安装 Docker 时需要先建立一个 Docker 仓库，然后就能基于该仓库进行 Docker 的安装和更新了，接下来我们先来看看如何创建这样的仓库。

首先我们需要利用 Linux 系统中的 apt-get 命令来安装后续所需的工具和库。apt-get 是 Linux 操作系统时一条用于安装、升级软件的命令，这个命令在你后续使用 Linux 系统时会经常遇到。在安装软件之前，一般可以先用下面的命令来更新软件源，因为在你使用 apt-get 时，会从默认的软件源下载所需的软件，更新软件源的目的是避免下载时找不到软件。

```
$ sudo apt-get update
```

接下来安装一些必要的包，使得后续可以通过 HTTPS 来使用仓库。需要注意的是下面这条命令中的符号" \ "是行与行之间的连接符（也称换行符），表示该行命令与下一行命令是同一行内容。之所以要用到符号"\"，主要是因为有些命令太长，难以容纳在本书的一行范围之内，因此实际输入命令时，读者既可以使用换行符也可以直接输入长命令。安装包的代码如下：

```
$ sudo apt-get install \
        apt-transport-https \
        ca-certificates \
        curl \
        software-properties-common
```

下载并添加 GPG 密钥：

```
$ curl -fsSL https://download.docker.com/linux/ubuntu/gpg | sudo apt-key add -
```

apt-key 命令可用于管理系统中的软件包密钥，该命令运行成功时会返回 OK。接下来即可输入以下命令验证是否成功添加 GPG 密钥，如果成功添加了 GPG 密钥则会显示相关的内容：

```
$ sudo apt-key fingerprint 0EBFCD88
pub 4096R/0EBFCD88 2017-02-22
      Key fingerprint = 9DC8 5822 9FC7 DD38 854A E2D8 8D81 803C 0EBF CD88
uid        Docker Release (CE deb) docker@docker.com
sub 4096R/F273FCD8 2017-02-22
```

稳定仓库（stable repository）是 Docker CE 从 17.03 版本开始的发布版本的方式之一，表示一个季度发布一次。相对应的是边缘仓库（edge repository），表示每个月发布一次。下面我以最常用的稳定仓库为例来进行介绍，输入以下命令，建立和添加一个稳定仓库：

```
$ sudo add-apt-repository \
        "deb [arch=amd64] https://download.docker.com/linux/ubuntu \
        $(lsb_release -cs) \
        stable"
```

接下来就开始正式安装 Docker CE，首先是更新软件包的源列表，代码如下：

```
$ sudo apt-get update
```

安装最新版本的 Docker CE，本书安装的是 Docker 18.03.1，代码如下：

```
$ sudo apt-get install docker-ce
```

如果你想要安装指定版本的 Docker，那么可以先用以下命令列出你的仓库中可以获取的 Docker 版本（比如，下面的这个例子中列出了 Docker 18.03.1 和 Docker 18.03.0 两个版本）：

```
$ apt-cache madison docker-ce
```

```
docker-ce  |  18.03.1~ce-0~ubuntu  |  https://download.docker.com/linux/ubuntu
    xenial/stable amd64 Packages
docker-ce  |  18.03.0~ce-0~ubuntu  |  https://download.docker.com/linux/ubuntu
    xenial/stable amd64 Packages
```

然后，根据前面命令列出的 Docker 版本安装指定版本的 Docker，代码如下：

```
$ sudo apt-get install docker-ce=18.03.1~ce-0~ubuntu
```

安装成功后，可以查看 Docker 版本，代码如下：

```
$ docker --version
Docker version 18.03.1-ce, build 9ee9f40
```

安装好 Docker 后，接下来可以通过 Docker 启动一个简单的镜像来熟悉 Docker 的使用。在 Docker 中，可以通过 run 命令来运行镜像，这里我选择一个名为 hello-world 的镜像。需要注意的是，一般我们在启动某个镜像之前都会先拉取该镜像到本地机器，但是如果在运行 run 命令之前本地机器没有该镜像，那么 run 命令会默认先从 Docker 官方镜像库（https://hub.docker.com/）拉取对应名称的镜像到本地机器，然后基于该镜像启动一个容器。运行该命令后如果显示如下内容，则说明 Docker 安装成功：

```
$ sudo docker run hello-world
Unable to find image 'hello-world:latest' locally
latest: Pulling from library/hello-world
9bb5a5d4561a: Pull complete
Digest:
sha256:f5233545e43561214ca4891fd1157e1c3c563316ed8e237750d59bde73361e77
Status: Downloaded newer image for hello-world:latest

Hello from Docker!
This message shows that your installation appears to be working correctly.

To generate this message, Docker took the following steps:
1. The Docker client contacted the Docker daemon.
2. The Docker daemon pulled the "hello-world" image from the Docker Hub.
3. The Docker daemon created a new container from that image which runs the
executable that produces the output you are currently reading.
4. The Docker daemon streamed that output to the Docker client, which sent it
to your terminal.

To try something more ambitious, you can run an Ubuntu container with:
$ docker run -it ubuntu bash

Share images, automate workflows, and more with a free Docker ID:
```

```
https://cloud.docker.com/

For more examples and ideas, visit:
https://docs.docker.com/engine/userguide/
```

2.2.3　基于安装包安装 Docker

基于安装包的安装方式需要先下载指定 Docker 版本的 .deb 文件，安装包路径：https:// download.docker.com/linux/ubuntu/dists/。你可以根据自己机器的系统版本、想要安装的 Docker 版本等选择下载对应的 .deb 文件。按照本书的默认环境进行配置（操作系统为 Ubuntu16.04，Docker 版本为 18.03.01），这里选择下载 https://download.docker.com/linux/ ubuntu/dists/xenial/pool/stable/amd64/docker-ce_18.03.1~ce-0~ubuntu_amd64.deb。

假设上一步下载的 .deb 文件所存放的目录是 /home/user1/docker-ce_18.03.1~ce-0~ubuntu_ amd64.deb，那么我们可以运行下面这个命令来安装 Docker：

```
$ sudo dpkg -i /home/user1/docker-ce_18.03.1~ce-0~ubuntu_amd64.deb
```

验证 Docker 是否安装成功，可以通过以下命令查看 Docker 版本：

```
$ docker --version
Docker version 18.03.1-ce, build 9ee9f40
```

2.2.4　安装 nvidia-docker

安装好 Docker 后，你就可以开始使用镜像了。前面我们提到过如果要在 MXNet 中使用 GPU，不仅要安装显卡驱动、CUDA 和 cuDNN，还需要安装支持 GPU 的 MXNet 版本，虽然在镜像中可以安装 CUDA、cuDNN 和 MXNet，但是镜像中是没有显卡驱动的，因此如果你要在镜像中使用 GPU，那么你还需要将本机的显卡驱动映射到 Docker 镜像中，这就需要安装 nvidia-docker 了，nvidia-docker 的任务就是将显卡驱动映射到 Docker 镜像中。目前 nvidia-docker 版本主要是 nvidia-docker1 和 nvidia-docker2，本书采用的是 nvidia-docker2。接下来我们看看如何安装 nvidia-docker2，主要参考官方链接[⊖]进行安装。

首先如果你的机器上已经安装了 nvidia-docker1，那么可以通过以下两条命令卸载和移除相关内容：

⊖　https://github.com/NVIDIA/nvidia-docker。

```
$ docker volume ls -q -f driver=nvidia-docker | \
    xargs -r -I{} -n1 docker ps -q -a -f volume={} | xargs -r docker rm -f
$ sudo apt-get purge -y nvidia-docker
```

接下来添加 GPG key 并建立一个仓库，注意接下来的操作最好以 root 用户进行，否则可能会出现一些问题。以 root 用户进行安装时，命令最前面的 sudo 可以删去，代码如下：

```
$ curl -s -L https://nvidia.github.io/nvidia-docker/gpgkey | sudo apt-key add -
$ distribution=$(. /etc/os-release;echo $ID$VERSION_ID)
$ curl -s -L \
    https://nvidia.github.io/nvidia-docker/$distribution/nvidia-docker.list | \
    sudo tee /etc/apt/sources.list.d/nvidia-docker.list
$ sudo apt-get update
```

接下来就可以安装 nvidia-docker2 了，安装完成后需重新导入 Docker 配置文件，代码如下：

```
$ sudo apt-get install -y nvidia-docker2
$ sudo pkill -SIGHUP dockerd
```

安装好 nvidia-docker2 之后，就可以测试下该命令是否有效。这里我们启动一个名为 nvidia/cuda 的镜像（假如你的机器上没有该镜像，那么 run 命令在启动之前会自动拉取该镜像），然后在镜像中运行 nvidia-smi 命令。在前面我们介绍过，nvidia-smi 命令是用来查看显卡信息的，因此如果你成功将显卡驱动映射到镜像中，那么就会得到如显卡信息：

```
$ docker run --runtime=nvidia --rm nvidia/cuda nvidia-smi
```

如果你成功看到如图 2-5 所示的显卡信息，那么你现在已经可以在镜像中成功使用 GPU 了。

```
+-----------------------------------------------------------------------------+
| NVIDIA-SMI 384.130                   Driver Version: 384.130                |
|-------------------------------+----------------------+----------------------+
| GPU  Name        Persistence-M| Bus-Id        Disp.A | Volatile Uncorr. ECC |
| Fan  Temp  Perf  Pwr:Usage/Cap|         Memory-Usage | GPU-Util  Compute M. |
|===============================+======================+======================|
|   0  GeForce GTX 108...  Off  | 00000000:01:00.0 Off |                  N/A |
| 0%   28C    P8    20W / 300W  |    439MiB / 11170MiB |      0%      Default |
+-------------------------------+----------------------+----------------------+
|   1  GeForce GTX 108...  Off  | 00000000:02:00.0 Off |                  N/A |
| 0%   25C    P8    19W / 250W  |     10MiB / 11172MiB |      0%      Default |
+-------------------------------+----------------------+----------------------+

+-----------------------------------------------------------------------------+
| Processes:                                                       GPU Memory |
|  GPU       PID   Type   Process name                             Usage      |
|=============================================================================|
+-----------------------------------------------------------------------------+
```

图 2-5   显卡信息

　　但是到这里还没有结束，如果你仔细看看上一条命令，会发现多了一个参数：--runtime=nvidia，如果你去掉这个参数再运行就会发现报错。若每次运行 Docker 镜像都加上这个参数还是有些麻烦的，解决方法是我们可以在配置文件中配置该参数，这个配置文件就是 /etc/docker/daemon.json。可以通过如下命令打开该文件：

```
$ vim /etc/docker/daemon.json
```

可以看到里面的内容如图 2-6 所示。

```
{
    "runtimes": {
        "nvidia": {
            "path": "nvidia-container-runtime",
            "runtimeArgs": []
        }
    }
}
```

图 2-6　原配置文件内容

这时，需要你添加一行使其变成如图 2-7 所示的内容。

```
{
    "default-runtime": "nvidia",
    "runtimes": {
        "nvidia": {
            "path": "nvidia-container-runtime",
            "runtimeArgs": []
        }
    }
}
```

图 2-7　修改后的配置文件内容

保存该文件的修改内容之后，接下来需要重启下 Docker 服务：

```
$ sudo service docker restart
```

最后，你可以使用以下命令在镜像中看到显卡驱动信息了：

```
$ docker run --rm nvidia/cuda nvidia-smi
```

2.2.5　通过 Docker 使用 MXNet

　　介绍完 Docker 和 nvidia-docker 的安装之后，接下来就可以从镜像库中拉取一个 MXNet

镜像，然后在该镜像中使用 MXNet。Docker 官方仓库中提供了多种多样的 MXNet 镜像，地址是：https://hub.docker.com/r/mxnet/。该地址中具有多种 API 对应的 MXNet 镜像，这里我们选择 Python API 对应的 mxnet/python。在 Docker 中，可以通过 docker pull 命令来拉取镜像，因为镜像名的命名规则一般是"仓库名：标签"，比如"mxnet/python:gpu"，由于本书采用的是 MXNet 1.3.1、CUDA 8.0 和 Python3.x，因此可以通过如下命令拉取镜像名为 mxnet/python:1.3.1_gpu_cu80 的镜像：

```
$ docker pull mxnet/python:1.3.1_gpu_cu80_py3
```

镜像标签可以在链接 https://hub.docker.com/r/mxnet/ 中找到，如图 2-8 所示。习惯上是使用标签来表明该镜像内安装的主要内容和版本，比如标签 1.3.1_gpu_cu80_py3 表示安装了 MXNet 1.3.1、CUDA 8.0 和 Python3.x，因此借助 Docker 和其丰富的镜像库，实际上你并不需要安装 MXNet 和 CUDA。

PUBLIC REPOSITORY

mxnet/python ☆

Last pushed: 14 hours ago

Repo Info　Tags

Tag Name	Compressed Size	Last Updated
latest_gpu_mkl_py3	2 GB	14 hours ago
latest_gpu_mkl_py2	2 GB	14 hours ago
latest_cpu_mkl_py3	332 MB	14 hours ago
latest_cpu_mkl_py2	319 MB	14 hours ago
gpu	2 GB	14 hours ago
latest	238 MB	14 hours ago
1.3.1_gpu_cu92_mkl_py3	3 GB	14 hours ago
1.3.1_gpu_cu92_py3	3 GB	14 hours ago
1.3.1_gpu_cu80_mkl_py3	2 GB	14 hours ago
1.3.1_gpu_cu80_py3	2 GB	14 hours ago

图 2-8　MXNet 镜像名列表

接下来就通过 Docker 的 run 命令进入指定镜像从而启动一个容器并开始一些简单的操作吧进入指定镜像代码如下：

```
$ docker run --rm -it mxnet/python:1.3.1_gpu_cu80_py3 bash
```

其中，"--rm"参数表示退出容器后自动删除该容器，"-it"参数则用来表示指定镜像名称，如果成功启动了容器，则命令行的前缀如下所示：

```
root@ab8b0de5e6ae:/#
```

符号 @ 后面的字符串表示启动的容器的 ID。接下来你的所有操作都是在这个容器环境中，不会影响到机器环境。然后可以通过 Python3 命令进入 Python 环境（在该镜像中默认使用的 Python 版本是 3.5.2），若导入 MXNet 没有报错，则说明可以正常使用 MXNet 了：

```
root@ab8b0de5e6ae:/# python3
Python 3.5.2 (default, Nov 12 2018, 13:43:14)
[GCC 5.4.0 20160609] on linux
Type "help", "copyright", "credits" or "license" for more information.
>>> import mxnet as mx
>>>
```

接下来可以执行一些简单的操作，代码如下：

```
root@ab8b0de5e6ae:/# python3
Python 3.5.2 (default, Nov 12 2018, 13:43:14)
[GCC 5.4.0 20160609] on linux
Type "help", "copyright", "credits" or "license" for more information.
>>> import mxnet as mx
>>> a = mx.nd.array([1,2,3]).as_in_context(mx.gpu(0))
>>> b = mx.nd.array([4,5,6]).as_in_context(mx.gpu(0))
>>> print(a+b)
```

输出结果如下：

```
[5. 7. 9.]
<NDArray 3 @gpu(0)>
```

 注意　本书后续的 Python 代码前默认不加 ">>>" 符号。

2.3　本地 pip 安装 MXNet

本地通过 pip 工具安装 MXNet 的界面如图 2-9 所示，这里我以安装支持 GPU 的 MXNet 1.3.1 为例介绍如何在本地安装 MXNet。首先，用户需要准备好 2.1 节中的显卡驱动、CUDA 和 cuDNN，然后才可以开始在本地安装 MXNet，因此，相比通过 Docker 镜像使用 MXNet，本地安装支持 GPU 的 MXNet 需要额外手动安装 CUDA 和 cuDNN。

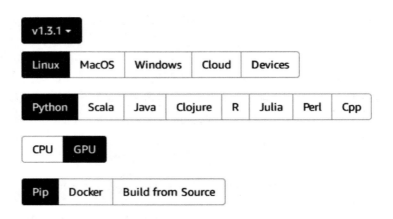

图 2-9　通过 pip 方式安装支持 GPU 的 MXNet

安装过程中如果有权限限制问题则可以切换到 root 用户进行安装或者在命令前加 sudo。因为我们需要用 apt-get 命令来安装 Python 和 pip 工具，因此首先需要通过以下命令更新 apt-get 的软件源：

```
$ sudo apt-get update
```

接下来需要安装 Python3 和 pip3。Python3 是后期会经常用到的编程语言，pip3 则是用于 Python3 的软件安装工具。可以通过 apt-get 使用下面这个命令来安装，参数 –y 表示在安装时默认选择同意继续，若不加这个参数的话就会在安装到一半时需要手动敲一个 y 表示同意继续安装：

```
$ sudo apt-get install -y python3 python3-pip
```

安装成功后，可以使用如下命令查看 Python 版本：

```
$ python3 --version
Python 3.5.2
```

因为我们安装的是支持 GPU 的 MXNet 版本，所以在安装 MXNet 之前可以先用以下命令确认下你的 CUDA 版本：

```
$ nvcc --version
nvcc: NVIDIA (R) Cuda compiler driver
Copyright (c) 2005-2016 NVIDIA Corporation
Built on Tue_Jan_10_13:22:03_CST_2017
Cuda compilation tools, release 8.0, V8.0.61
```

接下来就可以用 pip3 命令安装指定 CUDA 版本的 MXNet，因为 CUDA 版本是 8.0，所以这里安装支持 CUDA 8.0 版本的 MXNet，而且默认安装的是最新版本的 MXNet：

```
$ pip3 install mxnet-cu80
```

如果你需要安装指定版本的 MXNet，比如本书采用的 1.3.1 版本，那么可以使用以下命令来安装：

```
$ pip3 install mxnet-cu80==1.3.1
```

安装成功后，就可以在命令行输入 python3 进入 Python 环境（如果需要修改默认的 Python 环境，则可以修改当前账户的 .bashrc 文件内容，具体参考 2.2.5 节）：

```
$ python3
Python 3.5.2 (default, Nov 12 2018, 13:43:14)
[GCC 5.4.0 20160609] on linux
Type "help", "copyright", "credits" or "license" for more information.
>>>
```

可以看到在进入 Python 环境后，命令行的前缀就变成了"">>>""，这就说明你已经成功进入 Python 环境了，然后你可以导入 MXNet 并执行一些简单的操作，代码如下：

```
import mxnet as mx
a = mx.nd.array([1,2,3]).as_in_context(mx.gpu(0))
b = mx.nd.array([4,5,6]).as_in_context(mx.gpu(0))
print(a+b)
```

输出结果如下：

```
[5. 7. 9.]
<NDArray 3 @gpu(0)>
```

如果你要卸载 MXNet，可以使用如下命令：

```
$ pip3 uninstall mxnet-cu80==1.3.1
```

当然，我相信你会慢慢喜欢上 MXNet 的，所以这个命令你可能不会用到。至此，本地安装 MXNet 就介绍完了。

2.4　本章小结

MXNet 官方提供了多种安装方式，本章介绍了其中最常用的两种安装方式：Docker 安装和本地 pip 安装。Docker 可以做环境隔离，其在工业界的应用非常普遍，安装 Docker 之后即可通过 Docker 拉取 MXNet 镜像，然后通过 MXNet 镜像启动一个容器，在容器内就可以使用 MXNet 进行编程了。本地 pip 安装简单直接，对于新手而言门槛较低，不过在后续使用过程中可能会受到环境依赖问题的困扰。

假如你需要安装的是仅支持 CPU 的 MXNet，那么你不需要安装显卡驱动、CUDA 和 cuDNN 等与 GPU 相关的东西。如果你需要安装支持 GPU 的 MXNet，那么你至少需要安装显卡驱动，至于 CUDA 和 cuDNN，则需要根据你是通过 Docker 来使用 MXNet 还是常规的本地安装 MXNet 来决定是否安装，前者可以直接利用官方已经在镜像中安装好的 CUDA 和 cuDNN，后者则需要手动安装 CUDA 和 cuDNN。

第 3 章

MXNet 基础

相信很多程序员在学习一门新的编程语言或者框架时，都会先了解下该语言或者该框架涉及的数据结构，毕竟当你清晰地了解了数据结构之后才能更加优雅地编写代码，MXNet 同样也是如此。在 MXNet 框架中你至少需要了解这三驾马车：NDArray、Symbol 和 Module。这三者将会是你今后在使用 MXNet 框架时经常用到的接口。那么在搭建或者训练一个深度学习算法时，这三者到底扮演了一个什么样的角色呢？这里可以做一个简单的比喻，假如将从搭建到训练一个算法的过程比作是一栋房子从建造到装修的过程，那么 NDArray 就相当于是钢筋水泥这样的零部件，Symbol 就相当于是房子每一层的设计，Module 就相当于是房子整体框架的搭建。

还记得我们在引入深度学习框架时提到的命令式编程（imperative programming）和符号式编程（symbolic programming）吗？在本章中你将实际感受二者的区别，因为 NDArray 接口采用的是命令式编程的方式，而 Symbol 接口采用的是符号式编程的方式。

3.1 NDArray

NDArray 是 MXNet 框架中数据流的基础结构，NDArray 的官方文档地址是：https://mxnet.apache.org/api/python/ndarray/ndarray.html，与 NDArray 相关的接口都可以在该文档中查询到。在了解 NDArray 之前，希望你先了解下 Python 中的 NumPy 库（http://www.numpy.org/），因为一方面在大部分深度学习框架的 Python 接口中，NumPy 库的使用频率都非常高；另一方面大部分深度学习框架的基础数据结构设计都借鉴了 NumPy。在 NumPy

库中，一个最基本的数据结构是 array，array 表示多维数组，NDArray 与 NumPy 库中的
array 数据结构的用法非常相似，可以简单地认为 NDArray 是可以运行在 GPU 上的 NumPy
array。

接下来，我会介绍在 NDArray 中的一些常用操作，并提供其与 NumPy array 的对比，
方便读者了解二者之间的关系。

首先，导入 MXNet 和 NumPy，然后通过 NDArray 初始化一个二维矩阵，代码如下：

```
import mxnet as mx
import numpy as np
a = mx.nd.array([[1,2],[3,4]])
print(a)
```

输出结果如下：

```
[[1. 2.]
 [3. 4.]]
<NDArray 2x2 @cpu(0)>
```

接着，通过 NumPy array 初始化一个相同的二维矩阵，代码如下：

```
b = np.array([[1,2],[3,4]])
print(b)
```

输出结果如下：

```
[[1 2]
 [3 4]]
```

> **注意** 实际使用中常用缩写 mx 代替 mxnet，mx.nd 代替 mxnet.ndarray，np 代替 numpy，本书
> 后续篇章所涉及的代码默认都采取这样的缩写。

再来看看 NumPy array 和 NDArray 常用的几个方法对比，比如打印 NDArray 的维度
信息：

```
print(a.shape)
```

输出结果如下：

```
(2, 2)
```

打印 NumPy array 的维度信息：

```
print(b.shape)
```

输出结果如下：

```
(2, 2)
```

打印 NDArray 的数值类型：

```
print(a.dtype)
```

输出结果如下：

```
<class 'numpy.float32'>
```

打印 Numpy array 的数值类型：

```
print(b.dtype)
```

输出结果如下：

```
int64
```

> **注意**　在使用大部分深度学习框架训练模型时默认采用的都是 float32 数值类型，因此初始化一个 NDArray 对象时默认的数值类型是 float32。

如果你想要初始化指定数值类型的 NDArray，那么可以通过 dtype 参数来指定，代码如下：

```
c=mx.nd.array([[1,2],[3,4]], dtype=np.int8)
print(c.dtype)
```

输出结果如下：

```
<class 'numpy.int8'>
```

如果你想要初始化指定数值类型的 NumPy array，则可以像如下这样输入代码：

```
d = np.array([[1,2],[3,4]], dtype=np.int8)
print(d.dtype)
```

输出结果如下：

```
int8
```

在 NumPy 的 array 结构中有一个非常常用的操作是切片（slice），这种操作在 NDArray 中同样也可以实现，具体代码如下：

```
c = mx.nd.array([[1,2,3,4],[5,6,7,8]])
print(c[0,1:3])
```

输出结果如下：

```
[2. 3.]
<NDArray 2 @cpu(0)>
```

在 NumPy array 中可以这样实现：

```
d = np.array([[1,2,3,4],[5,6,7,8]])
print(d[0,1:3])
```

输出结果如下：

```
[2 3]
```

在对已有的 NumPy array 或 NDArray 进行复制并修改时，为了避免影响到原有的数组，可以采用 copy() 方法进行数组复制，而不是直接复制，这一点非常重要。下面以 NDArray 为例来看看采用 copy() 方法进行数组复制的情况，首先打印出 c 的内容：

```
print(c)
```

输出结果如下：

```
[[1. 2. 3. 4.]
 [5. 6. 7. 8.]]
<NDArray 2x4 @cpu(0)>
```

然后调用 c 的 copy() 方法将 c 的内容复制到 f，并打印 f 的内容：

```
f = c.copy()
print(f)
```

输出结果如下：

```
[[1. 2. 3. 4.]
 [5. 6. 7. 8.]]
<NDArray 2x4 @cpu(0)>
```

修改 f 中的一个值，并打印 f 的内容：

```
f[0,0] = -1
print(f)
```

输出结果如下，可以看到此时对应位置的值已经被修改了：

```
[[-1. 2. 3. 4.]
 [ 5. 6. 7. 8.]]
<NDArray 2x4 @cpu(0)>
```

那么 c 中对应位置的值有没有被修改呢？可以打印此时 c 的内容：

```
print(c)
```

输出结果如下，可以看到此时 c 中对应位置的值并没有被修改：

```
[[1. 2. 3. 4.]
 [5. 6. 7. 8.]]
<NDArray 2x4 @cpu(0)>
```

接下来看看如果直接将 c 复制给 e，会有什么样的情况发生：

```
e = c
print(e)
```

输出结果如下：

```
[[1. 2. 3. 4.]
 [5. 6. 7. 8.]]
<NDArray 2x4 @cpu(0)>
```

修改 e 中的一个值，并打印 e 的内容：

```
e[0,0] = -1
print(e)
```

输出内容如下：

```
[[-1. 2. 3. 4.]
 [ 5. 6. 7. 8.]]
<NDArray 2x4 @cpu(0)>
```

此时再打印 c 的内容：

```
print(c)
```

输出结果如下，可以看到对应位置的值也发生了改变：

```
[[-1. 2. 3. 4.]
 [ 5. 6. 7. 8.]]
<NDArray 2x4 @cpu(0)>
```

实际上，NumPy array 和 NDArray 之间的转换也非常方便，NDArray 转 NumPy array 可以通过调用 NDArray 对象的 asnumpy() 方法来实现：

```
g=e.asnumpy()
print(g)
```

输出结果如下：

```
[[-1. 2. 3. 4.]
 [ 5. 6. 7. 8.]]
```

NumPy array 转 NDArray 可以通过 mxnet.ndarray.array() 接口来实现：

```
print(mx.nd.array(g))
```

输出结果如下：

```
[[-1. 2. 3. 4.]
 [ 5. 6. 7. 8.]]
<NDArray 2x4 @cpu(0)>?
```

前面曾提到过 NDArray 和 NumPy array 最大的区别在于 NDArray 可以运行在 GPU 上，从前面打印出来的 NDArray 对象的内容可以看到，最后都有一个 @cpu，这说明该 NDArray 对象是初始化在 CPU 上的，那么如何才能将 NDArray 对象初始化在 GPU 上呢？首先，调用 NDArray 对象的 context 属性可以得到变量所在的环境：

```
print(e.context)
```

输出结果如下：

```
cpu(0)
```

然后，调用 NDArray 对象的 as_in_context() 方法指定变量的环境，例如这里将环境指定为第 0 块 GPU：

```
e = e.as_in_context(mx.gpu(0))
print(e.context)
```

输出结果如下：

```
gpu(0)
```

环境（context）是深度学习算法中比较重要的内容，目前常用的环境是 CPU 或 GPU，在深度学习算法中，数据和模型都要在同一个环境中才能正常进行训练和测试。MXNet 框架中 NDArray 对象的默认初始化环境是 CPU，在不同的环境中，变量初始化其实就是变量的存储位置不同，而且存储在不同环境中的变量是不能进行计算的，比如一个初始化在 CPU 中的 NDArray 对象和一个初始化在 GPU 中的 NDArray 对象在执行计算时会报错：

```
f = mx.nd.array([[2,3,4,5],[6,7,8,9]])
print(e+f)
```

显示结果如下，从报错信息可以看出是 2 个对象的初始化环境不一致导致的：

```
mxnet.base.MXNetError: [11:14:13] src/imperative/./imperative_utils.h:56:
    Check failed: inputs[i]->ctx().dev_mask() == ctx.dev_mask() (1 vs. 2)
    Operator broadcast_add require all inputs live on the same context. But
    the first argument is on gpu(0) while the 2-th argument is on cpu(0)
```

下面将 f 的环境也修改成 GPU，再执行相加计算：

```
f = f.as_in_context(mx.gpu(0))
print(e+f)
```

输出结果如下：

```
[[  1.   5.   7.   9.]
 [ 11.  13.  15.  17.]]
<NDArray 2x4 @gpu(0)>
```

　　NDArray 是 MXNet 框架中使用最频繁也是最基础的数据结构，是可以在 CPU 或 GPU 上执行命令式操作（imperative operation）的多维矩阵，这种命令式操作直观且灵活，是 MXNet 框架的特色之一。因为在使用 MXNet 框架训练模型时，几乎所有的数据流都是通过 NDArray 数据结构实现的，因此熟悉该数据结构非常重要。

3.2　Symbol

　　Symbol 是 MXNet 框架中用于构建网络层的模块，Symbol 的官方文档地址是：https://mxnet.apache.org/api/python/symbol/symbol.html，与 Symbol 相关的接口都可以在该文档中查询。与 NDArray 不同的是，Symbol 采用的是符号式编程（symbolic programming），其是 MXNet 框架实现快速训练和节省显存的关键模块。之前我们介绍过符号式编程的含义，简单来说就是，符号式编程需要先用 Symbol 接口定义好计算图，这个计算图同时包含定义好的输入和输出格式，然后将准备好的数据输入该计算图完成计算。而 3.1 节介绍的 NDArray 采用的是命令式编程（imperative programming），计算过程可以逐步来步实现。其实在你了解了 NDArray 之后，你完全可以仅仅通过 NDArray 来定义和使用网络，那么为什么还要提供 Symbol 呢？主要是为了提高效率。在定义好计算图之后，就可以对整个计算图的显存占用做优化处理，这样就能大大降低训练模型时候的显存占用。

　　在 MXNet 中，Symbol 接口主要用来构建网络结构层，其次是用来定义输入数据。接下来我们再来列举一个例子，首先定义一个网络结构，具体如下。

　　1）用 mxnet.symbol.Variable() 接口定义输入数据，用该接口定义的输入数据类似于一个占位符。

2）用 mxnet.symbol.Convolution() 接口定义一个卷积核尺寸为 3*3，卷积核数量为 128 的卷积层，卷积层是深度学习算法提取特征的主要网络层，该层将是你在深度学习算法（尤其是图像领域）中使用最为频繁的网络层。

3）用 mxnet.symbol.BatchNorm() 接口定义一个批标准化（batch normalization，常用缩写 BN 表示）层，该层有助于训练算法收敛。

4）用 mxnet.symbol.Activation() 接口定义一个 ReLU 激活层，激活层主要用来增加网络层之间的非线性，激活层包含多种类型，其中以 ReLU 激活层最为常用。

5）用 mxnet.symbol.Pooling() 接口定义一个最大池化层（pooling），池化层的主要作用在于通过缩减维度去除特征图噪声和减少后续计算量，池化层包含多种形式，常用形式有均值池化和最大池化。

6）用 mxnet.symbol.FullyConnected() 接口定义一个全连接层，全连接层是深度学习算法中经常用到的层，一般是位于网络的最后几层。需要注意的是，该接口的 num_hidden 参数表示分类的类别数。

7）用 mxnet.symbol.SoftmaxOutput() 接口定义一个损失函数层，该接口定义的损失函数是图像分类算法中常用的交叉熵损失函数（cross entropy loss），该损失函数的输入是通过 softmax 函数得到的，softmax 函数是一个变换函数，表示将一个向量变换成另一个维度相同，但是每个元素范围在 [0,1] 之间的向量，因此该层用 mxnet.symbol.SoftmaxOutput() 来命名。这样就得到了一个完整的网络结构了。

网络结构定义代码如下：

```
import mxnet as mx
data = mx.sym.Variable('data')
conv = mx.sym.Convolution(data=data, num_filter=128, kernel=(3,3), pad=(1,1),
    name='conv1')
bn = mx.sym.BatchNorm(data=conv, name='bn1')
relu = mx.sym.Activation(data=bn, act_type='relu', name='relu1')
pool = mx.sym.Pooling(data=relu, kernel=(2,2), stride=(2,2), pool_type='max',
    name='pool1')
fc = mx.sym.FullyConnected (data=pool, num_hidden=2, name='fc1')
sym = mx.sym.SoftmaxOutput (data=fc, name='softmax')
```

> 注意　mx.sym 是 mxnet.symbol 常用的缩写形式，后续篇章默认采用这种缩写形式。另外在定义每一个网络层的时候最好都能指定名称（name）参数，这样代码看起来会更加清晰。

定义好网络结构之后，你肯定还想看看这个网络结构到底包含哪些参数，毕竟训练模型的过程就是模型参数更新的过程，在 MXNet 中，list_arguments() 方法可用于查看一个

Symbol 对象的参数，命令如下：

```
print(sym.list_arguments())
```

由下面的输出结果可以看出，第一个和最后一个分别是 'data' 和 'softmax_label'，这二者分别代表输入数据和标签；'conv1_weight' 和 'conv1_bias' 是卷积层的参数，具体而言前者是卷积核的权重参数，后者是偏置参数；'bn1_gamma' 和 'bn1_beta' 是 BN 层的参数；'fc1_weight' 和 'fc1_bias' 是全连接层的参数。

```
['data', 'conv1_weight', 'conv1_bias', 'bn1_gamma', 'bn1_beta', 'fc1_
    weight', 'fc1_bias', 'softmax_label']
```

除了查看网络的参数层名称之外，有时候我们还需要查看网络层参数的维度、网络输出维度等信息，这一点对于代码调试而言尤其有帮助。在 MXNet 中，可以用 infer_shape() 方法查看一个 Symbol 对象的层参数维度、输出维度、辅助层参数维度信息，在调用该方法时需要指定输入数据的维度，这样网络结构就会基于指定的输入维度计算层参数、网络输出等维度信息：

```
arg_shape,out_shape,aux_shape = sym.infer_shape(data=(1,3,10,10))
print(arg_shape)
print(out_shape)
print(aux_shape)
```

由下面的输出结果可知，第一行表示网络层参数的维度，与前面 list_arguments() 方法列出来的层参数名一一对应，例如输入数据 'data' 的维度是 (1, 3, 10, 10)；卷积层的权重参数 'conv1_weight' 的维度是 (128, 3, 3, 3)；卷积层的偏置参数 'conv1_bias' 的维度是 (128,)，因为每个卷积核对应于一个偏置参数；全连接层的权重参数 'fc1_weight' 的维度是 (2, 3200)，这里的 3000 是通过计算 5*5*128 得到的，其中 5*5 表示全连接层的输入特征图的宽和高。第二行表示网络输出的维度，因为网络的最后一层是输出节点为 2 的全连接层，且输入数据的批次维度是 1，所以输出维度是 [(1, 2)]。第三行是辅助参数的维度，目前常见的主要是 BN 层的参数维度。

```
[(1, 3, 10, 10), (128, 3, 3, 3), (128,), (128,), (128,), (2, 3200), (2,), (1,)]
[(1, 2)]
[(128,), (128,)]
```

如果要截取通过 Symbol 模块定义的网络结构中的某一部分也非常方便，在 MXNet 中可以通过 get_internals() 方法得到 Symbol 对象的所有层信息，然后选择要截取的层即可，比如将 sym 截取成从输入到池化层为止：

```
sym_mini = sym.get_internals()['pool1_output']
print(sym_mini.list_arguments())
```

输出结果如下，可以看到层参数中没有 sym 原有的全连接层和标签层信息了：

```
['data', 'conv1_weight', 'conv1_bias', 'bn1_gamma', 'bn1_beta']
```

截取之后还可以在截取得到的 Symbol 对象后继续添加网络层，比如增加一个输出节点为 5 的全连接层和一个 softmax 层：

```
fc_new = mx.sym.FullyConnected (data=sym_mini, num_hidden=5, name='fc_new')
sym_new = mx.sym.SoftmaxOutput (data=fc_new, name='softmax')
print(sym_new.list_arguments())
```

输出结果如下，可以看到全连接层已经被替换了：

```
['data', 'conv1_weight', 'conv1_bias', 'bn1_gamma', 'bn1_beta', 'fc_new_
    weight', 'fc_new_bias', 'softmax_label']
```

除了定义神经网络层之外，Symbol 模块还可以实现 NDArray 的大部分操作，接下来以数组相加和相乘为例介绍通过 Symbol 模块实现上述操作的方法。首先通过 mxnet.symbol.Variable() 接口定义两个输入 data_a 和 data_b；然后定义 data_a 和 data_b 相加并与 data_c 相乘的操作以得到结果 s，通过打印 s 的类型可以看出 s 的类型是 Symbol，代码如下：

```
import mxnet as mx
data_a = mx.sym.Variable ('data_a')
data_b = mx.sym.Variable ('data_b')
data_c = mx.sym.Variable ('data_c')
s = data_c*(data_a+data_b)
print(type(s))
```

输出结果如下：

```
<class 'mxnet.symbol.symbol.Symbol'>
```

接下来，调用 s 的 bind() 方法将具体输入和定义的操作绑定到执行器，同时还需要为 bind() 方法指定计算是在 CPU 还是 GPU 上进行，执行 bind 操作后就得到了执行器 e，最后打印 e 的类型进行查看，代码如下：

```
e = s.bind(mx.cpu(), {'data_a':mx.nd.array([1,2,3]), 'data_b':mx.nd.array([4,5,6]),
    'data_c':mx.nd.array([2,3,4])})
print(type(e))
```

输出结果如下：

```
<class 'mxnet.executor.Executor'>
```

这个执行器就是一个完整的计算图了，因此可以调用执行器的 forward() 方法进行计算以得到结果：

```
output=e.forward()
print(output[0])
```

输出结果如下：

```
[ 10. 21. 36.]
<NDArray 3 @cpu(0)>
```

相比之下，通过 NDArray 模块实现这些操作则要简洁和直观得多，代码如下：

```
import mxnet as mx
data_a = mx.nd.array([1,2,3])
data_b = mx.nd.array([4,5,6])
data_c = mx.nd.array([2,3,4])
result = data_c*(data_a+data_b)
print(result)
```

输出结果如下：

```
[ 10. 21. 36.]
<NDArray 3 @cpu(0)>
```

虽然使用 Symbol 接口的实现看起来有些复杂，但是当你定义好计算图之后，很多显存是可以重复利用或共享的，比如在 Symbol 模块实现版本中，底层计算得到的 data_a+data_b 的结果会存储在 data_a 或 data_b 所在的空间，因为在该计算图中，data_a 和 data_b 在执行完相加计算后就不会再用到了。

前面介绍的是 Symbol 模块中 Variable 接口定义的操作和 NDArray 模块中对应实现的相似性，除此之外，Symbol 模块中关于网络层的操作在 NDArray 模块中基本上也有对应的操作，这对于静态图的调试来说非常有帮助。之前提到过，Symbol 模块采用的是符号式编程（或者称为静态图），即首先需要定义一个计算图，定义好计算图之后再执行计算，这种方式虽然高效，但是对代码调试其实是不大友好的，因为你很难获取中间变量的值。现在因为采用命令式编程的 NDArray 模块中基本上包含了 Symbol 模块中同名的操作，因此可以在一定程度上帮助调试代码。接下来以卷积层为例看看如何用 NDArray 模块实现一个卷积层操作，首先用 mxnet.ndarray.arange() 接口初始化输入数据，这里定义了一个 4 维数据 data，之所以定义为 4 维是因为模型中的数据流基本上都是 4 维的。具体代码如下：

```
data = mx.nd.arange(0,28).reshape((1,1,4,7))
print(data)
```

输出结果如下：

```
[[[[ 0.  1.  2.  3.  4.  5.  6.]
   [ 7.  8.  9. 10. 11. 12. 13.]
   [14. 15. 16. 17. 18. 19. 20.]
   [21. 22. 23. 24. 25. 26. 27.]]]]
<NDArray 1x1x4x7 @cpu(0)>
```

然后，通过 mxnet.ndarray.Convolution() 接口定义卷积层操作，该接口的输入除了与 mxnet.symbol.Convolution() 接口相同的 data、num_filter、kernel 和 name 之外，还需要直接指定 weight 和 bias。weight 和 bias 就是卷积层的参数值，为了简单起见，这里将 weight 初始化成值全为 1 的 4 维变量，bias 初始化成值全为 0 的 1 维变量，这样就能得到最后的卷积结果。具体代码如下：

```
conv1 = mx.nd.Convolution(data=data, weight=mx.nd.ones((10,1,3,3)),
                          bias=mx.nd.zeros((10)), num_filter=10, kernel=(3,3),
                          name='conv1')
print(conv1)
```

输出结果如下：

```
[[[[ 72.  81.  90.  99. 108.]
   [135. 144. 153. 162. 171.]]
  [[ 72.  81.  90.  99. 108.]
   [135. 144. 153. 162. 171.]]
  [[ 72.  81.  90.  99. 108.]
   [135. 144. 153. 162. 171.]]
  [[ 72.  81.  90.  99. 108.]
   [135. 144. 153. 162. 171.]]
  [[ 72.  81.  90.  99. 108.]
   [135. 144. 153. 162. 171.]]
  [[ 72.  81.  90.  99. 108.]
   [135. 144. 153. 162. 171.]]
  [[ 72.  81.  90.  99. 108.]
   [135. 144. 153. 162. 171.]]
  [[ 72.  81.  90.  99. 108.]
   [135. 144. 153. 162. 171.]]
  [[ 72.  81.  90.  99. 108.]
   [135. 144. 153. 162. 171.]]
  [[ 72.  81.  90.  99. 108.]
   [135. 144. 153. 162. 171.]]]]
<NDArray 1x10x2x5 @cpu(0)>
```

总体来看，Symbol 和 NDArray 有很多相似的地方，同时，二者在 MXNet 中都扮演着重要的角色。采用命令式编程的 NDArray 其特点是直观，常用来实现底层的计算；采用符号式编程的 Symbol 其特点是高效，主要用来定义计算图。

3.3　Module

　　在 MXNet 框架中，Module 是一个高级的封装模块，可用来执行通过 Symbol 模块定义的网络模型的训练，与 Module 相关的接口介绍都可以参考 Module 的官方文档地址：https://mxnet.apache.org/api/python/module/module.html。Module 接口提供了许多非常方便的方法用于模型训练，只需要将准备好的数据、超参数等传给对应的方法就能启动训练。

　　在 3.2 节，我们用 Symbol 接口定义了一个网络结构 sym，接下来我们将基于这个网络结构介绍 Module 模块，首先来看看如何通过 Module 模块执行模型的预测操作。通过 mxnet.module.Module() 接口初始化一个 Module 对象，在初始化时需要传入定义好的网络结构 sym 并指定运行环境，这里设置为 GPU 环境。然后执行 Module 对象的 bind 操作，这个 bind 操作与 Symbol 模块中的 bind 操作类似，目的也是将网络结构添加到执行器，使得定义的静态图能够真正运行起来，因为这个过程涉及显存分配，因此需要提供输入数据和标签的维度信息才能执行 bind 操作，读者可以在命令行通过 " $ watch nvidia-smi" 命令查看执行 bind 前后，显存的变化情况。bind 操作中还存在一个重要的参数是 for_training，这个参数默认是 True，表示接下来要进行的是训练过程，因为我们这里只需要进行网络的前向计算操作，因此将该参数设置为 False。最后调用 Module 对象的 init_params() 方法初始化网络结构的参数，初始化的方式是可以选择的，这里采用默认方式，至此，一个可用的网络结构执行器就初始化完成了。初始化网络结构执行器的代码具体如下：

```
mod = mx.mod.Module(symbol=sym, context=mx.gpu(0))
mod.bind(data_shapes=[('data',(8,3,28,28))],
         label_shapes=[('softmax_label',(8,))],
         for_training=False)
mod.init_params()
```

　　接下来随机初始化一个 4 维的输入数据，该数据的维度需要与初始化 Module 对象时设定的数据维度相同，然后通过 mxnet.io.DataBatch() 接口封装成一个批次数据，之后就可以作为 Module 对象的 forward() 方法的输入了，执行完前向计算后，调用 Module 对象的 get_outputs() 方法就能得到模型的输出结果，具体代码如下：

```
data = mx.nd.random.uniform(0,1,shape=(8,3,28,28))
mod.forward(mx.io.DataBatch([data]))
print(mod.get_outputs()[0])
```

输出结果如下，因为输入数据的批次大小是 8，网络的全连接层输出节点数是 2，因此输出的维度是 8*2：

```
[[ 0.50080067  0.4991993 ]
 [ 0.50148612  0.49851385]
 [ 0.50103837  0.4989616 ]
 [ 0.50171131  0.49828872]
 [ 0.50254387  0.4974561 ]
 [ 0.50104254  0.49895743]
 [ 0.50223148  0.49776852]
 [ 0.49780959  0.50219035]]
<NDArray 8x2 @gpu(0)>
```

接下来介绍如何通过 Module 模块执行模型的训练操作，代码部分与预测操作有较多地方是相似的，具体代码见代码清单 3-1（本书中的代码清单都可以在本书的项目代码地址中找到：https://github.com/miraclewkf/MXNet-Deep-Learning-in-Action），接下来详细介绍代码内容。

1）使用 mxnet.io.NDArrayIter() 接口初始化得到训练和验证数据迭代器，这里为了演示采用随机初始化的数据，实际应用中要读取有效的数据，不论读取的是什么样的数据，最后都需要封装成数据迭代器才能提供给模型训练。

2）用 mxnet.module.Module() 接口初始化得到一个 Module 对象，这一步至少要输入一个 Symbol 对象，另外这一步还可以指定训练环境是 CPU 还是 GPU，这里采用 GPU。

3）调用 Module 对象的 bind() 方法将准备好的数据和网络结构连接到执行器构成一个完整的计算图。

4）调用 Module 对象的 init_params() 方法初始化网络的参数，因为前面定义的网络结构只是一个架子，里面没有参数，因此需要执行参数初始化。

5）调用 Module 对象的 init_optimizer() 方法初始化优化器，默认采用随机梯度下降法（stochastic gradient descent，SGD）进行优化。

6）调用 mxnet.metric.create() 接口创建评价函数，这里采用的是准确率（accuracy）。

7）执行 5 次循环训练，每次循环都会将所有数据过一遍模型，因此在循环开始处需要执行评价函数的重置操作、数据的初始读取等操作。

8）此处的 while 循环只有在读取完训练数据之后才会退出，该循环首先会调用 Module 对象的 forward() 方法执行模型的前向计算，这一步就是输入数据通过每一个网络层的参数进行计算并得到最后结果。

9）调用 Module 对象的 backward() 方法执行模型的反向传播计算，这一步将涉及损失函数的计算和梯度的回传。

10）调用 Module 对象的 update() 方法执行参数更新操作，参数更新的依据就是第 9 步计算得到的梯度，这样就完成了一个批次（batch）数据对网络参数的更新。

11）调用 Module 对象的 update_metric() 方法更新评价函数的计算结果。

12）读取下一个批次的数据，这里采用了 Python 中的 try 和 except 语句，表示如果 try 包含的语句执行出错，则执行 except 包含的语句，这里用来标识是否读取到了数据集的最后一个批次。

13）调用评价对象的 get_name_value() 方法并打印此次计算的结果。

14）调用 Module 对象的 get_params() 方法读取网络参数，并利用这些参数初始化 Module 对象了。

15）调用数据对象的 reset() 方法进行重置，这样在下一次循环中就可以从数据的最初始位置开始读取了。

代码清单3-1　　通过Module模块训练模型

```python
import mxnet as mx
import logging

data = mx.sym.Variable('data')
conv = mx.sym.Convolution(data=data, num_filter=128, kernel=(3,3), pad=(1,1),
                          name='conv1')
bn = mx.sym.BatchNorm(data=conv, name='bn1')
relu = mx.sym.Activation(data=bn, act_type='relu', name='relu1')
pool = mx.sym.Pooling(data=relu, kernel=(2,2), stride=(2,2), pool_type='max',
                      name='pool1')
fc = mx.sym.FullyConnected(data=pool, num_hidden=2, name='fc1')
sym = mx.sym.SoftmaxOutput(data=fc, name='softmax')

data = mx.nd.random.uniform(0,1,shape=(1000,3,224,224))
label = mx.nd.round(mx.nd.random.uniform(0,1,shape=(1000)))
train_data = mx.io.NDArrayIter(data={'data':data},
                               label={'softmax_label':label},
                               batch_size=8,
                               shuffle=True)

print(train_data.provide_data)
print(train_data.provide_label)
mod = mx.mod.Module(symbol=sym,context=mx.gpu(0))
mod.bind(data_shapes=train_data.provide_data,
         label_shapes=train_data.provide_label)
mod.init_params()
mod.init_optimizer()
eval_metric = mx.metric.create('acc')
```

```
for epoch in range(5):
    end_of_batch = False
    eval_metric.reset()
    data_iter = iter(train_data)
    next_data_batch = next(data_iter)
    while not end_of_batch:
        data_batch = next_data_batch
        mod.forward(data_batch)
        mod.backward()
        mod.update()
        mod.update_metric(eval_metric, labels=data_batch.label)
        try:
            next_data_batch = next(data_iter)
            mod.prepare(next_data_batch)
        except StopIteration:
            end_of_batch = True
    eval_name_vals = eval_metric.get_name_value()
    print("Epoch:{} Train_Acc:{:.4f}".format(epoch, eval_name_vals[0][1]))
    arg_params, aux_params = mod.get_params()
    mod.set_params(arg_params, aux_params)
    train_data.reset()
```

假设你拉取了本书的项目代码，项目代码的根目录用 "~/" 表示，因为该脚本保存在 "~/chapter3-baseKnowledge-of-MXNet/Module_code3-1.py" 中，因此可以通过如下命令运行该脚本：

```
$ cd ~/chapter3-baseKnowledge-of-MXNet
$ python Module_code3-1.py
```

成功运行时可以得到如下结果：

```
Epoch:0 Train_Acc:0.5090
Epoch:1 Train_Acc:0.7010
Epoch:2 Train_Acc:0.9620
Epoch:3 Train_Acc:0.9860
Epoch:4 Train_Acc:0.9950
```

 mx.mod 是 mxnet.module 常用的缩写，后续篇章默认采用缩写形式。

代码清单 3-1 中的代码其实从 mod.bind() 方法这一行到最后都可以用 Module 模块中的 fit() 方法来实现。fit() 方法不仅封装了上述的 bind 操作、参数初始化、优化器初始化、模型的前向计算、反向传播、参数更新和计算评价指标等操作，还提供了保存训练结果等其

他操作,因此 fit() 方法将是今后使用 MXNet 训练模型时经常调用的方法。下面这段代码就演示了 fit() 方法的调用,前面两行设置命令行打印训练信息,这三行代码可以直接替换代码清单 3-1 中从 mod.bind() 那一行到最后的所有代码。在 fit() 方法的输入参数中,train_data 参数是训练数据,num_epoch 参数是训练时整个训练集的迭代次数(也称 epoch 数量)。需要注意的是,将所有 train_data 过一遍模型才算完成一个 epoch,因此这里设定为将这个训练集数据过 5 次模型才完成训练。

```
logger = logging.getLogger()
logger.setLevel(logging.INFO)
mod.fit(train_data=train_data, num_epoch=5)
```

简化版的代码如代码清单 3-2 所示。

代码清单3-2 通过Module模块训练模型(简化版)

```
import mxnet as mx
import logging

data = mx.sym.Variable('data')
conv = mx.sym.Convolution(data=data, num_filter=128, kernel=(3,3), pad=(1,1),
                          name='conv1')
bn = mx.sym.BatchNorm(data=conv, name='bn1')
relu = mx.sym.Activation(data=bn, act_type='relu', name='relu1')
pool = mx.sym.Pooling(data=relu, kernel=(2,2), stride=(2,2), pool_type='max',
                      name='pool1')
fc = mx.sym.FullyConnected(data=pool, num_hidden=2, name='fc1')
sym = mx.sym.SoftmaxOutput(data=fc, name='softmax')

data = mx.nd.random.uniform(0,1,shape=(1000,3,224,224))
label = mx.nd.round(mx.nd.random.uniform(0,1,shape=(1000)))
train_data = mx.io.NDArrayIter(data={'data':data},
                               label={'softmax_label':label},
                               batch_size=8,
                               shuffle=True)

print(train_data.provide_data)
print(train_data.provide_label)
mod = mx.mod.Module(symbol=sym,context=mx.gpu(0))

logger = logging.getLogger()
logger.setLevel(logging.INFO)
mod.fit(train_data=train_data, num_epoch=5)
```

该脚本代码保存在 "~/chapter3-baseKnowledge-of-MXNet/Module_code3-2.py" 中,下

面使用如下命令运行该脚本：

```
$ cd ~/chapter3-baseKnowledge-of-MXNet
$ python Module_code3-2.py
```

从下面打印出来的训练结果可以看到，输出结果与代码清单 3-1 的输出结果基本吻合：

```
INFO:root:Epoch[0] Train-accuracy=0.515000
INFO:root:Epoch[0] Time cost=4.618
INFO:root:Epoch[1] Train-accuracy=0.700000
INFO:root:Epoch[1] Time cost=4.425
INFO:root:Epoch[2] Train-accuracy=0.969000
INFO:root:Epoch[2] Time cost=4.428
INFO:root:Epoch[3] Train-accuracy=0.988000
INFO:root:Epoch[3] Time cost=4.410
INFO:root:Epoch[4] Train-accuracy=0.999000
INFO:root:Epoch[4] Time cost=4.425
```

上面的演示代码中只设定了 fit() 方法的几个输入，其实 fit() 方法的输入还有很多，实际使用中可根据具体要求设定不同的输入参数，本书后面的章节还会进行详细介绍。

得益于 MXNet 的静态图设计和对计算过程的优化，你会发现 MXNet 的训练速度相较于大部分深度学习框架要快，而且显存占用非常少！这使得你能够在单卡或单机多卡上使用更大的 batch size 训练相同的模型，这对于复杂模型的训练非常有利，有时候甚至还会影响训练结果。

3.4　本章小结

本章主要介绍了 MXNet 框架中最常用到的三个模块：NDArray、Symbol 和 Module，对比了三者之间的联系并通过简单的代码对这三个模块的使用有了大致的认识。

NDArray 是 MXNet 框架中最基础的数据结构，借鉴了 NumPy 中 array 的思想且能在 GPU 上运行，同时采取命令式编程的 NDArray 在代码调试上非常灵活。NDArray 提供了与 NumPy array 相似的方法及属性，因此熟悉 NumPy array 的用户应该能够很快上手 NDArray 的操作，而且二者之间的转换也非常方便。

Symbol 是 MXNet 框架中定义网络结构层的接口，采取符号式编程的 Symbol 通过构建静态计算图可以大大提高模型训练的效率。Symbol 中提供了多种方法用于查看 Symbol 对象的信息，包括参数层、参数维度等，同时也便于用户在设计网络结构的过程中查漏补缺。此外，Symbol 中的大部分网络层接口在 NDArray 中都有对应的实现，因此可以通过

NDArray 中对应名称的网络层查看具体的计算过程。

　　Module 是 MXNet 框架中封装了训练模型所需的大部分操作的高级接口，用户可以通过 Module 模块执行 bind 操作、参数初始化、优化器初始化、模型的前向计算、损失函数的反向传播、网络参数更新、评价指标计算等，同时，Module 模块还将常用的训练操作封装在了 fit() 方法中，通过该方法，用户可以更加方便地训练模型，可以说是既灵活又简便。

第 4 章

MNIST 手写数字体分类

相信很多读者在刚刚入门深度学习时都会运行一下 MNIST 数据集,MNIST 数据集链接地址为:http://yann.lecun.com/exdb/mnist/。MNIST 是一个手写数字的数据集,该数据集中包含训练集和测试集两部分,训练集包含了 60000 个样本,测试集包含 10000 个样本,图 4-1 显示了 MNIST 数据集的图像样例,本章将介绍如何使用 MXNet 框架实现 MNIST 手写数字体的分类。

图 4-1　MNIST 数据集样例

计算机对图像的认知并没有人类对图像的认知那么直观,那么计算机看到的图像到底是什么样的呢?其实图像数据对于计算机而言都只是一些像素点构成的矩阵,比如图 4-1 所示的数字图像对于计算机而言只是一个二维矩阵,这个二维矩阵如图 4-2 所示。

这个矩阵的维度是 (28,28,1),前面两个维度就是我们直观上看到的图像尺寸,最后的一个维度表示通道数,由于 MNIST 数据集都是灰度图像,所以通道数都是 1,如果是彩色图像,那么对于常见的 RGB 形式图像而言,通道数就是 3,这 3 个通道分别表示 R （red）、G（green）、B（blue）。因此图像对于计算机而言就是一个三维矩阵，对于灰度图而言，由于第三维是 1，所以可以简化成一个二维矩阵，这就是计算机世界里的图像。图像矩阵中的每个值均表示一个像素值，也就是 pixel，像素值是图像的基本单位，取值范围是 0 到 255 的整数。

```
[[ 0  0  0  0  0  0  0  0  0  0  0  0  0  0  0  0  0  0  0  0  0  0  0  0  0  0  0  0]
 [ 0  0  0  0  0  0  0  0  0  0  0  0  0  0  0  0  0  0  0  0  0  0  0  0  0  0  0  0]
 [ 0  0  0  0  0  0  0  0  0  0  0  0  0  0  0  0  0  0  0  0  0  0  0  0  0  0  0  0]
 [ 0  0  0  0  0  0  0  0  0  0  0  0  0  0  0  0  0  0  0  0  0  0  0  0  0  0  0  0]
 [ 0  0  0  0  0  0  0  0  0  0  0  0  0  0  0  0  0  0  0  0  0  0  0  0  0  0  0  0]
 [ 0  0  0  0  0  0  0  0  0  0  0  0  18  70 154 171 255 255 255 226  0  0  0  0  0]
 [ 0  0  0  0  0  0  0  0  51  70  70 119 188 238 255 255 255 255 255 255 255  70  0  0  0]
 [ 0  0  0  0  0  0  0  0 204 255 255 255 255 255 255 255 255 238 255 255 255  18  0  0  0]
 [ 0  0  0  0  0  0  0  33 255 255 255 255 226 204 171  84  33   0 135 238 171  0  0  0  0]
 [ 0  0  0  0  0  0  0  0 204 255 255 255 154  18   0   0   0   0  33  33  0  0  0  0  0]
 [ 0  0  0  0  0  0  0  0 255 255 238 107   0   0  18  51 107   0  0  0  0  0  0  0]
 [ 0  0  0  0  0  0  0  18 255 255 204  70 171 204 255 255 255 135  0  0  0  0  0  0]
 [ 0  0  0  0  0  0 119 255 255 255 255 255 255 255 255 255 255 204  51  0  0  0  0  0]
 [ 0  0  0  0  0  0 107 255 255 255 255 255 238 188 238 238 255 255 119  0  0  0  0  0]
 [ 0  0  0  0  0  0   0 255 255 226 119  84   0   0   0  51 255 255 135  0  0  0  0  0]
 [ 0  0  0  0  0  0   0  51  51  18   0   0   0   0  18 255 255 238  0  0  0  0  0]
 [ 0  0  0  0  0  0   0   0   0   0   0   0   0  18 255 255 226  0  0  0  0  0]
 [ 0  0  0  0  0  0   0   0   0   0   0   0  18 255 255 154  0  0  0  0  0]
 [ 0  0  0  0  0  0   0   0   0   0   0  51 255 255 119  0  0  0  0  0]
 [ 0  0  0  0  0  0   0   0   0   0 188 255 255  51  0  0  0  0  0]
 [ 0  0  0  0  0  0   0   0   0  70 255 255 154  0  0  0  0  0  0]
 [ 0  0  0  0  0  0   0  84   0   0  18 204 255 255  51  0  0  0  0  0]
 [ 0  0  0  0  0  0 119 255 226 135 226 255 255 119  0  0  0  0  0]
 [ 0  0  0  0  0  0   0 119 255 255 255 238 255 171  0  0  0  0  0]
 [ 0  0  0  0  0  0  18 171 255 204 255 119  0  0  0  0  0  0]
 [ 0  0  0  0  0  0   0   0   0   0   0   0   0   0  0  0  0  0  0]
 [ 0  0  0  0  0  0   0   0   0   0   0   0   0   0  0  0  0  0  0]]
```

图 4-2　MNIST 数据集图像的像素矩阵

俗话说，麻雀虽小五脏俱全，本章会首先给出一个完整的 MNIST 手写数字体分类训练代码，网络部分采用的是神经网络领域非常经典的网络——LeNet。LeNet 虽然只有 5 层网络结构，但是足够解决这个问题了。在介绍完整体训练代码框架之后，代码将会划分成几个模块，然后对每一个模块分别进行介绍，包括训练参数配置、数据的读取、网络结构的搭建、模型训练等部分。训练得到模型后一般还会通过一个测试代码测试模型对于指定输入图像的输出，因此我将提供一个完整的测试代码，然后将测试代码划分成几个模块并分别进行介绍，几个模块主要包括模型导入、数据读取、预测输出等部分。因此本章的目的是希望先建立起一个比较完整的图像分类算法的代码框架，同时强调模块化代码的重要性，毕竟这样的代码可读性强，同时易于维护。

4.1　训练代码初探

为了让读者对训练代码有一个直观的认识，首先我们完整地看一下训练代码，如代码清单 4-1 所示。代码清单 4-1 中的代码主要分为训练参数配置、数据读取、网络结构搭建和训练模型四大部分，这四个部分在接下来几节中将进行详细介绍。

代码清单4-1　MNIST手写数字体分类训练代码

```python
import mxnet as mx
import argparse
import numpy as np
import gzip
import struct
import logging


def get_network(num_classes):
    """
    LeNet
    """
    data = mx.sym.Variable("data")
    conv1 = mx.sym.Convolution(data=data, kernel=(5,5), num_filter=6,
                               name="conv1")
    relu1 = mx.sym.Activation(data=conv1, act_type="relu", name="relu1")
    pool1 = mx.sym.Pooling(data=relu1, kernel=(2,2), stride=(2,2),
                           pool_type="max", name="pool1")

    conv2 = mx.sym.Convolution(data=pool1, kernel=(5, 5), num_filter=16,
                               name="conv2")
    relu2 = mx.sym.Activation(data=conv2, act_type="relu", name="relu2")
    pool2 = mx.sym.Pooling(data=relu2, kernel=(2, 2), stride=(2, 2),
                           pool_type="max", name="pool2")

    fc1 = mx.sym.FullyConnected(data=pool2, num_hidden=120, name="fc1")
    relu3 = mx.sym.Activation(data=fc1, act_type="relu", name="relu3")
```

```
        fc2 = mx.sym.FullyConnected(data=relu3, num_hidden=84, name="fc2")
        relu4 = mx.sym.Activation(data=fc2, act_type="relu", name="relu4")

        fc3 = mx.sym.FullyConnected(data=relu4, num_hidden=num_classes, name="fc3")
        sym = mx.sym.SoftmaxOutput(data=fc3, name="softmax")
        return sym

def get_args():
    parser = argparse.ArgumentParser(description='score a model on a dataset')
    parser.add_argument('--num-classes', type=int, default=10)
    parser.add_argument('--gpus', type=str, default='0')
    parser.add_argument('--batch-size', type=int, default=64)
    parser.add_argument('--num-epoch', type=int, default=10)
    parser.add_argument('--lr', type=float, default=0.1, help="learning rate")
    parser.add_argument('--save-result', type=str, default='output/')
    parser.add_argument('--save-name', type=str, default='LeNet')
    args = parser.parse_args()
    return arg

if __name__ == '__main__':
    args = get_args()
    if args.gpus:
        context = [mx.gpu(int(index)) for index in
                    args.gpus.strip().split(",")]
    else:
        context = mx.cpu()

    # get data
    train_data = mx.io.MNISTIter(
        image='train-images.idx3-ubyte',
        label='train-labels.idx1-ubyte',
        batch_size=args.batch_size,
        shuffle=1)
    val_data = mx.io.MNISTIter(
        image='t10k-images.idx3-ubyte',
        label='t10k-labels.idx1-ubyte',
        batch_size=args.batch_size,
        shuffle=0)

    # get network(symbol)
    sym = get_network(num_classes=args.num_classes)

    optimizer_params = {'learning_rate': args.lr}
    initializer = mx.init.Xavier(rnd_type='gaussian', factor_type="in",
                                    magnitude=2)
```

```
mod = mx.mod.Module(symbol=sym, context=context)

logger = logging.getLogger()
logger.setLevel(logging.INFO)
stream_handler = logging.StreamHandler()
logger.addHandler(stream_handler)
file_handler = logging.FileHandler('output/train.log')
logger.addHandler(file_handler)
logger.info(args)

checkpoint = mx.callback.do_checkpoint(prefix=args.save_result +
                                        args.save_name)
batch_callback = mx.callback.Speedometer(args.batch_size, 1000)
mod.fit(train_data=train_data,
        eval_data=val_data,
        eval_metric = 'acc',
        optimizer_params=optimizer_params,
        optimizer='sgd',
        batch_end_callback=batch_callback,
        initializer=initializer,
        num_epoch = args.num_epoch,
        epoch_end_callback=checkpoint)
```

准备好训练代码的脚本之后,应该如何启动训练呢?因为代码清单 4-1 中的代码保存在 "~/chapter4-toyClassification/train_mnist_code4-1.py" 脚本中,所以可以在命令行输入以下命令启动训练:

```
$ cd ~/chapter4-toyClassification
$ python train_mnist_code4-1.py
```

如果能够看到如下训练结果,则说明你已经成功启动训练了:

```
Epoch[0] Train-accuracy=0.932030
Epoch[0] Time cost=5.119
Saved checkpoint to "output/LeNet-0001.params"
Epoch[0] Validation-accuracy=0.979467
Epoch[1] Train-accuracy=0.979172
Epoch[1] Time cost=5.207
Saved checkpoint to "output/LeNet-0002.params"
Epoch[1] Validation-accuracy=0.985877
Epoch[2] Train-accuracy=0.984992
Epoch[2] Time cost=5.078
Saved checkpoint to "output/LeNet-0003.params"
Epoch[2] Validation-accuracy=0.986478
Epoch[3] Train-accuracy=0.988694
```

```
Epoch[3] Time cost=5.829
Saved checkpoint to "output/LeNet-0004.params"
Epoch[3] Validation-accuracy=0.987079
Epoch[4] Train-accuracy=0.991245
Epoch[4] Time cost=4.953
Saved checkpoint to "output/LeNet-0005.params"
Epoch[4] Validation-accuracy=0.987780
Epoch[5] Train-accuracy=0.993230
Epoch[5] Time cost=5.729
Saved checkpoint to "output/LeNet-0006.params"
Epoch[5] Validation-accuracy=0.986679
Epoch[6] Train-accuracy=0.994564
Epoch[6] Time cost=5.718
Saved checkpoint to "output/LeNet-0007.params"
Epoch[6] Validation-accuracy=0.987881
Epoch[7] Train-accuracy=0.995481
Epoch[7] Time cost=6.007
Saved checkpoint to "output/LeNet-0008.params"
Epoch[7] Validation-accuracy=0.988882
Epoch[8] Train-accuracy=0.996131
Epoch[8] Time cost=5.289
Saved checkpoint to "output/LeNet-0009.params"
Epoch[8] Validation-accuracy=0.988381
Epoch[9] Train-accuracy=0.996231
Epoch[9] Time cost=5.272
Saved checkpoint to "output/LeNet-0010.params"
Epoch[9] Validation-accuracy=0.988682
```

从训练结果可以看出，训练到 10 个 epoch 时就有比较好的结果了，一方面是因为 MNIST 数据集样本数较少，另一方面是该分类任务相对简单，因此不需要训练太长的时间就能得到一个不错的结果。

4.2 训练代码详细解读

4.1 节中介绍了一个完整的 MNIST 手写数字体分类代码，这几乎是每一个入门深度学习的人都会运行的实验。一个比较好的代码阅读习惯既可以是从全局到局部，也可以是从局部到全局，这样才能建立起对代码的完整认识。目前开源的深度学习相关的项目非常多，但不论这些项目的代码量如何，基本上每个项目的代码都是分模块维护的，比如专门的数据读取模块、模型构建模块、参数配置模块等，这对于阅读复杂项目的代码尤其有帮助。因此希望读者能够逐渐养成这样的习惯，并应用在今后的代码书写中。

通过 4.1 节的介绍，相信你对整个训练代码有了一个直观的认识，接下来就将这份代码分解成几个小模块，包括训练参数配置、数据读取、网络结构搭建和训练模型四大部分，然后分别介绍每个模块的内容与作用。

4.2.1　训练参数配置

在大部分用 Python 实现的深度学习项目中，argparse 模块是非常常见的，因为在 Python 中，argparse 模块扮演着解析命令行参数的角色。这是什么意思呢？前面介绍过这份代码保存在 train_mnist_code4-1.py 中，因此当你启动训练时，可以直接在 train_mnist_code4-1.py 文件所在的目录运行以下命令：

```
$ python train_mnist_code4-1.py
```

运行命令没有涉及任何参数，这是因为在 train_mnist_code4-1.py 脚本中定义了一些训练相关的参数并设定了这些参数的默认值，因此直接通过上述命令就能启动训练。但是如果你不想用默认设置的参数来进行训练，比如 batch size 想要修改成 128，训练的 epoch 想要修改成 20，那么应该怎么办呢？一种方法是直接修改代码，将参数默认值修改成你想要的值，然后再启动训练，但是这种做法在你需要频繁修改参数时会显得不够灵活，而且如果他人要运行你的代码时还需要提前熟悉并修改这些参数的默认值才能启动训练。另一种方法就是在启动训练时直接在命令行配置参数，这种操作不需要修改代码脚本中的参数默认值，而是可以根据每个用户的需要在启动脚本的同时配置参数，这个时候就要用到 argparse 模块了，argparse 模块是 Python 中用来解析命令行参数的模块。比如在 4.1 节的代码清单 4-1 中，用 argparse 模块定义了两个参数 " --num-epoch" 和 " --batch-size"。这两个参数的默认值分别是 10 和 64，假如你不想使用这两个默认值训练模型，比如，想将 " --num-epoch" 修改成 20，" --batch-size" 修改成 128，那么当你想要运行该脚本的时候，可以在命令行输入如下命令运行：

```
$ python train_mnist_code4-1.py --num-epoch 20 --batch-size 128
```

因为在 train_mnist_code4-1.py 中，argparse 模块定义了 "--num-epoch" 和 "--batch-size" 这两个参数，所以不管你在命令行中为这两个参数配置了什么值，该模块都会将该值传递给后续的训练代码，非常灵活。

现在你明白了可以用 argparse 模块来解析命令行参数，那么接下来就要看看如何使用这个模块了。在使用 argparse 模块之前，首先需要导入该模块，命令如下：

```
import argparse
```

接下来，使用 argparse 模块创建一个 ArgumentParser 对象，然后不断调用 ArgumentParser 对象的 add_argument() 方法添加参数，添加参数时需要为参数指定类型，比如 type=int、type=str 等，而且最好先设置参数的默认值（default），这样就不用在每次启动脚本时都配置参数，另外，help 参数表示该参数的含义，以起到类似于注释的作用，对于一些不常见的参数，最好加上 help 参数进行解释。最后调用该对象的 parse_args() 方法得到解析之后的结果，比如结果用 args 表示，后续如果你需要使用某个参数，则可以直接调用 args 的属性来获取，比如要想获取 "--batch-size" 参数，那么可以通过 args.batch_size 来获取，代码如下：

```
parser = argparse.ArgumentParser(description='score a model on a dataset')
parser.add_argument('--num-classes', type=int, default=10)
parser.add_argument('--gpus', type=str, default='0')
parser.add_argument('--batch-size', type=int, default=64)
parser.add_argument('--num-epoch', type=int, default=10)
parser.add_argument('--lr', type=float, default=0.1, help="learning rate")
parser.add_argument('--save-result', type=str, default='output/')
parser.add_argument('--save-name', type=str, default='LeNet')
args = parser.parse_args()
```

由于这几个参数在训练模型时扮演了非常重要的角色，所以这里详细介绍下这几个参数的含义。

- ❏ --num-classes，该参数用来表示分类的类别数，比如这里是对手写数字体进行分类，包含从 0 到 9 共 10 个数字，所以该参数默认设置为 10。

- ❏ --gpus，该参数用来指定 GPU 的 ID，若设置为空则表示采用 CPU，若设置为 0 则表示采用 0 号 GPU，具体设置需要看后面代码中的设置。

- ❏ --batch-size，该参数表示网络训练时的批次大小，比如这里默认设置为 64，表示网络的前向计算和反向传播都是基于 64 个训练样本进行的，这个参数的设置取决于你的 GPU 显存、网络结构复杂度、输入图像大小等。

- ❏ --num-epoch，该参数可以通过一个例子来进行说明，假设你有 12 800 个训练样本，batch size 设置为 128，那么需要训练网络 100 次才能将所有训练数据过一遍，这称为完成一个 epoch 的训练，而 "--num-epoch" 参数则表示要训练多少个 epoch。该参数在训练模型过程中扮演着非常重要的角色，过少的 epoch 可能会引起欠拟合，过多的 epoch 可能会引起过拟合。

- ❏ --lr，该参数表示学习率，这在训练模型中是一个非常重要的参数，需要注意的是，这里只是设定了一个初始学习率，如果你需要在模型训练过程中对学习率进行修改，则需要在代码中单独体现，而不是通过这里的参数设定来实现。

❏ --save-result，该参数表示训练得到的模型文件的保存路径。

❏ --save-name，该参数表示训练得到的模型文件的保存名称。

接下来这一部分是设置代码的训练环境，简单而言就是，训练模型是在 CPU 还是 GPU 上运行，一般可以通过如下的条件语句来进行设置。假如你的 "--gpus" 参数设置为 0，那么说明你希望接下来在 0 号 GPU 上训练你的模型，最后得到的 context 变量就是 context=mx.gpu(0)；同样，如果你要在多块 GPU 上训练你的模型，比如 "--gpus" 参数设置为 0,1，则会先对该参数按照逗号分隔符进行分割，也就是代码中的 args.gpus.strip(). split(",")，返回的是一个列表，也就是 ['0', '1']，然后该列表的每个值都作为 mx.gpu() 的输入，最后得到的 context 就是 context=[mx.gpu(0),mx.gpu(1)]。反之，如果 "--gpus" 参数为空，则说明你并没有指定你的代码要在 GPU 上运行，那么训练环境就会将参数默认设置为 CPU，也就是 context=mx.cpu()。

```
if args.gpus:
    context = [mx.gpu(int(index)) for index in args.gpus.strip().split(",")]
else:
    context = mx.cpu()
```

接下来是关于优化参数的配置，这里主要设置学习率，其他参数采用默认值即可：

```
optimizer_params = {'learning_rate': args.lr}
```

在训练网络之前需要对网络参数进行初始化，这里采用的是 Xavier 初始化方法，代码如下：

```
initializer = mx.init.Xavier(rnd_type='gaussian', factor_type="in", magnitude=2)
```

另外，在模型训练过程中或训练结束时需要保存训练结果，因为后续的训练可以通过 Module 对象的 fit() 方法进行，所以只需要为该方法提供合适的输入就能够按照预期保存模型训练的结果。在 MXNet 中，可以通过 mxnet.callback.do_checkpoint() 接口设置模型保存的路径和名称前缀，即 prefix 参数，得到的 checkpoint 变量在后续将作为 fit() 方法的 epoch_end_callback 输入参数，代码如下：

```
checkpoint = mx.callback.do_checkpoint(prefix=args.save_result +
                                       args.save_name)
```

需要注意的是，mxnet.callback.do_checkpoint() 接口还有一个重要的参数是 period，该参数默认是 1，表示每训练完一个 epoch 就保存训练得到的模型一次，该默认参数是比较常用的，但是如果你不需要保存每一个 epoch 的结果，那么完全可以按照自己的需要进行设置，比如，我想每隔 5 个 epoch 保存一次训练得到的模型，那么就使用如下代码：

```
checkpoint = mx.callback.do_checkpoint(prefix=args.save_result +
                                args.save_name, period=5)
```

最后，通过 mxnet.callback.Speedometer() 接口设置批次显示间隔，表示每隔多少个批次显示一次训练结果（因为 MNIST 数据集的数据量较小且批次设置较大，因此间隔设置为 1000 时已经超过了一个 epoch 的批次数量，所以实际上显示不出每个 epoch 中每隔 1000 个批次的训练结果，读者可以试着将该参数改小并观察训练过程的日志信息）：

```
batch_callback = mx.callback.Speedometer(args.batch_size, 1000)
```

4.2.2　数据读取

数据文件已经包含在项目文件夹 "~/chapter4-toyClassification" 中，包括训练数据及标签、验证数据及标签。代码中关于 MNIST 数据集的读取是通过 mxnet.io.MNISTIter() 接口实现的，mxnet.io.MNISTIter() 接口是专门用于读取 MNIST 数据集的接口，输入参数主要包括数据文件、标签文件、批次大小和是否对数据做随机打乱操作，代码如下：

```
train_data = mx.io.MNISTIter(
    image='train-images.idx3-ubyte',
    label='train-labels.idx1-ubyte',
    batch_size=args.batch_size,
    shuffle=1)
val_data = mx.io.MNISTIter(
    image='t10k-images.idx3-ubyte',
    label='t10k-labels.idx1-ubyte',
    batch_size=args.batch_size,
    shuffle=0)
```

返回的 train_data 和 val_data 就是模型训练和验证阶段可用的数据迭代器了。从上述代码段可以看出，通过 mxnet.io.MNISTIter() 接口读取数据非常简单，这个过程中并没有涉及过多的数据增强操作，不过该接口也仅适合于读取 MNIST 数据所保存的文件格式，在第 5 章中，我将介绍更加普遍的数据读取接口，这里读者仅需要了解 MNIST 数据集的读取即可。

4.2.3　网络结构搭建

关于网络结构（LeNet）的构建，在这份代码中是通过 get_network() 函数来实现的，因此在主函数中可以通过如下代码来读取构造好的网络结构，在调用 get_network() 函数构造网络结构时需要传入分类类别数作为输入。具体代码如下：

```
sym = get_network(num_classes=args.num_classes)
```

在主函数中，调用 get_network() 函数非常简单，接下来就来看看 get_network() 函数是怎么完成网络结构的构造的，函数代码如下：

```
def get_network(num_classes):
    """
    LeNet
    """
    data = mx.sym.Variable("data")
    conv1 = mx.sym.Convolution(data=data, kernel=(5,5), num_filter=6,
                               name="conv1")
    relu1 = mx.sym.Activation(data=conv1, act_type="relu", name="relu1")
    pool1 = mx.sym.Pooling(data=relu1, kernel=(2,2), stride=(2,2),
                           pool_type="max", name="pool1")

    conv2 = mx.sym.Convolution(data=pool1, kernel=(5, 5), num_filter=16,
                               name="conv2")
    relu2 = mx.sym.Activation(data=conv2, act_type="relu", name="relu2")
    pool2 = mx.sym.Pooling(data=relu2, kernel=(2, 2), stride=(2, 2),
                           pool_type="max", name="pool2")

    fc1 = mx.sym.FullyConnected(data=pool2, num_hidden=120, name="fc1")
    relu3 = mx.sym.Activation(data=fc1, act_type="relu", name="relu3")

    fc2 = mx.sym.FullyConnected(data=relu3, num_hidden=84, name="fc2")
    relu4 = mx.sym.Activation(data=fc2, act_type="relu", name="relu4")

    fc3 = mx.sym.FullyConnected(data=relu4, num_hidden=num_classes, name="fc3")
    sym = mx.sym.SoftmaxOutput(data=fc3, name="softmax")
    return sym
```

该函数的起始部分需要通过 mxnet.symbol.Variable() 接口定义一个输入数据变量，然后就开始像搭积木一样叠加层了。该网络结构构造函数中主要涉及 5 种类型的网络层，具体说明如下。

❑ 卷积层，通过 mxnet.symbol.Convolution() 接口实现，主要的参数包括输入数据（data）、卷积核大小（kernel）、卷积核数量（num_filter）、层名称（name）。卷积层在大部分的网络结构构建中都将用到，是网络能够提取特征的主要结构。

❑ 激活层，通过 mxnet.symbol.Activation() 接口实现，主要参数包括输入数据（data）、激活函数类型（act_type）、层名称（name）。激活层类型较多，现在最常用的是 ReLU（Rectified Linear Unit）。

- 池化层，通过 mxnet.symbol.Pooling() 接口实现，主要的参数包括输入数据（data）、池化核大小（kernel）、步长（stride）、池化类型（pool_type）、层名称（name）。池化层的常用类型有最大池化和均值池化两种，分别对应于 pool_type="max" 和 pool_type="avg"。
- 全连接层，通过 mxnet.symbol.FullyConnected() 接口实现，主要参数包括输入数据（data）、节点数（num_hidden）、层名称（name）。全连接层常用于网络的高层部分，执行的是一个线性变换操作。
- 交叉熵损失函数层，通过 mxnet.symbol.SoftmaxOutput() 接口实现，主要参数包括输入数据（data）、层名称（name）。

4.2.4 模型训练

当你配置好了训练相关的参数并准备好数据与网络结构后，接下来就可以准备开始训练模型了。在你训练模型之前，首先要有一个被训练的对象，这个对象可以通过 MXNet 框架的 Module 模块初始化得到，代码如下。在进行初始化时主要有两个输入，一个是网络结构，也就是 symbol，这里传入的是前面定义好的 LeNet 网络对象 sym；另一个是运行环境，也就是 context，简单而言就是设置后续训练代码是在 CPU 还是 GPU 上进行。MXNet 的 Module 模块在第 3 章中已经介绍过了，在使用 MXNet 框架训练深度学习模型时都将用到该模块。

```
mod = mx.mod.Module(symbol=sym, context=context)
```

在初始化得到 Module 对象 mod 之后，就可以调用 Module 对象 mod 的 fit() 方法开始进行训练，代码如下：

```
mod.fit(train_data=train_data,
        eval_data=val_data,
        eval_metric='acc',
        optimizer_params=optimizer_params,
        optimizer='sgd',
        batch_end_callback=batch_callback,
        initializer=initializer,
        num_epoch=args.num_epoch,
        epoch_end_callback=checkpoint)
```

fit() 方法中包含了网络结构的连接、模型参数的初始化、网络的前向计算、反向传播、评价函数计算等。这些你暂时可以不用深入研究具体是怎么计算的，因为一方面我们在使用 MXNet 训练模型时对这部分的修改非常少（比如网络的前向计算、反向传播等），这些在 MXNet 框架内部都是通过底层的 C++ 代码来实现高效的计算的，大部分情况下是不需要修改这部分代码的。另一方面本章的重点在于了解整个训练代码的结构，细节方面的内容会在后续章节中详细介绍。因此你只需要为 fit() 方法提供所需的输入就可以启动训练了，所需的输入及说明具体如下。

- ❑ 训练数据（train_data），这个输入是必须要给定的，否则训练会报错，这一点非常容易理解，如果你连训练数据都没有，那又怎么能训练模型呢。

- ❑ 验证数据（eval_data），这个输入不是必需的，但是一般会指定。如果不指定的话就会采用 fit() 方法默认的 None 值，也就是在训练模型过程中只基于训练数据进行训练，而不会计算模型在验证数据集上的结果。

- ❑ 验证指标（eval_metric），这里输入 'acc' 表示准确率，首先需要说明的是该 fit() 方法的这个输入默认值也是 'acc'，所以严格来讲，这一行代码是可以不写的。这里一方面是为了代码更加清晰所以加上了这行代码，另一方面是在后续遇到的训练任务中，这个输入不一定采用默认的 'acc'，所以相当于是一个提醒。

- ❑ 优化参数（optimizer_params），该输入的数据结构是字典，默认是 {'learning_rate': 0.01}，因为学习率参数对于不同的训练数据和网络结构而言往往是不同的，所以一般需要进行自定义。

- ❑ 优化函数（optimizer），该输入默认是随机梯度下降（也就是 'sgd'），所以其实这一行代码可以不用写，因为这里用的也是随机梯度下降，之所以在这里写出来是为了让代码更加清晰，不至于产生连最重要的优化函数都没指定就能开始训练模型的疑问。

- ❑ 参数初始化方式（initializer），该输入一般采用自定义的初始化方式，其中以 Xavier 初始化方式最为常见。

- ❑ 训练的 epoch 数量（num_epoch），关于 epoch 的含义前面已经介绍过了，由于该参数在 fit() 方法中默认是 None，所以必须要给定具体值，否则会报错。

最后需要说明的是，fit() 方法还有很多其他参数，只不过这里采用的都是默认值而已，因为其他参数暂时不会影响你对算法的理解，所以本章中将不会继续展开，后续的实战章节中还会进行详细介绍。fit() 方法封装了非常多的与训练过程相关的操作，这些操作对使用者而言需要修改的代码非常少，因此这种封装不仅灵活，而且还大大提高了使用效率。

4.3　测试代码初探

在训练得到一个模型后，一般可以通过一个测试代码测试模型在指定输入图像时的输出结果，从而判断训练得到的模型是否有效。有时候测试代码也被称为 demo，可以用来展示模型训练的效果，因此测试代码是一个完整项目必不可少的部分。

　　完整的测试代码如代码清单4-2所示，主要包含模型导入、数据读取和预测输出3个部分，下面假设这些代码都保存在 test_mnist_code4-2.py 脚本中。

代码清单4-2　MNIST手写数字体分类测试代码

```python
import mxnet as mx
import numpy as np

def load_model(model_prefix, index, context, data_shapes, label_shapes):
    sym, arg_params, aux_params = mx.model.load_checkpoint(model_prefix, index)
    model = mx.mod.Module(symbol=sym, context=context)
    model.bind(data_shapes=data_shapes, label_shapes=label_shapes,
                for_training=False)
    model.set_params(arg_params=arg_params, aux_params=aux_params,
                     allow_missing=True)
    return model

def load_data(data_path):
    data = mx.image.imread(data_path, flag=0)
    cla_cast_aug = mx.image.CastAug()
    cla_resize_aug = mx.image.ForceResizeAug(size=[28, 28])
    cla_augmenters = [cla_cast_aug, cla_resize_aug]

    for aug in cla_augmenters:
        data = aug(data)
    data = mx.nd.transpose(data, axes=(2, 0, 1))
    data = mx.nd.expand_dims(data, axis=0)
    data = mx.io.DataBatch([data])
    return data

def get_output(model, data):
    model.forward(data)
    cla_prob = model.get_outputs()[0][0].asnumpy()
    cla_label = np.argmax(cla_prob)
    return cla_label

if __name__ == '__main__':
    model_prefix = "output/LeNet"
    index = 10
    context = mx.gpu(0)
    data_shapes = [('data', (1,1,28,28))]
    label_shapes = [('softmax_label', (1,))]
    model = load_model(model_prefix, index, context, data_shapes, label_shapes)

    data_path = "test_image/test1.png"
```

```
data = load_data(data_path)

cla_label = get_output(model, data)
print("Predict result: {}".format(cla_label))
```

可以在命令行运行如下命令进行测试：

```
$ cd ~/chapter4-toyClassification
$ python test_mnist_code4-2.py
```

这份代码中的输入图像是手写数字体图像 5，如图 4-3 所示。

图 4-3　测试图像

因此如果运行脚本后能看到如下输出结果，则表示测试结果符合预期：

```
Predict result: 5
```

4.4　测试代码详细解读

4.3 节通过代码清单 4-2 给出了完整的测试代码，与训练代码相比，测试代码相对要简单一些，整体而言只需要导入模型后执行模型的前向计算即可，不涉及损失的反向传播、参数更新等过程。

通过 4.3 节的介绍，相信你对整个测试代码有了一个直观的认识，接下来我将详细介绍测试代码的内容，主要包含模型导入、数据读取和预测输出三个部分。

4.4.1　模型导入

MXNet 框架在训练深度学习模型过程中会保存两个主要文件 ".params 文件" 和 ".json 文件"，前者是模型的参数，后者是模型的网络结构，因此在导入模型时需要同时导入

".params 文件"和".json 文件"。在模型训练部分我们介绍了 Module 对象的 fit() 方法，当我们指定 fit() 方法的 epoch_end_callback 参数后，fit() 方法训练模型就能将训练好的".params 文件"和".json 文件"保存在指定目录下。

在测试代码中，可通过如下代码先配置导入模型所需的参数，然后调用 load_model() 函数导入模型：

```
model_prefix = "output/LeNet"
index = 10
context = mx.gpu(0)
data_shapes = [('data', (1,1,28,28))]
label_shapes = [('softmax_label', (1,))]
model = load_model(model_prefix, index, context, data_shapes, label_shapes)
```

模型导入部分都写在 load_model() 函数中，该函数的代码如下：

```
def load_model(model_prefix, index, context, data_shapes, label_shapes):
    sym, arg_params, aux_params = mx.model.load_checkpoint(model_prefix, index)
    model = mx.mod.Module(symbol=sym, context=context)
    model.bind(data_shapes=data_shapes, label_shapes=label_shapes,
               for_training=False)
    model.set_params(arg_params=arg_params, aux_params=aux_params,
                     allow_missing=True)
    return model
```

接下来详细介绍该函数的代码。首先，在 MXNet 中，mxnet.model.load_checkpoint() 接口用于导入训练好的模型，该接口包含两个输入参数，一个是模型所在的路径和前缀 model_prefix，另一个是训练模型时得到的 epoch 信息 index，该接口将根据输入的 model_prefix 和 index 读取对应名称的".params"文件和".json"文件，比如这里是读取 LeNet-0010.params 文件和 LeNet-symbol.json 文件。该接口返回 3 个值，具体说明如下。

❑ sym，表示网络结构，是一个 Symbol 对象。

❑ arg_params，表示网络的参数，是一个字典，字典的键是网络层名称和参数名称的组合，值是该参数的具体值。

❑ aux_params，是辅助参数，这里表示 BN 层的全局均值和方差，这个参数只有在导入的模型中用到 BN 层的前提下才有值，否则其只是一个空的字典。

读取到模型的网络结构之后，就可以通过 Module 模块初始化得到一个 Module 对象 model，然后执行 bind 操作，这部分相当于是将网络结构和输入数据绑定在一起，所以输入参数中包含输入数据的信息 data_shapes 和输入标签信息 label_shapes。这两个变量都是由一个元组组成的列表，元组中包含字符串格式的名称和元组格式的维度信息。比如这里 data_shapes 参数的输入是 [('data', (1,1,28,28))]：第一个 1 表示 batch size，因为代码清单 4-2

中是测试一张图像，所以设置为 1；第二个 1 表示通道，因为输入是灰度图，所以通道数是 1。同理，label_shapes 参数的输入是 (['softmax_label', (1,)])，这个 1 也是 batch size 的含义。另外还需要设定 for_training 参数为 False，表示接下来将执行模型的测试而不是训练过程。

最后，调用 Module 对象 model 的 set_params() 方法执行参数初始化操作，也就是用导入模型的参数 arg_params 和 aux_params 初始化 Module 对象 model。需要注意的是，这里的输入参数包含 allow_missing=True，将这个参数设置为 True 表示输入 arg_params 和 aux_params 可以不必与待初始化的网络结构完全一样。

4.4.2 数据读取

测试模型最简单的方式就是输入一张或数张图像，以查看模型的输出是否符合预期。因为本章是以手写数字体分类为例，所以测试模型时可以向训练好的模型传入一张或数张手写数字体图像，以查看模型是否能输出正确的预测值。

在测试代码中，可以通过如下代码先配置图像所在的路径，然后调用 load_data() 函数导入数据：

```
data_path = "test_image/test1.png"
data = load_data(data_path)
```

数据读取和数据预处理操作都放在 load_data() 函数中，函数代码如下：

```
def load_data(data_path):
    data = mx.image.imread(data_path, flag=0)
    cla_cast_aug = mx.image.CastAug()
    cla_resize_aug = mx.image.ForceResizeAug(size=[28, 28])
    cla_augmenters = [cla_cast_aug, cla_resize_aug]

    for aug in cla_augmenters:
        data = aug(data)
    data = mx.nd.transpose(data, axes=(2, 0, 1))
    data = mx.nd.expand_dims(data, axis=0)
    data = mx.io.DataBatch([data])
    return data
```

首先，在 MXNet 中 mxnet.image.imread() 接口用于读取图像内容，该接口将返回 NDArray 类型数据，这里还有一个参数 flag，flag 参数默认是 1，表示读取进来的图像是 3 通道，因为手写数字体图像是灰度图，也就是单通道数据，所以将 flag 设置为 0，这样读取进来的数据的通道数就是 1。然后是一些图像处理相关的操作，首先 mxnet.image.CastAug() 接口将读取进来的数据的数值类型转换成 float32，这是因为在大多数的深度学习算法训练过程中，数值类型都是采用 float32 类型。然后是做图像尺寸的变换操作，应保证输入模型的图像尺寸和网络结构定义的输入图像尺寸一致，这里是将长宽都设置为 28。做完数据预处理后，还需要做通道变换，因为大部分读图像的接口（比如 mxnet.image.imread()）读取到的图像通道顺序是（H, W, C），C 表示通道数，而模型处理时需要的通道是（C, H, W），所以可以通过 mxnet.ndarray.transpose() 接口对输入数据的维度顺序做调整。然后通过 mxnet.ndarray.expand_dims() 接口增加第 0 维度，这样得到的输出数据的维度就是 4 维，4 维输入是大部分模型输入的默认设置。最后 mxnet.io.DataBatch() 接口将数据封装成模型能够直接处理的数据结构，至此整个过程就结束了。这里需要注意，mxnet.io.DataBatch() 接口的输入必须是一个 NDArray 数据结构组成的列表，因为变量 data 原本只是 4 维的 NDArray，所以这里用 [data] 构成列表作为 mxnet.io.DataBatch() 接口的输入。

4.4.3　预测输出

在准备好模型和数据后，预测输出就变得非常简单了，测试代码先调用 get_output() 函数得到预测结果，最后显示预测结果，具体代码如下：

```
cla_label = get_output(model, data)
print("Predict result: {}".format(cla_label))
```

预测输出部分的代码都写在 get_output() 函数中，函数代码具体如下：

```
def get_output(model, data):
    model.forward(data)
    cla_prob = model.get_outputs()[0][0].asnumpy()
    cla_label = np.argmax(cla_prob)
    return cla_label
```

该函数首先调用 Module 对象 model 的 forward() 方法执行前向操作，然后调用 Module 对象 model 的 get_outputs() 方法就能得到模型的输出。需要注意的是 get_outputs() 方法得到的输出是一个列表，列表长度和网络的任务数量相关，因为这份代码中只有一个分类任务，所以对应第 0 个任务的输出，也就是 model.get_outputs()[0]。因为 model.get_outputs()[0] 是一个 2 维的 NDArray，第 0 维表示 batch size，也就是说每一行对应一张图像的输出结果，因为这份代码中的输入只有一张图像，所以再取第 0 个输出，也就是 model.get_outputs()[0][0]，得到的就是一个 1*N 大小的 NDArray 向量，N 表示分类的类别数，在本章中 N 就是 10，该向量的每个值代表输入图像属于每个类别的概率。接着调用 NDArray 对象的 asnumpy() 方法就得到 NumPy array 结构的结果。最后调用 NumPy 的 argmax() 接口得到概率最大的值所对应的下标（index），这个下标也就是最终的预测标签。

4.5 本章小结

本章以 MNIST 手写数字体分类为例介绍了如何使用 MXNet 框架训练一个图像分类模型，主要包括训练参数配置、数据读取、网络结构搭建和模型训练四个部分。训练参数配置主要包括学习率、批大小、分类类别数、优化函数、生成模型保存路径等；数据读取部分可以通过 MXNet 提供的接口来实现，最终得到数据迭代器可用于模型训练；网络结构搭建部分是算法的核心，本章以经典的 5 层 LeNet 为例进行搭建；训练模型部分可以通过调用 Module 模块的 fit() 方法进行训练，仅需要提供合适的输入参数即可，非常方便直观。

测试模型部分主要包括模型导入、数据读取和预测输出三个部分。模型导入部分通过 MXNet 的接口导入模型，需要提供模型训练时保存的 ".params" 文件和 ".json" 文件；数据读取以读取单张图像为例通过 MXNet 提供的接口进行读取并经过一定的预处理操作后作为模型的输入；预测输出部分主要执行模型的前向计算操作并输出最终的预测值。

代码方面在保证功能的前提下已尽可能地进行了精简，同时不同功能的代码均是采用函数模块的形式进行实现，相对而言这样做更有利于阅读理解和维护。最后，本章提到了很多在训练模型时常用的接口，旨在为用户建立起直观的认识，后续的章节中会对这些接口进行更加详细的介绍。

第 5 章

数据读取及增强

数据读取是训练深度学习模型时的基础操作，也是非常关键的一步：一方面，数据读取的速度会直接影响到模型训练的时长，从而影响模型迭代更新的进度；另一方面，为了提升模型的效果，常常会对数据做一定的增强操作，这些数据增强操作大部分都封装在深度学习框架的数据读取接口中，熟悉这些数据增强操作对于模型的优化而言非常重要。在本章中，我将详细介绍与 MXNet 框架相关的两种数据读取方式和多种数据增强操作。

MXNet 官方主要提供了两种数据读取方式：一种是直接读取原图像数据，另一种是基于 RecordIO 文件（文件后缀为 .rec）读取数据。直接读取原图像数据的方式需要准备好图像数据和对应的标签文件，这种方式直观明了，但是读取速度受限于硬件资源，同时在数据读取之前需要对原图像做过滤，以保证图像格式符合要求。基于 RecordIO 文件的数据读取方式需要准备 RecordIO 文件，这是 MXNet 官方支持的一种文件格式，可以通过 MXNet 官方提供的脚本基于原图像和标签文件生成，这种方式读取速度快、数据文件比较稳定，但是生成和保存 RecordIO 文件需要一定的时间和存储空间。

数据增强（data augmentation）是指在训练模型过程中自动对数据样本做一定的操作，使得输出图像多样化的过程。那么数据增强有什么作用呢？主要是缓解过拟合。过拟合是深度学习或机器学习领域常见的现象，意思是模型过度拟合训练数据，表现为模型在训练数据集上的效果非常好，但是在测试数据集上的效果很差，也就是说模型的泛化效果差。假如你的数据量很少，又不采用迁移学习，同时网络结构又比较复杂，那么在训练模型过程中出现过拟合的概率就会很高。数据增强可以在训练迭代的每个 epoch 中通过各种数据处理操作输出多样化的数据以达到增加数据量的目的，从而在一定程度上缓解过拟合现象。

目前数据增强操作已经是训练各类算法的默认配置，不同数据增强操作的配合往往能得到不一样的结果。

因为要用到一些数据做演示，所以本章选择目前在图像领域应用非常广泛的 ImageNet 数据集作为图像演示数据集，ImageNet 数据集包含 1000 类共计百万的训练数据，是目前图像分类、目标检测等领域应用非常广泛的数据集。具体而言就是，在 5.1 节和 5.2 节关于数据读取部分，我将选取 ImageNet 数据集中两个类别的图像数据演示如何读取这些数据以用于模型训练；在 5.3 节关于数据增强部分，我将选取 ImageNet 数据集中的一些图像数据演示数据增强的效果。

5.1   直接读取原图像数据

直接读取原图像数据的方式比较直观，不需要准备太多额外的东西，仅仅需要图像和对应的标签文件即可。以图像分类为例，这里我分别抽取 ImageNet 数据集的训练和验证数据集中的两类数据：公鸡（cock）和鸵鸟（ostrich）。这两类数据分别保存在对应类别的文件夹下，也就是在训练数据文件夹 train 下有公鸡和鸵鸟两个文件夹，公鸡和鸵鸟各有 1300 张图像；在验证数据文件夹 val 下有公鸡和鸵鸟两个文件夹，公鸡和鸵鸟各有 50 张图像。这份数据可以从本书的项目代码中下载，具体下载链接请参考 ~/chapter5-loadData/README.MD，下载得到的 data.zip 压缩文件放在 ~/chapter5-loadData 目录下，解压即可。

5.1.1   优点及缺点

任何事物都有正反两面，数据读取也是如此，只有正确了解不同数据读取方式的优缺点才有助于做出选择。

直接读取原图像数据的优点具体如下。

1）简单方便。直接基于原图像数据进行读取是很多用户比较熟悉的数据读取方式，容易理解。

2）存储空间占用小。因为不需要额外生成其他文件，所以所需的存储空间是最基本的原图像和标签所占用的存储空间。

直接读取原图像数据的缺点具体如下。

1）读取速度受限于硬件资源。比如在相同的数据读取代码前提下，从机械硬盘上读取数据和从固态硬盘上读取数据两者的速度差异明显。

2）需要做好图像过滤。虽然直接读取原图像数据的接口对于异常输入有处理操作，但是仍需要你对输入数据做一定的过滤操作以保证后续代码能够正常运行。

因此如果你的硬盘是固态硬盘，存储空间有限，数据量又比较大，那么可以尝试用直接读取原图像数据的方式进行训练。因为大部分机器的固态硬盘存储空间都不会太大（常见为 256GB、512GB），因此在数据量较大的情况下直接读取原图像能够为你节省不必要的存储空间开销，同时基于固态硬盘进行数据读取在速度上不会比基于 RecordIO 文件慢太多。

5.1.2　使用方法

本节将以图像分类任务为例介绍如何准备模型训练所需的数据。首先，当你想要训练一个分类任务时，你需要准备用于训练模型的数据，数据包括图像数据和对应于每个图像的标签，这部分将以前面介绍的公鸡和鸵鸟的数据作为处理对象。

MXNet 框架支持的标签文件是以 .lst 为后缀的文件，这个文件其实与常见的文本文件（.txt 文件）没有太大区别。在 MXNet 中，im2rec.py 脚本可用于生成 .lst 文件，该脚本存放在 MXNet 官方代码的 tools 文件夹下，我将该 im2rec.py 脚本复制到 ~/chapter5-loadData/tools 文件夹下以方便使用。假如我们的数据文件夹 train 和 val 放在 ~/chapter5-loadData/data 目录下，那么运行下面的命令就可以生成 .lst 文件了：

```
$ cd ~/chapter5-loadData
$ python tools/im2rec.py data/train data/train --list --recursive
cock 0
ostrich 1
```

上面的命令中一共包含了 4 个参数，具体说明如下。

❑ 第一个 data/train，这个路径是 prefix 的意思，也就是执行该命令后会在 data 目录下得到一个 train.lst 文件。

❑ 第二个 data/train，这个路径是 root 的意思，也就是图像文件所在的路径，我们的训练数据都放在 data/train 目录下。这两个参数在该例子中采用了相同的路径作为输入，但是要注意其含义并不相同，第一个路径（prefix）是可以随意设置的，而第二个路径（root）则需要根据你的数据存储路径进行设置。

❑ --list 参数表示执行生成 .lst 的操作，因为 im2rec.py 脚本除了可以用来生成 .lst 文件之外，还能用来生成 RecordIO 文件，因此如果不指定 --list 那就是执行生成 RecordIO 文件操作。另外因为该参数在脚本中做了相关设置，设置成只要出现这个参数那么这个参数就是 True，所以只需要加上 --list 就能表示该值为 True，而不需要用 --list True。

❑ --recursive 参数表示迭代搜索给定的数据目录，因为 train 和 val 文件夹的下一级目
录是类别文件夹，比如公鸡和鸵鸟，公鸡和鸵鸟的下一级目录才是对应的图像文
件，所以需要设置这个迭代参数才能搜索到图像文件。另外因为这个参数与前面
的 --list 参数一样在代码中做了相同的设置，所以只需要加上 --recursive 就能使该
参数为 True，而不需要加 --recursive True。

运行成功后会打印出类别名和类别序号，比如与公鸡（cock）对应的类别标签是 0，与
鸵鸟（ostrich）对应的类别标签是 1。

同理，如果要生成验证数据的 .lst 文件，那么可以执行如下命令：

```
$ cd ~/chapter5-loadData
$ python tools/im2rec.py data/val data/val --list --recursive
cock 0
ostrich 1
```

最终得到如图 5-1 所示的 train.lst 和 val.lst 文件，前面两个 train 和 val 文件夹存放的是
图像文件。

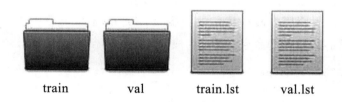

train   val   train.lst   val.lst

图 5-1   数据文件

在 .lst 文件中每一行表示一张图像，图 5-2 所示的是 train.lst 文件的部分内容。每行都
有三列信息：第一列是 index，也就是图像的标号；第二列是图像的标签；第三列是图像所
存放的路径。每一列之间都以 tab 键作为分隔符，这就是 .lst 文件。

在得到 .lst 文件后就可以开始读取数据了。在 MXNet 中，mxnet.image.ImageIter() 接
口可用于读取数据并返回一个数据迭代器，数据迭代器可以直接传给 Module 对象的 fit() 方
法，这样就能正常启动训练了。在使用 mxnet.image.ImageIter() 接口读取数据时，主要的参
数及说明具体如下。

❑ batch_size，这是必须要指定的参数，因为数据迭代器将按照设定的批次大小封装
数据。

❑ data_shape，这是必须要指定的参数，因为数据迭代器需要将输入数据通过一定的
方式处理成指定大小后才能作为模型的输入，而 data_shape 参数设置的就是数据输
入模型时的尺寸。

❏ path_imglist，这是用直接读取图像数据方式时必须要指定的参数，也就是 .lst 文件
的路径。

```
1010    0.000000        cock/n01514668_28927.JPEG
935     0.000000        cock/n01514668_23019.JPEG
2031    1.000000        ostrich/n01518878_369.JPEG
1837    1.000000        ostrich/n01518878_2916.JPEG
291     0.000000        cock/n01514668_15239.JPEG
1009    0.000000        cock/n01514668_28899.JPEG
716     0.000000        cock/n01514668_20315.JPEG
1822    1.000000        ostrich/n01518878_2871.JPEG
16      0.000000        cock/n01514668_10570.JPEG
772     0.000000        cock/n01514668_20967.JPEG
1390    1.000000        ostrich/n01518878_11944.JPEG
2512    1.000000        ostrich/n01518878_8066.JPEG
1471    1.000000        ostrich/n01518878_1509.JPEG
1334    1.000000        ostrich/n01518878_10878.JPEG
1905    1.000000        ostrich/n01518878_32268.JPEG
702     0.000000        cock/n01514668_20104.JPEG
344     0.000000        cock/n01514668_15994.JPEG
2500    1.000000        ostrich/n01518878_7733.JPEG
2424    1.000000        ostrich/n01518878_6392.JPEG
328     0.000000        cock/n01514668_15750.JPEG
1558    1.000000        ostrich/n01518878_1830.JPEG
923     0.000000        cock/n01514668_22916.JPEG
364     0.000000        cock/n01514668_16217.JPEG
142     0.000000        cock/n01514668_13375.JPEG
1978    1.000000        ostrich/n01518878_3500.JPEG
2572    1.000000        ostrich/n01518878_9420.JPEG
1755    1.000000        ostrich/n01518878_25858.JPEG
419     0.000000        cock/n01514668_16845.JPEG
1193    0.000000        cock/n01514668_6491.JPEG
1750    1.000000        ostrich/n01518878_2528.JPEG
323     0.000000        cock/n01514668_15695.JPEG
```

图 5-2 .lst 文件

❏ path_root，这是用直接读取图像数据方式时必须要指定的参数，也就是原图像的
路径。

❏ shuffle，该参数一般将训练数据设置为 True，表示训练数据随机排序，而且每次
shuffle 的结果都不一样，如果不做 shuffle，那么数据读取顺序就与 .lst 列表的顺序
一样。另外对于验证数据一般不需要设置 shuffle=True，因为验证数据并不会对模
型参数更新产生贡献，所以验证数据的先后顺序不会影响到验证结果。

接下来我们看看如何使用该接口读取数据，参考代码如下：

```
import mxnet as mx
train_data = mx.image.ImageIter(batch_size=32,
                                data_shape=(3,224,224),
                                path_imglist='data/train.lst',
```

```
                                path_root='data/train',
                                shuffle=True)
val_data = mx.image.ImageIter(batch_size=32,
                                data_shape=(3,224,224),
                                path_imglist='data/val.lst',
                                path_root='data/val')
```

可以通过如下代码查看我们构造的数据迭代器中的数据：

```python
import matplotlib.pyplot as plt
train_data.reset()
data_batch = train_data.next()
data = data_batch.data[0]
plt.figure()
for i in range(4):
    save_image = data[i].astype('uint8').asnumpy().transpose((1,2,0))
    plt.subplot(1,4,i+1)
plt.imshow(save_image)
plt.savefig('image_sample.jpg')
```

显示结果如图 5-3 所示，每张图像都加上了宽高的尺寸信息。

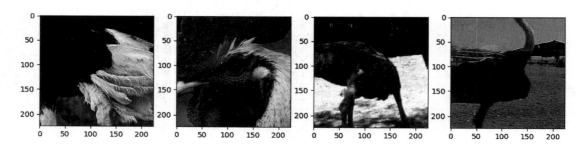

图 5-3　训练数据样例

上述代码介绍了最基本的数据读取方式，在实际应用中，往往需要在此基础上添加其他有用的参数。比如，mxnet.image.ImageIter() 接口还包含了很多与数据增强相关的参数，下面我们在训练数据读取接口中增加 resize、随机镜像等数据增强操作，代码如下所示：

```python
import mxnet as mx
train_data = mx.image.ImageIter(batch_size=32,
                                data_shape=(3,224,224),
                                path_imglist='data/train.lst',
                                path_root='data/train',
                                shuffle=True,
                                resize=256,
                                rand_mirror=True)
```

新增的参数 resize=256 会先将图像的短边缩小到 256，然后在此基础上裁剪出 data_shape 指定的 224*224 大小。随机镜像操作（rand_mirror=True）会在训练过程中对图像数据随机做水平方向的镜像操作，这就相当于一张图像在不同的 epoch 训练中可能是其本身，也可能是其镜像图。关于数据增强的详细内容请参考 5.3 节的介绍，这里你只需大致了解。

5.2　基于 RecordIO 文件读取数据

RecordIO 文件（文件名后缀为 .rec）是 MXNet 官方为了提高数据读取效率而提供的数据文件格式，与 Caffe 框架的 LMDB、TensorFlow 框架的 TFRecord 作用类似。为了生成 RecordIO 文件这种特定类型的数据文件，MXNet 提供了简单有效的脚本，用户基本上仅需要几条命令就能够完成数据的生成，因此这种文件格式在 MXNet 框架中的应用非常广泛。为了支持 RecordIO 文件的读取，MXNet 官方提供了多种 RecordIO 文件读取接口，覆盖了大部分的图像算法任务，用户仅需要配置相关的参数即可完成原本繁杂的数据读取过程。

5.2.1　什么是 RecordIO 文件

RecordIO 文件是 MXNet 官方提供的一种数据文件格式，基于这种数据文件格式进行数据读取效率较高。基本上常见的深度学习框架都会支持一种特定的数据文件格式，这种特定的数据文件格式能够实现高效的数据读取，比如 Caffe 框架的 LMDB 数据格式、TensorFlow 框架的 TFRecord 数据格式等，MXNet 框架的 RecordIO 文件也是相同的道理。

既然是特定的数据文件格式，那么就需要官方提供对应的代码来生成这种特定的数据文件格式。MXNet 官方提供了 im2rec.py 脚本用于生成 RecordIO 文件，关 imzrec.py 脚本，在前面生成 .lst 文件时已经介绍过了，基于该脚本，只需要提供列表文件（.lst 文件）和原图像就能生成以 .rec 为后缀的 RecordIO 文件，这二者也是 5.1 节中介绍的直接读取原图像数据方式所采用的输入。

RecordIO 文件在 MXNet 框架中的应用非常广泛，覆盖了众多的图像算法任务，比如用于图像分类任务的 mxnet.io.ImageRecordIter() 接口是常用的 RecordIO 文件读取接口，该接口同时包含了众多的数据增强操作。还有可用于图像目标检测任务的 mxnet.io.ImageDetRecordIter() 接口，其极大地简化了目标检测任务的数据读取过程。

5.2.2 优点及缺点

RecordIO 文件的优点具体如下。

❑ 稳定。im2rec.py 脚本在生成 RecordIO 文件过程中做了数据过滤操作，因此其能够保证在模型训练过程中读取到的数据格式符合要求。另外，将 RecordIO 文件复制到其他机器上也能快速启动训练任务，因为 RecordIO 文件是一个文件，复制或移动过程中不会出现数据丢失的情况，代码方面也不需要额外修改过多的东西。

❑ 读取速度快。相比于直接读取原图像数据，基于 RecordIO 文件读取数据的速度要快不少，这大大减小了 CPU 的压力，使得模型训练速度的瓶颈从 CPU 转移到了 GPU，因此可以大大提高 GPU 的利用效率。

RecordIO 文件的缺点具体如下。

❑ 生成速度慢。如果生成 RecordIO 文件的过程是在固态硬盘上进行的，那么基本上几秒就能处理 1000 张图像，在这种前提下假如你的数据量有几十万，那么基本上在几十分钟左右就能处理完。但是如果生成 RecordIO 文件的过程是在机械硬盘上进行的，或者你的数据量是百万甚至千万以上，那么生成 RecordIO 文件的时间可能要多达数小时甚至几十个小时。

❑ 占用空间。按照常用的参数配置生成 RecordIO 文件时，这里常用的参数配置是指不对原图像做压缩或者其他裁剪操作，原图像大部分是宽高都是几百个像素点的图像，那么基本上 1 万张图像要占用 1GB 左右的存储空间，这对于百万或者千万及以上级别的数据而言，所占用的存储空间还是比较大的。

因此整体来看，我还是比较推荐使用 RecordIO 文件进行数据读取，毕竟在大部分场景下，数据量都不会大到让人明显感觉生成 RecordIO 的速度变慢，或者存储空间占用变大，相反，其稳定和快速读取的优点却能保证模型的训练过程能够稳定快速进行。同时在数据增强方面，基于 RecordIO 文件进行数据读取的接口提供了更加丰富和高效的数据增强操作，这也是基于 RecordIO 文件进行数据读取的一个优势。

5.2.3 使用方法

上文介绍过生成 RecordIO 文件需要原图像数据和对应的标签文件（.lst 文件），因此在生成 RecordIO 文件之前，首先需要得到图像标签的 .lst 文件，关于如何生成该文件可以参考 5.1.2 节的内容。得到 .lst 文件之后，接下来就是基于原图像和 .lst 文件生成 RecordIO 文件，这部分可以直接调用 im2rec.py 脚本生成，命令如下：

```
$ cd ~/chapter5-loadData
$ python tools/im2rec.py --num-thread 8 data/train.lst data/train
time: 0.00946092605591  count: 0
time: 2.17882609367  count: 1000
time: 1.62466979027  count: 2000
```

上述命令一共涉及 3 个参数，接下来分别说明其含义。

❏ 参数 --num-thread 用于设置线程数，默认线程数是 1，因为生成 RecordIO 文件的过程需要一定的时间，所以可以设置足够的线程数以加快生成过程。

❏ data/train.lst，这个路径用于表示 .lst 文件所在的路径。

❏ data/train，这个路径表示原图像所在的路径。成功运行后会显示数据生成的时间消耗和数量，在我的例子中（固态硬盘），平均 2 秒能够完成 1000 张图像的处理。验证数据集的处理也是如此：

```
$ cd ~/chapter5-loadData
$ python tools/im2rec.py --num-thread 8 data/val.lst data/val
time: 0.0107409954071  count: 0
```

最后，生成的 RecordIO 文件默认保存在与 .lst 文件相同的目录下，同时还会得到以 .idx 为后缀的文件，这个文件在对数据做随机排序的过程中也会用到，也就是说，最终在 data 文件夹下有图 5-4 所示的几个文件。

train　　　　val　　　　train.idx　　　train.lst　　　train.rec　　　val.idx　　　　val.lst　　　　val.rec

图 5-4　训练及验证数据文件

MXNet 框架为图像分类任务提供了一个 mxnet.io.ImageRecordIter() 接口用于读取 RecordIO 文件，该接口的参数多达数十个，接下来以最基本的几个参数为例介绍其用法，示例代码如下所示：

```
import mxnet as mx
train_data = mx.io.ImageRecordIter(batch_size=32,
                                   data_shape=(3,224,224),
                                   path_imgrec='data/train.rec',
                                   path_imgidx='data/train.idx',
                                   shuffle=True,
                                   resize=256,
                                   rand_mirror=True)
```

```
val_data = mx.io.ImageRecordIter(batch_size=32,
                                 data_shape=(3,224,224),
                                 path_imgrec='data/val.rec',
                                 path_imgidx='data/val.idx',
                                 resize=256)
```

从上述代码可以看出，mxnet.io.ImageRecordIter() 接口所涉及的参数与 mxnet.image. ImageIter() 接口非常相似，比如 batch_size 参数、data_shape 参数和 shuffle 参数，唯一不同的是，mxnet.io.ImageRecordIter() 接口的 path_imgrec 参数用于设置 RecordIO 文件的路径从而读取 RecordIO 文件，path_imgidx 参数则用于设置 RecordIO 标号文件的路径。另外，上述代码中增加了 resize 和随机镜像操作，这是目前最常用的两种数据增强方式。

同样我们可以通过如下代码查看所构造的数据迭代器的数据：

```
import matplotlib.pyplot as plt
train_data.reset()
data_batch = train_data.next()
data = data_batch.data[0]
plt.figure()
for i in range(4):
    save_image = data[i].astype('uint8').asnumpy().transpose((1,2,0))
    plt.subplot(1,4,i+1)
    plt.imshow(save_image)
ply.savefig('image_sample_rec.jpg')
```

显示结果如图 5-5 所示。

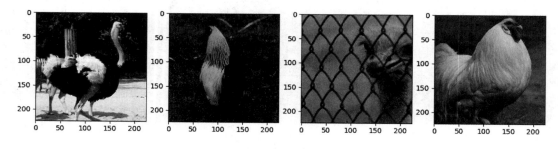

图 5-5　训练数据样例

5.3　数据增强

数据增强在深度学习算法中扮演着非常重要的角色，一方面由于输入图像尺寸大小不一，需要处理成统一尺寸后才能作为模型的输入；另一方面当数据量比较少时，数据增强操作能够增加训练样本，从而降低模型过拟合的风险。还记得我们之前介绍过的 epoch 吗？我们知道训练一个 epoch 表示全部训练样本都用于更新一次模型参数，因此训练下一个 epoch 的数据就相当于全部训练样本再更新一次模型参数。而在每个 epoch 开始时，数据增强就发挥作用了，换句话说就是，某张图像在进行不同 epoch 时，内容上可能会有一些差别，比如裁剪的区域变了、做了镜像操作等，这就是数据增强能够增加训练样本的原因。增加训练样本在一定程度上能够降低模型过拟合的风险。

　　本节仍然选用 ImageNet 数据集中的图像作为处理对象。前面介绍的两种数据读取接口中都提供了非常丰富的数据增强操作，用户可以非常方便地通过设置这些参数来控制实际的增强操作。接下来我将以 MXNet 的 Image API 为例介绍数据增强相关的操作，输入数据结构采用的是 MXNet 的 NDArray，该接口的详细介绍请参考官方文档⊖，该接口的源码也可以参考官方源码地址⊖。

5.3.1　resize

　　resize 操作应该是训练深度学习模型时最常用的数据增强操作之一，顾名思义就是将图像缩放到指定的尺寸。一般情况下，用户准备的数据集中图像大小不一，但是在训练模型的过程中，大部分情况下需要输入图像的大小应一致，而且对于图像分类任务而言常需要输入宽高相等的图像，这个时候就需要对图像做 resize 操作了，目前 resize 操作基本上是图像相关算法的默认操作。

　　在 MXNet 框架中，其主要包含两种 resize 操作，一种是将短边 resize 到指定尺寸，而长边则根据短边缩放时的比例缩放到对应尺寸，因为这种 resize 方式是等比例缩放，所以不会导致图像内物体的形变，但是不能保证宽和高都 resize 到指定尺寸。一种是强制将整张图像 resize 到指定尺寸，这种 resize 方式是将输入图像的宽和高同时 resize 到指定尺寸，主要是通过图像插值来完成，因此当输入图像的宽高比与你指定尺寸的宽高比不相同时，输入图像中的物体会发生形变，比如一张包含人的图像可能人被拉长或缩短，但是这样做能够保证 resize 到指定尺寸。

　　假设现在有一张输入图像，如图 5-6 所示，图像横纵坐标的刻度是为了显示图像大小而添加的，并不属于图像内容。

　　⊖　https://mxnet.incubator.apache.org/api/python/image/image.html。

　　⊖　https://github.com/apache/incubator-mxnet/blob/master/python/mxnet/image/image.py。

图 5-6　输入图像

可以用如下代码读取图像并打印出该图像的尺寸信息：

```
import mxnet as mx
import matplotlib.pyplot as plt

image = 'ILSVRC2012_val_00000002.JPEG'
image_name = image.split(".")[0]
image_string = open('../image/{}'.format(image), 'rb').read()
data = mx.image.imdecode(image_string, flag=1)
print("Shape of data:{}".format(data.shape))
plt.imshow(data.asnumpy())
plt.savefig('{}_original.png'.format(image_name))
```

输出结果如下：

```
Shape of data:(375, 500, 3)
```

从输出结果可以看到，这张图像的高和宽分别是 375 和 500，图 5-6 也在横纵坐标上分别显示了图像的尺寸。如果现在希望将图像的短边 resize 到 224，那么在 MXNet 中可以通过 mxnet.image.ResizeAug(size,interp=2) 接口实现，该接口需要传入参数 size，也就是需要将短边 resize 到多少个像素点大小，size 是 int 数据类型。另外一个参数是 interp，表示 resize 时的插值算法，默认值是 2，一般采用默认即可，因此可以通过如下命令进行：

```
shorterResize = mx.image.ResizeAug(size=224)
shorterResize_data = shorterResize(data)
print("Shape of data:{}".format(shorterResize_data.shape))
plt.imshow(shorterResize_data.asnumpy())
```

```
plt.savefig('{}_shorterResize.png'.format(image_name))
```

输出结果如下，从中可以看到长边也按照相应的比例缩小到298：

```
Shape of data:(224, 298, 3)
```

得到 resize 后的图像如图 5-7 所示。

图 5-7   短边 resize 到 224 的结果图

由图 5-7 所示的缩小图可以看出，采用 mxnet.image.ResizeAug(size,interp=2) 接口进行短边 resize 的操作不会改变图像内容的形状，只是整体图像按照一定的比例缩小了。当然你一定也很好奇假如设置的 resize 尺寸大于输入图像的尺寸，那么又会出现什么情况呢？假设 size 参数为 1000，可以通过如下命令进行：

```
shorterResize = mx.image.ResizeAug(size=1000)
shorterResize_data = shorterResize(data)
print("Shape of data:{}".format(shorterResize_data.shape))
plt.imshow(shorterResize_data.asnumpy())
plt.savefig('{}_shorterResize_bigsize.png'.format(image_name))
```

输出结果如下：

```
Shape of data:(1000, 1333, 3)
```

得到 resize 后的图像如图 5-8 所示。

由图 5-8 所示的放大图可以看出，与 resize 到小于输入图像尺寸时的情况基本类似，图像内容的形状也没有发生改变，因为在改变尺寸的过程中是通过插值算法来计算像素点值的，因此直观上看不出其与原图的差异。

图 5-8　短边 resize 到 1000 的结果图

接下来看看强制 resize 的操作。要强制将整张图像 resize 到指定尺寸，可以使用 MXNet 中的 mxnet.image.ForceResizeAug(size,interp=2) 接口，该接口需要传入的参数与前面相同，但是输入 size 必须是元组 (tuple)，也就是 (int,int)，表示该接口会将输入图像的长和宽同时 resize 到指定尺寸 (int,int)。另外，因为强制 resize 也会用到插值操作，所以也会有 interp 参数，一般是采用默认的插值参数即可，也就是 interp=2。因此可以通过如下命令将输入图像强制 resize 到 224*224 大小：

```
forceResize = mx.image.ForceResizeAug(size=(224,224))
forceResize_data = forceResize(data)
print("Shape of data:{}".format(forceResize_data.shape))
plt.imshow(forceResize_data.asnumpy())
plt.savefig('{}_forceResize.png'.format(image_name))
```

输出结果如下：

```
Shape of data:(224, 224, 3)
```

得到 resize 后的图像如图 5-9 所示。

由图 5-9 所示的图像可以看出，输出图像是正方形，同时图像中的内容有一定的形变（人变瘦了），这也是强制 resize 的特点，与短边 resize 是不同的。设置不同大小的 resize 尺寸会导致不同的形变效果，比如设置为高等于 300，宽等于 200，通过如下命令进行：

图 5-9　强制 resize 成 (224, 224) 的结果图

```
forceResize = mx.image.ForceResizeAug(size=(200, 300))
forceResize_data = forceResize(data)
print("Shape of data:{}".format(forceResize_data.shape))
plt.imshow(forceResize_data.asnumpy())
plt.savefig('{}_forceResize_diff.png'.format(image_name))
```

输出结果如下：

```
Shape of data:(300, 200, 3)
```

resize 后的图像如图 5-10 所示，可以看到人的形变更加明显。

5.3.2　crop

　　crop 是指裁剪操作，意思是从一张图像中裁剪出指定尺寸的图像内容。MXNet 框架主要提供了 center crop、random crop 和 random size crop 三种 crop 操作。center crop 是指以输入图像的中心点为裁剪后图像的中心点进行指定尺寸的图像裁剪。random crop 是指在输入图像中随机选择一个中心点作为裁剪后图像的中心点裁剪指定尺寸的图像内容。random size crop 是指先通过传入的面积参数和宽高比参数计算出裁剪后图像的中心点，然后裁剪指定尺寸的图像内容。

　　假设一张输入图像如图 5-11 所示。

图 5-10　强制 resize 成 (300, 200) 的结果图

图 5-11　输入图像

可以通过如下代码读取图像并打印出该图像的尺寸信息：

```
import mxnet as mx
import matplotlib.pyplot as plt

image = 'ILSVRC2012_val_00000009.JPEG'
image_name = image.split(".")[0]
```

```
image_string = open('../image/{}'.format(image), 'rb').read()
data = mx.image.imdecode(image_string, flag=1)
print("Shape of data:{}".format(data.shape))
plt.imshow(data.asnumpy())
plt.savefig('{}_original.png'.format(image_name))
```

输出结果如下：

```
Shape of data:(500, 375, 3)
```

现在希望采用 center crop 方式从中裁剪出尺寸大小为 224*224 的图像，在 MXNet 中，可以通过 mxnet.image.CenterCropAug(size, interp=2) 接口实现，参数 size 是 (int,int) 类型的元组，参数 interp 是插值方式。那么可以通过如下命令进行实现：

```
centerCrop = mx.image.CenterCropAug(size=(224,224))
class_centerCrop_data = centerCrop(data)
print("Shape of data:{}".format(class_centerCrop_data.shape))
plt.imshow(class_centerCrop_data.asnumpy())
plt.savefig('{}_class_centerCrop.png'.format(image_name))
```

输出如下结果：

```
Shape of data:(224, 224, 3)
```

得到裁剪后的图像如图 5-12 所示。

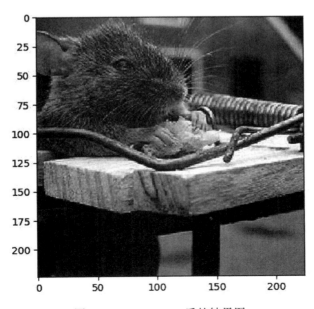

图 5-12　center crop 后的结果图

由图 5-12 所示的裁剪图可以看出，center crop 就是从输入图像的中间区域裁剪出指定尺寸的图像输出，因此不论你运行几次代码，只要输入图像和裁剪尺寸不变，那么裁剪结果就不会变。

假如采用 random crop 方式从中裁剪出尺寸为 224*224 大小的图像，在 MXNet 中是通过 mxnet.image.RandomCropAug(size, interp=2) 接口实现，参数 size 是 (int, int) 类型的元组，参数 interp 是插值方式，那么可以通过如下命令实现：

```
randomCrop = mx.image.RandomCropAug(size=(224,224))
class_randomCrop_data = randomCrop(data)
print("Shape of data:{}".format(class_randomCrop_data.shape))
plt.imshow(class_randomCrop_data.asnumpy())
plt.savefig('{}_randomCrop.png'.format(image_name))
```

输出结果如下：

```
Shape of data:(224, 224, 3)
```

得到裁剪后的图像如图 5-13 所示。

图 5-13   random crop 后的结果图

由图 5-13 所示的随机裁剪图可以看出，因为 random crop 是随机裁剪，所以裁剪后的图像不一定是原图像的中间区域，裁剪的中心点是随机生成的，所以相同的命令如果你再运行一遍，得到的可能是另外一张图，如图 5-14 所示。

图 5-14   random crop 后的结果图

假如采用 random size crop 从中裁剪出尺寸为 224*224 大小的图，在 MXNet 中可以通过接口 mxnet.image.RandomSizedCropAug（size, min_area, ratio, interp=2, **kwargs）来实现，参数 size 是（int,int）类型的元组，表示最终裁剪输出的图像尺寸。min_area 是一个浮点数，表示裁剪面积是由（min_area,1）范围随机选择一个数并乘以输入图像的面积计算得到的。ratio 参数表示宽高比例，在确定了初次裁剪的面积之后，根据这个比例可以计算出具体裁剪区域的宽高。因此初次裁剪得到的图像尺寸往往与设定的最终裁剪尺寸并不相同，所以该接口内部最后会执行一个强制 resize 操作以保证最终输出指定尺寸的裁剪面积。接下来可以通过如下命令执行 random size crop 操作：

```
randomSizeCrop = mx.image.RandomSizedCropAug(size=(224,224), area=0.08,
                                             ratio=(3/4, 4/3))
class_randomSizedCrop_data = randomSizeCrop(data)
print("Shape of data:{}".format(class_randomSizedCrop_data.shape))
plt.imshow(class_randomSizedCrop_data.asnumpy())
plt.savefig('{}_randomSizedCrop.png'.format(image_name))
```

输出结果如下：

```
Shape of data:(224, 224, 3)
```

得到裁剪后的图像如图 5-15 所示，可以看出 random size crop 与 random crop 最大的区别在于前者会产生形变，仔细比对图 5-15 所示的老鼠与图 5-11 所示的老鼠，可以看出老鼠横向拉伸了，这也是 random size crop 接口中 ratio 参数的体现，因此 random size crop 能够生成的图像内容更加丰富。

图 5-15　random size crop 后的结果图

同样，因为 random size crop 本身也是随机裁剪，所以相同的命令如果你再运行一次，那么得到的可能是另外一张图，比如图 5-16。

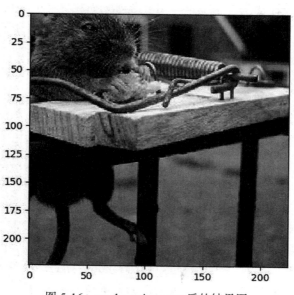

图 5-16　random size crop 后的结果图

  crop 操作与 resize 操作是非常基础且常用的数据增强操作，而且在图像领域的深度学习算法中，crop 操作与 resize 操作经常一起搭配使用，使得输入图像经过这些操作后能够得到指定尺寸的输出。

5.3.3　镜像

  镜像操作在数据预处理中也是非常常用的，顾名思义，镜像操作就是基于输入图像生成其镜像图像，目前训练图像模型时常常采用随机水平镜像操作。在 MXNet 中，随机镜像操作可以通过 mxnet.image.HorizontalFlipAug(p) 接口实现，从接口名称可以直观看出该接口是执行水平翻转的操作，输入 p 表示执行随机镜像操作的概率。

  假设输入一张图像，如图 5-17 所示。

图 5-17　输入图像

可以通过如下代码读取图像并执行随机镜像操作：

```
import mxnet as mx
import matplotlib.pyplot as plt

image = 'ILSVRC2012_val_00000014.JPEG'
image_name = image.split(".")[0]
image_string = open('../image/{}'.format(image), 'rb').read()
data = mx.image.imdecode(image_string, flag=1)
print("Shape of data:{}".format(data.shape))
```

```
plt.imshow(data.asnumpy())
plt.savefig('{}_original.png'.format(image_name))

mirror = mx.image.HorizontalFlipAug(p=0.5)
mirror_data = mirror(data)
plt.imshow(mirror_data.asnumpy())
plt.savefig('{}_mirror.png'.format(image_name))
```

输出结果如下：

```
Shape of data:(376, 500, 3)
```

得到随机镜像后的结果图如图 5-18 所示。

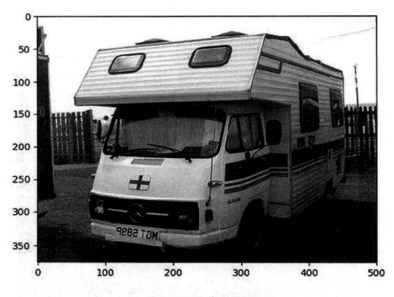

图 5-18　随机镜像后的结果图

　　需要注意的是，因为是随机镜像操作，所以每次执行该命令都有可能会得到不一样的结果，即要么是原图，要么是其镜像图，另外读者也需要区分清楚镜像操作与旋转操作的差异。

5.3.4　亮度

　　亮度（brightness）是指图像像素的强度，亮度越大的图像看起来越亮，反之则越暗。在 MXNet 中，可以通过 mxnet.image.BrightnessJitterAug(brightness) 接口实现随机亮度调

整，参数 brightness 是 0 到 1 的浮点数，表示亮度调整的范围，具体而言就是将输入的图像
的像素值乘以 [1-brightness, 1+brightness] 中间的随机数得到输出图像，因此得到的图像既
可能比原图亮，也可能比原图暗，亮暗的程度由 brightness 参数控制。

　　假设输入的图像如图 5-19 所示。

图 5-19　输入图像

　　那么可以通过如下代码读取图像并执行随机亮度调整操作。与前面几种数据预处理
操作不同的是，因为读取的图像像素值默认是整型（int8），而亮度操作需要做浮点型计
算，所以需要将读取的图像像素点转换为 32 位浮点型（float32），可以通过 mxnet.image.
CastAug() 接口实现。执行完随机亮度操作后还需要将像素点转换为整型（int8）才能正常
显示，可以通过 mxnet.ndarray.Cast() 接口实现。具体实现代码如下：

```
import mxnet as mx
import matplotlib.pyplot as plt

image = 'ILSVRC2012_val_00000008.JPEG'
image_name = image.split(".")[0]
image_string = open('../image/{}'.format(image), 'rb').read()
data = mx.image.imdecode(image_string, flag=1)
plt.imshow(data.asnumpy())
plt.savefig('{}_original.png'.format(image_name))

cast = mx.image.CastAug()
```

```
data = cast(data)
brightness = mx.image.BrightnessJitterAug(brightness=0.3)
brightness_data = brightness(data)
brightness_data = mx.nd.Cast(brightness_data, dtype='uint8')
plt.imshow(brightness_data.asnumpy())
plt.savefig('{}_brightness.png'.format(image_name))
```

执行上述代码可以得到图 5-20 所示的随机亮度调整后的图像，具体而言该图的亮度要小于原图，所以整体图像都偏暗。因为是随机亮度调整，所以基本上每次运行代码都会生成不同的结果图。

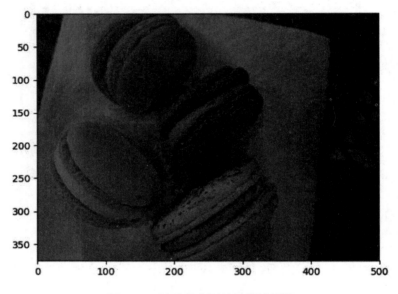

图 5-20   随机亮度调整后的结果图

需要注意的是，参数的设置对输出图像的影响比较大，在上述代码中，设置参数 brightness=0.3 基本上是比较大的值，假如输入图像本身的亮度已经很高，那么继续调大亮度则可能会引起图像的失真，因此实际应用中，参数值不能调得太大，最好不要超过 0.3。比如，在参数 brightness=0.3 时能够达到的最大亮度图如图 5-21 所示，显然该图像与原图相比，有些区域的颜色已经完全不一样了。

5.3.5   对比度

对比度（contrast）是指对一幅图像中明暗区域最亮的白与最暗的黑之间不同亮度层级进行测量，差异范围越大代表对比度越大。简而言之对比度越大，相当于图像的像素值分布越广，图像色彩信息越丰富。MXNet 提供了 mxnet.image.ContrastJitterAug(contrast) 接口用于实现随机对比度调整，参数 contrast 用于控制对比度的调整程度。

图 5-21 过度调整亮度后的结果图

假设仍以图 5-19 作为输入图像，那么可以通过如下代码实现随机对比度调整：

```python
import mxnet as mx
import matplotlib.pyplot as plt

image = 'ILSVRC2012_val_00000008.JPEG'
image_name = image.split(".")[0]
image_string = open('../image/{}'.format(image), 'rb').read()
data = mx.image.imdecode(image_string, flag=1)
plt.imshow(data.asnumpy())
plt.savefig('{}_original.png'.format(image_name))

cast = mx.image.CastAug()
data = cast(data)
contrast = mx.image.ContrastJitterAug(contrast=0.3)
contrast_data = contrast(data)
contrast_data = mx.nd.Cast(contrast_data, dtype='uint8')
plt.imshow(contrast_data.asnumpy())
plt.savefig('{}_contrast.png'.format(image_name))
```

执行上述代码可以得到如图 5-22 所示的随机对比度调整后的图像，具体而言该图对比度比原图要小，因此整体图像看起来有点朦朦胧胧的感觉，这正是因为其色彩信息不如原图丰富所导致的。另外可以与图 5-20 所示的低亮度图像做对比，两张图看起来有些类似，这是因为随机对比度调整的过程中也会做随机亮度调整。同样，因为是随机对比度调整，所以基本上每次运行代码都会生成不同的结果图。

图 5-22   随机对比度调整后的结果图

与亮度调整类似，实际应用中对比度参数不宜设置过大，否则在有些情况下会导致图像失真。

5.3.6   饱和度

饱和度（saturation）是指图像的色彩纯度，纯度越高表现越鲜明，纯度越低表现越黯淡。MXNet 提供了 mxnet.image.SaturationJitterAug(saturation) 接口用于实现随机饱和度的调整，saturation 参数则用于控制饱和度调整的程度，示例代码如下：

```
import mxnet as mx
import matplotlib.pyplot as plt

image = 'ILSVRC2012_val_00000008.JPEG'
image_name = image.split(".")[0]
image_string = open('../image/{}'.format(image), 'rb').read()
data = mx.image.imdecode(image_string, flag=1)
plt.imshow(data.asnumpy())
plt.savefig('{}_original.png'.format(image_name))
```

```
cast = mx.image.CastAug()
data = cast(data)
saturation = mx.image.SaturationJitterAug(saturation=0.3)
saturation_data = saturation(data)
saturation_data = mx.nd.Cast(saturation_data, dtype='uint8')
plt.imshow(saturation_data.asnumpy())
plt.savefig('{}_saturation.png'.format(image_name))
```

执行上述代码可以得到如图 5-23 所示的随机饱和度调整后的图像，具体而言，该图的饱和度要小于原图，因此色彩要黯淡一些。饱和度调整与对比度调整的效果图比较相似，区别在于前者更强调色彩的鲜艳程度，后者更强调色彩的丰富程度。另外，随机饱和度调整的过程中也有做随机亮度调整，所以整体图像会有亮暗变化。因为是随机饱和度调整，所以基本上每次运行代码都会生成不同的结果图。

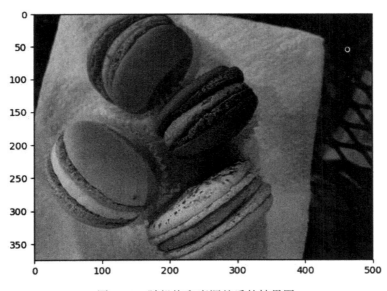

图 5-23 随机饱和度调整后的结果图

与亮度调整类似，实际应用中饱和度参数不宜设置过大，否则在有些情况下会导致图像失真。

5.4 本章小结

数据读取作为深度学习算法的基础步骤，其在算法中扮演着非常重要的角色。MXNet

框架主要提供了两种数据读取方式：基于 RecordIO 文件读取和基于原图像读取。基于 RecordIO 文件读取是我比较推荐的数据读取方式，其优点是比较稳定，同时读取速度快，缺点是在数据量较大（百万、千万级别）时生成 RecordIO 文件的速度较慢，而且 RecordIO 文件也需要占用一定的存储空间。直接读取原图像的方式其优点是方便，缺点是不够稳定，数据读取速度较慢。MXNet 官方为这两种数据读取方式都提供了相应的接口，使用非常方便，需要注意的是，对于训练数据而言，要将 shuffle 参数设置为 True，避免埋下会造成隐患的 bug。

数据增强作为深度学习算法中增加数据多样性的有效方式，目前是训练算法的默认配置，在多种数据增强方法中，以 resize、crop、镜像操作和色彩变换最为常用。resize 操作主要包含短边 resize 和强制 resize 两种类型，这两种 resize 操作都可以将输入图像缩放到指定尺寸，区别在于前者不会改变图像内物体的对比度但是后者会。crop 操作主要包含 center crop、random crop 和 random size crop 三种类型，主要用来将输入图像裁剪成指定大小的输出，对于同一张输入图像而言，指定尺寸的 center crop 结果是相同的，但是每次 random crop 或者 random size crop 的结果则不一定是相同的。镜像操作是对输入图像做水平方向的翻转，一般设置为随机镜像操作。图像亮度、对比度和饱和度的随机调整通过改变图像的色彩信息增加数据的多样性，但是需要注意参数的合理设置，否则很容易得到色彩偏离原图像过于严重的图像。

在实际应用中，多种数据增强方式往往结合使用，从而得到更加多样性的数据，这有助于降低模型过拟合的风险，提升模型的效果。

第 6 章

网络结构搭建

网络结构的搭建是基于最基础的网络层进行的,借助深度学习框架提供的这些基础网络层,用户可以自由设计网络结构,这也是许多人将构建网络结构比喻成搭积木过程的原因。

在计算机视觉领域,基础网络层主要包含卷积层、BN 层、激活层、池化层、全连接层、损失函数层、通道合并层、逐点相加层等。

卷积层是大部分网络结构中应用最广泛的网络层,主要用来提取特征,由于尺寸较大的卷积核带来的计算量较大,因此目前常用的卷积核尺寸是 3*3 和 1*1。

BN 层的全称是 Batch Normalization,是一个归一化层,可以有效提高模型的收敛速度。

激活层目前常用的是 ReLU,主要用来对特征做非线性变换,目前常常将卷积层、BN 层和激活层合在一起构成一个基础层应用在网络结构设计中。

池化层一般用来对特征图做降采样操作,这样做一方面可以减少后续的计算量,另一方面也不会影响对物体特征的提取。常用的池化层类型是均值池化和最大池化。池化层在图像分类领域的应用较多,但是在目标检测、图像分割领域的应用则较少,主要原因在于这两个领域需要获取物体的具体位置信息,而池化层容易丢失这样的信息。

全连接层可用来对特征做线性变换,其主要用在网络的深层部分,全连接层相比其他层拥有更多的网络参数,因此也是模型压缩主要关注的层。

损失函数层一般是网络结构的最后一层,该层用于计算模型输出与真实标签的差异,然后回传损失用于梯度计算和更新。

通道合并层主要是用于将输入特征图在通道维度上做合并,是常用的特征融合操作层。

逐点相加层是对输入特征图在宽、高维度做逐点相加得到输出特征图,也是常用的特征融合操作层。

网络结构的设计一直以来都是深度学习算法的热点，在每年的顶级会议论文中都会看到各种各样有意思的设计结构。得益于有效的网络结构设计，每年的 ImageNet 比赛成绩也在不断刷新，虽然从 2017 年开始已经不再举办该比赛了，但是对于网络结构的思考依然没有停止。最近几年网络设计逐渐向深度和宽度扩展，比如从十几层的 VGG 到数百层的 ResNet，后续也有研究人员训练数千层甚至更深的神经网络。除了在网络深度和宽度层面进行优化之外，有些研究人员还在思考如何才能更有效地利用网络提取到的特征，比如 GoogleNet、DenseNet、SeNet 等。另外一个研究方向是网络结构向小型、快速方向发展，主要考虑到模型运行在手机端或者 CPU 上，因此对速度和模型大小的要求很高，比如 MobileNet、ShuffleNet 等，这些内容在本章都有详细介绍。

6.1   网络层

大部分算法的效果优劣取决于网络结构的设计，而网络结构的设计基础就是网络层，因此网络层是深度学习算法中非常重要的内容。深度学习算法涉及的网络层类型非常多，常用的包括卷积层、BN 层、激活层、池化层、全连接层、损失函数层、通道合并层和逐点相加层。随着深度学习框架的不断发展，如今借助深度学习框架定义好的网络层，用户能够像搭积木一样构造所需的网络结构，从而完成不同的任务。

MXNet 中关于网络层的定义和使用都可以在官方文档中找到，具体而言这些网络层接口都可以在 MXNet 的 Symbol 模块中找到，该模块提供了非常丰富的网络层接口和参数设置。3.2 节中曾简单介绍过 Symbol 模块，本节将详细介绍常用网络层的含义和实现细节，另外因为 Symbol 模块是基于静态图设计的，不方便调试，而 NDArray 模块是基于动态图设计的，适合调试，同时实现了 Symbol 模块中的大部分网络层，因此本节的介绍中将以 mxnet.ndarray 模块下的网络层接口为主来介绍各网络层的实现细节。另外对于维度的指定，默认是从维度 0 开始，比如对于维度为 4 的变量，用维度 0、1、2、3 分别表示这 4 个维度，而不是用维度 1、2、3、4 来表示。

6.1.1   卷积层

卷积层（convolution）是使用频率非常高的网络层，主要用来提取特征，可以毫不夸张地说，在大部分广泛使用的网络结构中，卷积层占据了半壁江山。另外，卷积层也是超参数较多的网络层，不同的参数设置往往会得到完全不同的输出结果，因此熟悉卷积层的操作及参数含义非常重要。

MXNet 中提供了 mxnet.symbol.Convolution() 接口用于实现卷积操作，首先介绍下卷积操作的具体计算过程，这里引用 MXNet 文档中介绍 mxnet.symbol.Convolution() 接口时的公式来进行说明，公式如下：

$$out[n,i,:,:]=bias[i]+\sum_{j=0}^{channel}data[n,j,:,:]*weight[i,j,:,:]$$

这个接口可以实现 N 维的卷积计算操作，因为 2 维的卷积操作应用最为广泛，所以上述公式也表示 2 维卷积操作的计算过程。该公式中包含 4 个变量，data 是输入数据，既可以是输入图像，也可以是网络中间层的特征，data 是一个 4 维变量，这 4 个维度分别是 N（batch size）、C（channel）、H（height）、W（width）。weight 和 bias 都是卷积层的权重参数，其中 weight 也是 4 维变量，这 4 个维度分别是 num_filter、channel、kernel[0]、kernel[1]，也就是卷积核的数量、输入通道数（该通道数与 data 的通道数相同，公式中的累加符号就是在通道的这个维度上进行累加的）、卷积核的两个尺寸。bias 是 1 维变量，表示偏移，长度等于卷积核数量（num_filter）。out 表示卷积层的输出结果，或者称为特征图（feature map），也是 4 维变量。其中第 0 维表示批次大小，与输入 data 的第 0 维长度相同；第 1 维表示输出特征图的通道数，与 weight 的第 0 维长度相同，也就是与卷积核的数量相同。因此卷积操作可以概述为：用卷积层的权重 weight[i,j,:,:] 和输入数据 data[n,j,:,:] 做 2 维的点乘计算，累加 j 个不同的结果并加上 bias[i] 作为 out[n,i,:,:] 的结果。

关于卷积核的维度，有些人认为是 2 维的，有些人认为是 3 维的，其实只是理解不同而已。首先卷积核的宽高肯定是其中的 2 个维度，也就是我们常说的 3*3 卷积核，1*5 卷积核中的这两个数值。还有 1 维是输入的通道数，也就是上述公式中符号 j 所在的维度，因为卷积操作需要累加输入的所有通道数才能得到某一点的输出，因此部分人认为该维度也算是卷积核的维度，也就是说卷积核是 3 维的。当然因为在卷积层接口中不需要设定该维度，只需要设定卷积核的宽高，因此部分人认为卷积核是 2 维的。

卷积操作可以看作是二维卷积核在二维特征图上通过一定步长进行滑动计算并累加所有输入特征图的结果来得到的，接下来通过实际的输入数据和卷积操作来巩固卷积操作的具体计算过程，首先初始化输入数据，通道数设置为 2，代码如下：

```
import mxnet as mx
input_data = mx.nd.arange(1,51).reshape((1,2,5,5))
print(input_data)
```

输出结果如下：

```
[[[[  1.   2.   3.   4.   5.]
   [  6.   7.   8.   9.  10.]
   [ 11.  12.  13.  14.  15.]
```

```
 [ 16. 17. 18. 19. 20.]
 [ 21. 22. 23. 24. 25.]]


[[ 26. 27. 28. 29. 30.]
 [ 31. 32. 33. 34. 35.]
 [ 36. 37. 38. 39. 40.]
 [ 41. 42. 43. 44. 45.]
 [ 46. 47. 48. 49. 50.]]]]
<NDArray 1x2x5x5 @cpu(0)>
```

然后初始化 2 个卷积核尺寸为 3*3 的卷积层参数，因为输入数据的通道数是 2，所以卷积层参数的第 1 维也是 2，而第 0 维的 2 则表示卷积核数量，换句话说就是，这个 2 表示输出特征图的通道数：

```
weight = mx.nd.arange(1,37).reshape((2,2,3,3))
print(weight)
```

输出结果如下：

```
[[[[  1.   2.   3.]
   [  4.   5.   6.]
   [  7.   8.   9.]]

  [[ 10. 11. 12.]
   [ 13. 14. 15.]
   [ 16. 17. 18.]]]


 [[[ 19. 20. 21.]
   [ 22. 23. 24.]
   [ 25. 26. 27.]]

  [[ 28. 29. 30.]
   [ 31. 32. 33.]
   [ 34. 35. 36.]]]]
<NDArray 2x2x3x3 @cpu(0)>
```

初始化偏置参数，这里为简单起见，每个卷积核对应的偏置参数都设置为 1：

```
bias = mx.nd.ones(2)
print(bias)
```

输出结果如下：

```
[ 1. 1.]
<NDArray 2 @cpu(0)>
```

最后，基于输入数据计算卷积结果：

```
output_data = mx.nd.Convolution(data=input_data, weight=weight, bias=bias,
                                kernel=(3,3), stride=(1,1), pad=(0,0),
                                dilate=(1,1), num_filter=2, num_group=1)
print(output_data)
```

输出结果如下：

```
[[[[  4540.   4711.   4882.]
   [  5395.   5566.   5737.]
   [  6250.   6421.   6592.]]

  [[ 10858.  11353.  11848.]
   [ 13333.  13828.  14323.]
   [ 15808.  16303.  16798.]]]]
<NDArray 1x2x3x3 @cpu(0)>
```

在上述代码中，大多数参数的设置都采用长度为2的元组，比如kernel=(3,3)，stride=(1,1)，pad=(0,0)，这两个维度分别表示高（height）和宽（width），也就是（h,w）。

上述代码中的卷积层涉及的参数较多，这是为了方便解释含义，实际应用中部分参数取默认值即可，接下来详细介绍这几个参数。

❑ kernel参数表示卷积核尺寸，比如常用的卷积核尺寸为（3,3）和（1,1）。

❑ stride参数表示滑动步长，默认是（1,1），该参数主要用来缩放输入特征图的尺寸。

❑ pad参数表示是否对输入特征图做边界填充，假设将pad设置为（1,1），输入图像大小为（7,7），那么填充后的图像大小就是（9,9）。

❑ dilate参数默认是（1,1），此时其与常规的卷积操作没有差别，当dilate参数取大于1的值时，表示执行空洞卷积（dilated convolution）操作。

❑ num_filter参数表示卷积核的数量，同时也表示输出特征图的通道数。提到神经网络时我们常常会提到网络的深度和宽度，深度比较好理解，主要是指网络层的数量，宽度则主要指的是num_filter参数。

❑ num_group参数默认是1，此时其与常规的卷积操作没有差别，当num_group参数大于1时，表示执行分组卷积操作。

上述的卷积操作可以用如图6-1所示的流程图来表示。输入特征图共有2个通道，分别对应于图6-1中所示的输入特征图1和输入特征图2。接下来分别由2个卷积核进行逐点相乘，这2个卷积核分别用卷积核1-1和卷积核1-2表示，符号"-"前面的数字表示卷积核数量标号，其也与输出特征图标号相对应；符号"-"后面的数字表示输入特征图通道标号。然后累加结果和偏置（bias）得到输出特征图中对应位置的结果。在特征图上的卷积核区域通过滑窗形式不断移动，滑动的步长就是卷积层参数中的 stride，从而得到输出特征图上每一个位置的结果。

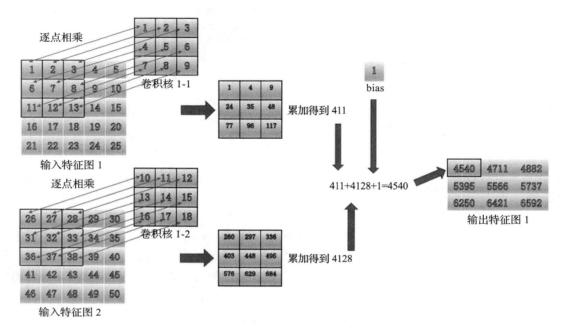

图 6-1　卷积操作示意图

因为设置不同的 dilate 参数与 num_group 参数对卷积操作的影响较大，因此接下来我们将详细介绍这两个参数的计算过程。

首先是 dilate 参数。对于常规的卷积操作而言，设置好卷积核尺寸之后，卷积时滑窗的大小就是设置的大小，但是假如你修改了卷积层的默认 dilate 参数，那么滑窗的实际大小就与 dilate 参数相关。假设你设置的卷积核尺寸为（3,3），设置的 dilate 参数为（2,2），那么实际的滑窗大小就不是（3,3），而是（5,5）。如图 6-2 所示的是常规卷积和空洞卷积的对比图，二者的卷积核尺寸都是（3,3），左图是常规卷积，也就是 dilate 参数为默认的（1,1），右图是空洞卷积，其中 dilate 参数设置为（2,2），图 6-2 中所示的斜线区域就是卷积操作时实际参与计算的位置，因此计算的位置还是 9 个，但是区域范围更大了。

仍然以前面的代码为例，将卷积层的 dilate 参数设置为（2,2），代码如下：

```
output_data_dilate = mx.nd.Convolution(data=input_data, weight=weight, bias=bias,
                                       kernel=(3,3), stride=(1,1), pad=(0,0),
                                       dilate=(2,2), num_filter=2, num_group=1)
print(output_data_dilate)
```

输出结果如下：

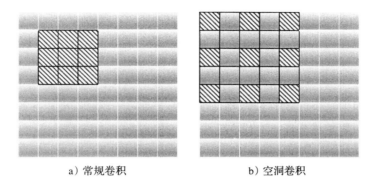

a）常规卷积　　　　　　　　b）空洞卷积

图 6-2　常规卷积和空洞卷积（dilate 参数设置为 2）的对比

```
[[[[  5758.]]

  [[ 14020.]]]]
<NDArray 1x2x1x1 @cpu(0)>
```

上述空洞卷积代码的计算过程如图 6-3 所示，其与常规卷积计算（图 6-1）的主要差别就在于卷积核在输入特征图上执行点乘时的位置不同。

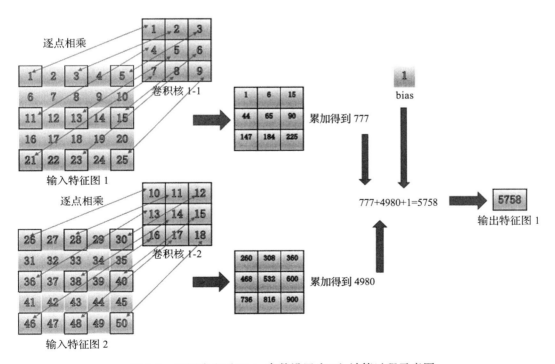

图 6-3　空洞卷积（dilate 参数设置为 2）计算过程示意图

其次是 num_group 参数。我们知道执行卷积操作时，每个卷积核都会与所有通道的输入特征图做计算，而假设你设置 num_group 等于 2，那么就会将该层卷积核分成 2 个组，同时输入特征图也将通道分成 2 个组，接下来的卷积操作将以组为单位进行，也就是说每个组内的卷积核只卷积对应组的特征图。仍然以前面的代码为例，将卷积层的 num_group 参数设置为 2，因为每个卷积核只需要与输入特征图的一半通道进行卷积，所以 weight 参数重新初始化了，第 1 维变成 1，代码如下：

```
weight = mx.nd.arange(1,19).reshape((2,1,3,3))
print(weight)
output_data_group = mx.nd.Convolution(data=input_data, weight=weight, bias=bias,
                                      kernel=(3,3), stride=(1,1), pad=(0,0),
                                      dilate=(1,1), num_filter=2, num_group=2)
print(output_data_group)
```

输出结果如下：

```
[[[[  1.   2.   3.]
   [  4.   5.   6.]
   [  7.   8.   9.]]]


 [[[ 10.  11.  12.]
   [ 13.  14.  15.]
   [ 16.  17.  18.]]]]
<NDArray 2x1x3x3 @cpu(0)>

[[[[  412.   457.   502.]
   [  637.   682.   727.]
   [  862.   907.   952.]]

  [[ 4129. 4255. 4381.]
   [ 4759. 4885. 5011.]
   [ 5389. 5515. 5641.]]]]
<NDArray 1x2x3x3 @cpu(0)>
```

上述分组卷积代码的计算过程如图 6-4 所示，因为输入特征图的通道数和卷积核数量都是 2，同时分组卷积的 group 参数也设置为 2，所以最终就是与 2 个组对应的输入特征图与卷积核分别执行点乘和累加计算，然后即可得到对应输出特征图上指定位置的值。

关于输出特征图的二维尺寸计算，文档中给出的公式如下：

$$f(x,k,p,s,d) = \text{floor}((x+2*p-d*(k-1)-1)/s)+1$$

这个公式中一共涉及 5 个参数，参数及其说明具体如下。

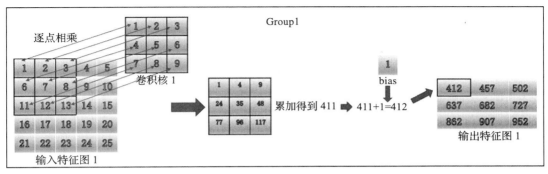

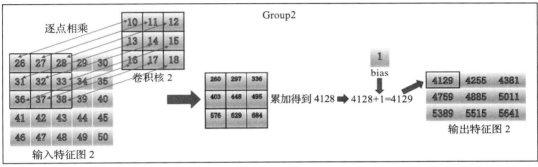

图 6-4   分组卷积（group 参数设置为 2）示意图

❏ x 表示输入特征图的二维尺寸。

❏ k 是 kernel，表示卷积核的尺寸。

❏ p 是 pad，默认是 0，表示是否对输入图像做边界填充。

❏ s 是 stride，默认是 1，表示滑动步长。

❏ d 是 dilate，默认是 1。floor() 表示向下取整，比如 floor(2.4)=2, floor(3.7)=3。

接下来列举几个例子详细说明该公式的具体含义。

例 1   假设输入特征图的尺寸为（5,5），卷积核尺寸设置为（3,3），pad 设置为（0,0），stride 设置为（1,1），dilate 设置为（1,1），那么 floor((5+2*0−1*(3−1)−1)/1)+1=floor(2)+1=3，因为所有设置中的高和宽都相同，因此输出特征图尺寸就是（3,3）。

例 2   修改 stride 参数：假设输入特征图的尺寸为（5,5），卷积核尺寸设置为（3,3），pad 设置为（0,0），stride 设置为（2,2），dilate 设置为（1,1），那么 floor((5+2*0−1*(3−1)−1)/2)+1=floor(1)+1=2，因为所有设置中的高和宽都相同，因此输出特征图尺寸就是（2,2）。

例 3   修改输入尺寸和 pad 参数：假设输入特征图的尺寸为（6,6），卷积核尺寸设置为（3,3），pad 设置为（1,1），stride 设置为（2,2），dilate 设置为（1,1），那么 floor((6+2*1−1*(3−1)−1)/2)+1=floor(2.5)+1=3，因为所有设置中的高和宽都相同，因此输出特征图尺寸就是(3,3)。

例 4 修改 dilate 参数：假设输入特征图的尺寸为（6,6），卷积核尺寸设置为（3,3），pad 设置为（1,1），stride 设置为（2,2），dilate 设置为（3,3），那么 floor((6+2*1−2*(3-1)−1)/2)+1=floor(1.5)+1=2，因为所有设置中的高和宽都相同，因此输出特征图尺寸就是（2,2）。

例 5 长宽不同：假设输入特征图的尺寸为（13,7），卷积核尺寸设置为（5,3），pad 设置为（0,0），stride 设置为（2,1），dilate 设置为（1,1），那么对于高而言，floor((13+2*0−1*(5−1)−1)/2)+1=floor(4)+1=5，对于宽而言，floor((7+2*0−1*(3−1)−1)/1)+1=floor(4)+1=5，因此输出特征图尺寸就是（5,5）。

6.1.2 BN 层

BN（Batch Normalization）层是用来对网络层的输入做归一化和线性变换的层，其能够有效加快模型的收敛，BN 层目前的应用非常广泛。

MXNet 中提供了 mxnet.symbol.BatchNorm() 接口用于实现 BN 层操作，BN 层执行的操作可以用如下的公式来表示：

$$out[:,i,:,\cdots]=\frac{data[:,i,:,\cdots]-data\_mean[i]}{\sqrt{data\_var[i]+\epsilon}}*gamma[i]+beta[i]$$

其中，data 表示 4 维的输入特征图，data_mean 和 data_var 分别表示基于通道维度计算得到的输入特征图的均值向量和方差向量，因此这两个向量的长度都是与输入特征图的通道数相等。因为基于任何一个通道计算均值和方差时，整个批次（batch）的数据都会参与计算，所以实际上计算的是当前批次的数据在通道维度上的均值和方差，这也是 data_mean、data_var 与后面会介绍的 moving_mean、moving_var 的差别，moving_mean、moving_var 是基于整个数据集计算得到的均值和方差。

接下来通过实际数据介绍 BN 层的计算过程，首先初始化输入数据，代码如下：

```
import mxnet as mx
input_data = mx.nd.arange(1,9).reshape((1,2,2,2))
print(input_data)
```

输出结果如下：

```
[[[[ 1. 2.]
   [ 3. 4.]]

  [[ 5. 6.]
   [ 7. 8.]]]]
<NDArray 1x2x2x2 @cpu(0)>
```

初始化 BN 层的 γ 参数，这里为了方便计算，将其初始化成 1：

```
gamma = mx.nd.ones(2)
print(gamma)
```

输出结果如下：

```
[ 1. 1.]
<NDArray 2 @cpu(0)>
```

初始化 BN 层的 β 参数，这里为了方便计算，将其初始化成 1：

```
beta = mx.nd.ones(2)
print(beta)
```

输出结果如下：

```
[ 1. 1.]
<NDArray 2 @cpu(0)>
```

初始化全局均值：

```
moving_mean = mx.nd.ones(2)*3
print(moving_mean)
```

输出结果如下：

```
[ 3. 3.]
<NDArray 2 @cpu(0)>
```

初始化全局方差：

```
moving_var = mx.nd.ones(2)*2
print(moving_var)
```

输出结果如下：

```
[ 2. 2.]
<NDArray 2 @cpu(0)>
```

计算 BN 层结果：

```
out_data = mx.nd.BatchNorm(data=input_data, gamma=gamma, beta=beta,
                           moving_mean=moving_mean, moving_var=moving_var,
                           momentum=0.9, fix_gamma=1, use_global_stats=1)
print(out_data)
```

输出结果如下：

```
[[[[-0.4138602  0.2930699 ]
   [ 1.         1.70693016]]
```

```
   [[ 2.41386032 3.12079024]
    [ 3.8277204  4.5346508 ]]]]
<NDArray 1x2x2x2 @cpu(0)>
```

上述代码中涉及的几个参数及其说明具体如下。

❑ gamma，gamma 参数用来对归一化后的特征图做变换操作，一般来说，在模型训练过程中会不断学习该参数，因此其是一个可学习参数。

❑ beta，beta 参数是一个偏移参数。

❑ moving_mean，该参数表示基于整个数据集计算得到的均值。

❑ moving_var，该参数表示基于整个数据集计算得到的方差。

❑ momentum，该参数类似于优化函数的动量参数，与 moving_mean、moving_var 的更新计算相关，默认是 0.9。

❑ fix_gamma，该参数用来设置是否在训练过程中固定 gamma 参数不变，默认是 1（True），也就是固定不变，但是在大部分网络结构的实现中，该参数常设置为 0（False），也就是让网络学习该参数。

❑ use_global_stats，该参数表示是否用 moving_mean 和 moving_var 代替 data_mean 和 data_var，默认是 0，也就是不使用。该参数一般在模型训练阶段采用默认值 0，此时 data_mean 和 data_var 都是基于当前批次数据进行计算，在测试阶段一般设置为 1，此时应用模型训练时得到的 moving_mean 和 moving_var 代替 data_mean 和 data_var 参与数据的归一化计算。

那么，moving_mean 和 moving_var 要如何计算才能得到呢？模型每次迭代训练都是基于一个批次的数据进行的，也就是只计算当前批次的 data_mean 和 data_var，通过不断累加每个批次数据的均值和方差就能够得到整个数据集的均值和方差，因此 moving_mean 和 moving_var 的更新方式如下：

$$moving\_mean = moving\_mean * momentum + data\_mean * (1 - momentum)$$
$$moving\_var = moving\_var * momentum + data\_var * (1 - momentum)$$

6.1.3 激活层

激活层（Activation）是一种广泛应用于模型搭建的网络层，通过激活函数对输入特征图做逐点变换得到输出特征图，经常与卷积层及 BN 层搭配使用。

MXNet 中提供了 mxnet.symbol.Activation() 接口用于实现激活层操作，接下来通过实际数据介绍激活层的计算过程，首先初始化输入数据：

```
import mxnet as mx
input_data = mx.nd.arange(-8,8).reshape((1,1,4,4))
print(input_data)
```

输出结果如下：

```
[[[[-8. -7. -6. -5.]
   [-4. -3. -2. -1.]
   [ 0.  1.  2.  3.]
   [ 4.  5.  6.  7.]]]]
<NDArray 1x1x4x4 @cpu(0)>
```

调用 relu 激活函数计算激活输出：

```
out_data_relu = mx.nd.Activation(data=input_data, act_type='relu')
print(out_data_relu)
```

输出结果如下，relu 激活函数对输入中的负数都返回 0：

```
[[[[ 0. 0. 0. 0.]
   [ 0. 0. 0. 0.]
   [ 0. 1. 2. 3.]
   [ 4. 5. 6. 7.]]]]
<NDArray 1x1x4x4 @cpu(0)>
```

调用 sigmoid 激活函数计算激活输出：

```
out_data_sigmoid = mx.nd.Activation(data=input_data, act_type='sigmoid')
print(out_data_sigmoid)
```

输出结果如下：

```
[[[[ 3.35350138e-04 9.11051175e-04 2.47262302e-03 6.69285096e-03]
   [ 1.79862101e-02 4.74258736e-02 1.19202919e-01 2.68941432e-01]
   [ 5.00000000e-01 7.31058598e-01 8.80797029e-01 9.52574134e-01]
   [ 9.82013762e-01 9.93307173e-01 9.97527421e-01 9.99089003e-01]]]]
<NDArray 1x1x4x4 @cpu(0)>
```

调用 softrelu 激活函数计算激活输出：

```
out_data_softrelu = mx.nd.Activation(data=input_data, act_type='softrelu')
print(out_data_softrelu)
```

输出结果如下：

```
[[[[ 3.35406367e-04 9.11466486e-04 2.47568521e-03 6.71534846e-03]
   [ 1.81499291e-02 4.85873520e-02 1.26928002e-01 3.13261688e-01]
```

```
 [ 6.93147182e-01 1.31326163e+00 2.12692809e+00 3.04858732e+00]
 [ 4.01814985e+00 5.00671530e+00 6.00247574e+00 7.00091171e+00]]]]
<NDArray 1x1x4x4 @cpu(0)>
```

调用 softsign 激活函数计算激活输出：

```
out_data_softsign = mx.nd.Activation(data=input_data, act_type='softsign')
print(out_data_softsign)
```

输出结果如下：

```
[[[[-0.8888889  -0.875      -0.85714287 -0.83333331]
   [-0.80000001 -0.75       -0.66666669 -0.5        ]
   [ 0.          0.5         0.66666669  0.75       ]
   [ 0.80000001  0.83333331 0.85714287  0.875       ]]]]
<NDArray 1x1x4x4 @cpu(0)>
```

调用 tanh 激活函数计算激活输出：

```
out_data_tanh = mx.nd.Activation(data=input_data, act_type='tanh')
print(out_data_tanh)
```

输出结果如下：

```
[[[[-0.99999976 -0.99999833 -0.99998772 -0.99990922]
   [-0.99932933 -0.99505478 -0.96402758 -0.76159418]
   [ 0.          0.76159418  0.96402758  0.99505478]
   [ 0.99932933  0.99990922  0.99998772  0.99999833]]]]
<NDArray 1x1x4x4 @cpu(0)>
```

从上述代码可以看出，激活层主要涉及的参数是 act_type，该参数表示激活函数，可以设置为 'relu'、'sigmoid'、'softrelu'、'softsign'、'tanh' 等，这几种激活函数的计算公式如图 6-5 所示，其中最常用的是 'relu'。

$$
\begin{aligned}
&\bullet\ \text{relu.Rectified Linear Unit,} y = \max(x, 0) \\
&\bullet\ \text{sigmoid.} y = \frac{1}{1 + \exp(-x)} \\
&\bullet\ \text{tanh:Hyperbolic tangent, } y = \frac{\exp(x) - \exp(-x)}{\exp(x) + \exp(-x)} \\
&\bullet\ \text{softrelu.Soft ReLU, or SoftPlus, } y = \log(1 + \exp(x)) \\
&\bullet\ \text{softsign:} y = \frac{x}{1 + \text{abs}(x)}
\end{aligned}
$$

图 6-5　几种激活函数的计算公式

6.1.4 池化层

池化（Pooling）层可以用来缩小特征图的尺寸，降低后续网络层的计算开销，主要包含最大池化和均值池化两种类型。

MXNet 提供了 mxnet.symbol.Pooling() 接口用于实现池化操作，接下来通过实际数据介绍池化层的计算过程，首先初始化输入数据：

```
import mxnet as mx
input_data = mx.nd.arange(1,51).reshape((1,2,5,5))
print(input_data)
```

输出结果如下：

```
[[[[  1.  2.  3.  4.  5.]
   [  6.  7.  8.  9. 10.]
   [ 11. 12. 13. 14. 15.]
   [ 16. 17. 18. 19. 20.]
   [ 21. 22. 23. 24. 25.]]

  [[ 26. 27. 28. 29. 30.]
   [ 31. 32. 33. 34. 35.]
   [ 36. 37. 38. 39. 40.]
   [ 41. 42. 43. 44. 45.]
   [ 46. 47. 48. 49. 50.]]]]
<NDArray 1x2x5x5 @cpu(0)>
```

采用最大池化方法进行池化：

```
out_data = mx.nd.Pooling(data=input_data, kernel=(2,2), pool_type='max',
                         global_pool=0, pooling_convention='valid',
                         stride=(1,1), pad=(0,0))
print(out_data)
```

输出结果如下：

```
[[[[  7.  8.  9. 10.]
   [ 12. 13. 14. 15.]
   [ 17. 18. 19. 20.]
   [ 22. 23. 24. 25.]]

  [[ 32. 33. 34. 35.]
   [ 37. 38. 39. 40.]
   [ 42. 43. 44. 45.]
   [ 47. 48. 49. 50.]]]]
<NDArray 1x2x4x4 @cpu(0)>
```

上述最大池化代码的示意图如图 6-6 所示，池化区域为 2*2，这里取池化区域中的最大值作为输出。

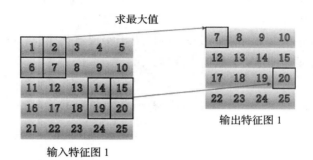

图 6-6　最大池化示意图

采用均值池化方式进行池化：

```
out_data = mx.nd.Pooling(data=input_data, kernel=(2,2), pool_type='avg',
                         global_pool=0, pooling_convention='valid',
                         stride=(1,1), pad=(0,0))
print(out_data)
```

输出结果如下：

```
[[[[  4.  5.  6.  7.]
   [  9. 10. 11. 12.]
   [ 14. 15. 16. 17.]
   [ 19. 20. 21. 22.]]

  [[ 29. 30. 31. 32.]
   [ 34. 35. 36. 37.]
   [ 39. 40. 41. 42.]
   [ 44. 45. 46. 47.]]]]
<NDArray 1x2x4x4 @cpu(0)>
```

上述均值池化代码的示意图如图 6-7 所示，池化区域为 2*2，取池化区域中的均值作为输出。

采用全局最大池化方法进行池化：

```
out_data = mx.nd.Pooling(data=input_data, kernel=(2,2), pool_type='max',
                         global_pool=1, pooling_convention='valid',
                         stride=(1,1), pad=(0,0))
print(out_data)
```

输出结果如下：

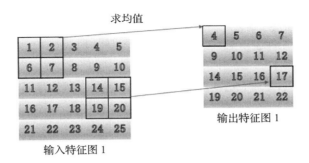

图 6-7   均值池化示意图

```
[[[[ 25.]]

  [[ 50.]]]]
<NDArray 1x2x1x1 @cpu(0)>
```

上述全局最大池化代码的示意图如图 6-8 所示，池化区域为输入特征图，取池化区域中的最大值作为输出，因此输出特征图的大小是 1*1。

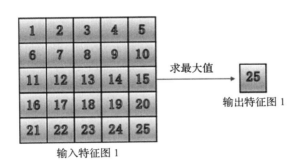

图 6-8   全局最大池化示意图

从上述代码可以看出，池化层主要有如下几个参数，其说明具体如下。

❏ kernel，该参数表示池化层核的大小，其类似于卷积层的卷积核大小。

❏ pool_type，该参数表示池化操作的类型，默认是最大池化操作（'max'），另外均值池化（'avg'）也用得比较多。

❏ global_pool，该参数表示是否执行全局池化操作，默认是 0（False），也就是不执行，此时就是常规的池化操作。假设 global_pool 的值设置为 1（True），那么就执行全局池化操作，此时不管 kernel 的值设置为多少，都是将输入池化成 1*1 大小的输出，如图 6-8 所示。globale_pool 参数一般用在最后一个池化层，因为此时输入特征图大小不固定，因此难以设置统一的 kernel 参数使得最后输出的特征图大小一致。

❑ pooling_convention，该参数是池化操作的细节设置，可以设置为 'valid' 或者 'full'，默认是 'valid'，其主要与输出特征图的尺寸计算相关。

❑ stride，该参数表示池化操作的步长，默认是（1,1）。

❑ pad，该参数表示是否对输入特征图做边界填充，默认是（0,0），假设 pad 设置为（1,1），输入图像大小为（7,7），那么填充后的特征图大小就是（9,9）。

既然 pooling_convention 参数的不同设置会影响输出特征图的尺寸，那么接下来就详细介绍池化层操作的输出特征图尺寸的计算细节。假如 pooling_convention 设置为 'valid'，那么输出特征图尺寸的计算公式为：$f(x,k,p,s)=floor((x+2*p-k)/s)+1$，其中 floor() 表示向下取整，与卷积层中的 floor() 含义一样，比如 floor(2.4)=2, floor(3.7)=3。假如 pooling_convention 设置为 'full'，那么输出特征图尺寸的计算公式是：$f(x,k,p,s)=ceil((x+2*p-k)/s)+1$，其中 ceil() 表示向上取整，比如 ceil(2.4)=3，ceil(3.7)=4。除了取整方式不同之外，公式的其余内容都一样，比如 x 表示输入特征图的尺寸，p 表示填充（pad），k 表示池化层的核大小，s 表示池化步长（stride）。接下来列举几个例子说明该公式的具体含义。

例1　假设输入特征图的尺寸为（5,5），池化层的核尺寸设置为（2,2），pad 设置为（0,0），stride 设置为（1,1），pooling_convention 设置为 'valid'，那么 floor((5+2*0-2)/1)+1=floor(3)+1=4，因为所有设置中的高和宽都相同，因此输出特征图的尺寸就是（4,4）。

例2　修改 stride 参数：假设输入特征图的尺寸为（5,5），池化层的核尺寸设置为（2,2），pad 设置为（0,0），stride 设置为（2,2），pooling_convention 设置为 'valid'，那么 floor((5+2*0-2)/2)+1=floor(1.5)+1=2，因为所有设置中的高和宽都相同，因此输出特征图尺寸就是（2,2）。

例3　修改 pooling_convention：假设输入特征图的尺寸为（5,5），池化层的核尺寸设置为（2,2），pad 设置为（0,0），stride 设置为（2,2），pooling_convention 设置为 'full'，那么 ceil((5+2*0-2)/2)+1=ceil(1.5)+1=3，因为所有设置中的高和宽都相同，因此输出特征图尺寸就是（3,3）。

例4　修改 pad 和 stride：假设输入特征图的尺寸为（5,5），池化层的核尺寸设置为（2,2），pad 设置为（1,1），stride 设置为（4,4），pooling_convention 设置为 'full'，那么 ceil((5+2*1-2)/4)+1=ceil(1.25)+1=3，因为所有设置中的高和宽都相同，因此输出特征图的尺寸就是（3,3）。

6.1.5　全连接层

全连接层一般放在网络结构的高层，执行的是对输入的线性变换，在一个完整的网络结构中全连接层的数量一般只有几层，有些任务（比如图像分割）中甚至不添加全连接层。主要原因在于全连接层并不像卷积层一样扮演着特征提取的角色，很多时候全连接层只是起到变换作用，另外在常规使用中，全连接层的参数量远大于卷积层，因此全连接层也成了模型压缩领域主要关注的对象。

MXNet 中提供了 mxnet.symbol.FullyConnected() 接口用于实现全连接操作，该接口中有个 flatten 参数，该参数默认是 1（true），表示在执行全连接层操作之前先将输入特征图变换成二维矩阵，而此时全连接层的参数也设置为二维矩阵，因此接下来执行全连接层的操作实际上就是两个二维矩阵的相乘。因为大部分使用全连接层的情况都是采用这种设置，所以接下来的讨论都基于这种情况进行。

接下来通过实际数据介绍全连接层的具体计算过程，首先初始化输入数据：

```
import mxnet as mx
input_data = mx.nd.arange(1,19).reshape((1,2,3,3))
print(input_data)
```

输出结果如下：

```
[[[[  1.   2.   3.]
   [  4.   5.   6.]
   [  7.   8.   9.]]

  [[ 10.  11.  12.]
   [ 13.  14.  15.]
   [ 16.  17.  18.]]]]
<NDArray 1x2x3x3 @cpu(0)>
```

初始化全连接层的参数，这里是将输出节点设置为 4，另一个维度设置为 18 是由输入数据维度计算得到的：2*3*3=18。初始化代码如下：

```
weight = mx.nd.arange(1,73).reshape((4,18))
print(weight)
```

输出结果如下：

```
[[  1.   2.   3.   4.   5.   6.   7.   8.   9.  10.  11.  12.  13.  14.  15.  16.  17.  18.]
 [ 19.  20.  21.  22.  23.  24.  25.  26.  27.  28.  29.  30.  31.  32.33.  34.  35.  36.]
 [ 37.  38.  39.  40.  41.  42.  43.  44.  45.  46.  47.  48.  49.  50.51.  52.  53.  54.]
 [ 55.  56.  57.  58.  59.  60.  61.  62.  63.  64.  65.  66.  67.  68.69.  70.  71.  72.]]
<NDArray 4x18 @cpu(0)>
```

初始化偏置参数，代码如下：

```
bias = mx.nd.ones(4)
print(bias)
```

输出结果如下：

```
[ 1. 1. 1. 1.]
<NDArray 4 @cpu(0)>
```

执行全连接层操作，代码如下：

```
out_data = mx.nd.FullyConnected(data=input_data, weight=weight, bias=bias,
                                num_hidden=4, flatten=1)
print(out_data)
```

输出结果如下，由结果可以看到，输出维度是 1*4，其中 1 表示批次大小，因为这里输入数据的批次大小是 1（第 0 维），所以输出的批次大小也是 1；4 是全连接层的输出节点数：

```
[[ 2110.  5188.  8266.  11344.]]
<NDArray 1x4 @cpu(0)>
```

从上面的代码可以看出全连接层接口的参数比较少，主要参数及说明具体如下。

❑ num_hidden，该参数表示全连接层的输出节点数（也可以称为输出通道数），其实全连接层主要是设置这个参数。

❑ flatten，该参数默认是 True（True 和 1 的含义一样，反之 Falst 与 0 相对应），一般采用默认值即可，这里是为了方便解释参数才加上以进行说明。

6.1.6　损失函数层

MXNet 框架提供了非常丰富的损失函数接口供用户调用，下面介绍图像分类任务和目标检测任务中常用的损失函数。

图像分类任务中常用交叉熵损失函数（cross entropy function），交叉熵损失函数的公式如下所示：

$$CE(label，output)=-\sum_i label_i \log(output_i)$$

其中，output 表示预测的类别概率向量，向量的每个值都是 0 到 1 的浮点数；label 表示真实的类别向量，向量的每个值要么是 0，要么是 1。假设 output=[0.3,0.7]，label=[0,1]，那么交叉熵损失函数就是 CE=-(0*log(0.3)+1*log(0.7))=-log(0.7)；假设 output=[0.3,0.7]，label=[1,0]，那么交叉熵损失函数就是 CE=-(1*log(0.3)+0*log(0.7))=-log(0.3)。

我们知道，一般损失函数都直接接在全连接层或者卷积层的后面，但是从交叉熵损失函数的定义来看，输入的类别概率向量要求数值是 0 到 1 的浮点数，显然全连接层或者卷积层的输出没有这样的约束，看来还不能直接接交叉熵损失函数，还需要先接一个网络层，而且这个网络层能够将数值范围为负无穷大到正无穷大的输入映射成 0 到 1 范围，这个网络层就是 softmax 层。首先看一下 softmax 层的公式，如下所示：

$$\text{softmax}(x)_i = \frac{\exp(x_i))}{\sum_j \exp(x_j)}$$

softmax 的公式非常简单，其中 x 表示输入，没有其他超参数，因此只要输入确定，那么输出也就确定了。同时从分母的累加可以看出对所有 softmax$(x)_i$ 求和后的结果等于 1，因此其非常适用于图像分类任务。接下来通过实际数据介绍 softmax 层的具体计算过程，首先初始化输入数据，代码如下：

```
import mxnet as mx
input_data = mx.nd.cast(mx.nd.arange(0.1,2.1,0.1).reshape((5,4)), 'float16')
print(input_data)
```

输出结果如下所示：

```
[[ 0.09997559  0.19995117  0.30004883  0.39990234]
 [ 0.5         0.60009766  0.70019531  0.79980469]
 [ 0.89990234  1.          1.09960938  1.20019531]
 [ 1.29980469  1.40039062  1.5         1.59960938]
 [ 1.70019531  1.79980469  1.90039062  2.         ]]
<NDArray 5x4 @cpu(0)>
```

执行 softmax 层操作，代码如下：

```
out_data = mx.nd.softmax(data=input_data, axis=-1)
print(out_data)
```

输出结果如下所示：

```
[[ 0.21386719  0.23632812  0.26123047  0.28857422]
 [ 0.21386719  0.23632812  0.26123047  0.28857422]
 [ 0.21374512  0.23620605  0.26098633  0.28857422]
 [ 0.21386719  0.2364502   0.26123047  0.28857422]
 [ 0.21386719  0.23620605  0.26123047  0.28857422]]
<NDArray 5x4 @cpu(0)>
```

从上述代码可以看出，softmax 层的参数非常少，只有 1 个超参数 axis，该参数默认是 −1，一般采用默认值即可，表示沿着最后一个维度进行计算，上述代码中，因为输入数据是二维的，因此是以行为单位进行计算的，从输出结果也可以看出每一行的 4 个值相加等于 1。

接下来，假设这 5 个样本的真实标签都是 0（从前面 softmax 层的输出可以看出预测概率最高的类别是 3，因此这里相当于都预测错了），此时通过 mnxet.ndarray.softmax_cross_entropy() 接口计算交叉熵损失值，代码如下：

```
label = mx.nd.array([0,0,0,0,0], dtype='float16')
ce_loss = mx.nd.softmax_cross_entropy(data=input_data, label=label)
print(ce_loss)
```

输出结果如下，也就是这 5 个样本的总体损失是 7.7 左右：

```
[ 7.71484375]
<NDArray 1 @cpu(0)>
```

假如这 5 个样本的真实标签是 [1,0,3,3,0]，也就是预测对了 2 个：

```
label = mx.nd.array([1,0,3,3,0], dtype='float16')
ce_loss = mx.nd.softmax_cross_entropy(data=input_data, label=label)
print(ce_loss)
```

输出结果如下，可以看出总体损失比全预测错的时候要小一些：

```
[ 7.01171875]
<NDArray 1 @cpu(0)>
```

再进一步，假设这 5 个样本的真实标签都是 3，也就是预测结果都对：

```
label = mx.nd.array([3,3,3,3,3], dtype='float16')
ce_loss = mx.nd.softmax_cross_entropy(data=input_data, label=label)
print(ce_loss)
```

输出结果如下，可以看出总体损失进一步减小了：

```
[ 6.21484375]
<NDArray 1 @cpu(0)>
```

假如按照交叉熵损失函数的计算公式并基于前面得到的 softmax 函数输出进行计算，因为真实标签都是 3，所以取 out_data 的最后一列作为 log 函数的输入：

```
import numpy as np
print(-np.log(0.28857422)*5)
```

输出结果如下，损失值也是在 6.21 左右：

```
6.21401482211
```

因为在这个例子中，softmax 层输出的 4 个类别之间其概率值相差不大，因此预测全错和预测全对时的损失值差别也不大，读者可以试着修改 softmax 层的输入，使其输出的类别间概率具有明显差异，然后再查看其损失函数的变化。

大多数深度学习框架都会将交叉熵损失函数与 softmax 合并成一个层作为接口，MXNet 同样也是如此，MXNet 中提供了 mxnet.symbol.softmaxoutput() 接口用于实现上述两个操作，因此我们可以直接用该层接在全连接层或者卷积层之后构成一个完整的网络结构。

接下来要介绍的是在目标检测算法中回归目标时常用的损失函数——Smooth L1 损失函数，其公式如下所示：

$$f(x)= \begin{cases} \dfrac{(\sigma x)^2}{2}, \text{if} |x|< \dfrac{1}{\sigma^2} \\ |x|-\dfrac{0.5}{\sigma^2}, \text{otherwise} \end{cases}$$

可以看出 Smooth L1 损失函数其实是二次函数与绝对值函数的组合，在 $|x|<\dfrac{1}{\sigma^2}$ 时是二次函数，在其他输入范围时是绝对值函数，σ 参数常用取值为 1。接下来通过实际数据介绍 Smooth L1 损失函数的具体计算过程，代码如下：

```
smoothl1_loss = mx.nd.smooth_l1(data=input_data, scalar=1)
print(smoothl1_loss)
```

输出结果如下：

```
[[ 0.00499725  0.01998901  0.04501343  0.07995605]
 [ 0.125       0.18005371  0.24511719  0.31982422]
 [ 0.4050293   0.5         0.59960938  0.70019531]
 [ 0.79980469  0.90039062  1.          1.09960938]
 [ 1.20019531  1.29980469  1.40039062  1.5       ]]
<NDArray 5x4 @cpu(0)>
```

6.1.7　通道合并层

通道合并层（concat）通过将输入特征图在通道维度上做合并以达到特征融合的目的，目前在多种图像任务中都有广泛应用。

MXNet 中提供了 mxnet.symbol.concat() 接口用于实现通道合并操作，接下来通过实际数据介绍通道合并层操作，假设现在要合并两个输入特征图，首先初始化第一个输入特征图，通道数设置为 2，代码如下：

```
import mxnet as mx
input_data1 = mx.nd.arange(1,51).reshape((1,2,5,5))
print(input_data1)
```

输出结果如下：

```
[[[[  1.   2.   3.   4.   5.]
   [  6.   7.   8.   9.  10.]
   [ 11.  12.  13.  14.  15.]
```

```
 [ 16. 17. 18. 19. 20.]
 [ 21. 22. 23. 24. 25.]]


 [[ 26. 27. 28. 29. 30.]
 [ 31. 32. 33. 34. 35.]
 [ 36. 37. 38. 39. 40.]
 [ 41. 42. 43. 44. 45.]
 [ 46. 47. 48. 49. 50.]]]]
<NDArray 1x2x5x5 @cpu(0)>
```

初始化第二个输入特征图，通道数设置为 1，代码如下：

```
input_data2 = mx.nd.arange(5,31).reshape((1,1,5,5))
print(input_data2)
```

输出结果如下：

```
[[[[  5.   6.   7.   8.   9.]
   [ 10. 11. 12. 13. 14.]
   [ 15. 16. 17. 18. 19.]
   [ 20. 21. 22. 23. 24.]
   [ 25. 26. 27. 28. 29.]]]]
<NDArray 1x1x5x5 @cpu(0)>
```

执行通道合并操作，代码如下：

```
out_data = mx.nd.concat(input_data1,input_data2, dim=1)
print(out_data)
```

输出结果如下，可以看出合并后的通道数是 3：

```
[[[[  1.   2.   3.   4.   5.]
   [  6.   7.   8.   9. 10.]
   [ 11. 12. 13. 14. 15.]
   [ 16. 17. 18. 19. 20.]
   [ 21. 22. 23. 24. 25.]]

  [[ 26. 27. 28. 29. 30.]
   [ 31. 32. 33. 34. 35.]
   [ 36. 37. 38. 39. 40.]
   [ 41. 42. 43. 44. 45.]
   [ 46. 47. 48. 49. 50.]]

  [[  5.   6.   7.   8.   9.]
   [ 10. 11. 12. 13. 14.]
   [ 15. 16. 17. 18. 19.]
   [ 20. 21. 22. 23. 24.]
```

```
   [ 25. 26. 27. 28. 29.]]]]
<NDArray 1x3x5x5 @cpu(0)>
```

从上述代码可以看出，通道合并层主要涉及的参数是 dim，该参数表示执行合并操作所在的维度，默认是 1，也就是通道这个维度。在介绍卷积层时曾提到过，训练模型时的数据都是 4 维的，这 4 维分别是 *N*（batch_size）、*C*（channel）、*H*（height）、*W*（width），因此 dim=1 就表示 *C*（channel），也就是通道，实际应用中一般不会设置为其他维度，因此采用默认值即可。需要注意的是，因为合并操作只会在指定的 1 个维度上进行，因此需要保证输入数据在其他维度上的尺寸相同，否则合并操作会报错。另外，该层可以同时计算多个输入的融合结果，而不是只局限于两个输入。

6.1.8　逐点相加层

逐点相加层（element-wise-sum）是对输入特征图在宽、高维度做逐点相加得到输出特征图的网络层，也是一种特征融合操作。

MXNet 中提供了 mxnet.symbol.ElementWiseSum() 接口用于实现逐点相加的操作，接下来通过实际数据介绍逐点相加层的计算过程，首先初始化第一个输入，代码如下：

```
import mxnet as mx
input_data1 = mx.nd.arange(1,51).reshape((1,2,5,5))
print(input_data1)
```

输出结果如下所示：

```
[[[[  1.   2.   3.   4.   5.]
   [  6.   7.   8.   9.  10.]
   [ 11.  12.  13.  14.  15.]
   [ 16.  17.  18.  19.  20.]
   [ 21.  22.  23.  24.  25.]]

  [[ 26.  27.  28.  29.  30.]
   [ 31.  32.  33.  34.  35.]
   [ 36.  37.  38.  39.  40.]
   [ 41.  42.  43.  44.  45.]
   [ 46.  47.  48.  49.  50.]]]]
<NDArray 1x2x5x5 @cpu(0)>
```

初始化第二个输入，代码如下：

```
input_data2 = mx.nd.arange(2,52).reshape((1,2,5,5))
print(input_data2)
```

输出结果如下所示：

```
[[[[  2.   3.   4.   5.   6.]
   [  7.   8.   9.  10.  11.]
   [ 12.  13.  14.  15.  16.]
   [ 17.  18.  19.  20.  21.]
   [ 22.  23.  24.  25.  26.]]

  [[ 27.  28.  29.  30.  31.]
   [ 32.  33.  34.  35.  36.]
   [ 37.  38.  39.  40.  41.]
   [ 42.  43.  44.  45.  46.]
   [ 47.  48.  49.  50.  51.]]]]
<NDArray 1x2x5x5 @cpu(0)>
```

执行逐点相加操作，代码如下：

```
out_data = mx.nd.ElementWiseSum(input_data1,input_data2)
print(out_data)
```

输出结果如下所示：

```
[[[[  3.   5.   7.   9.  11.]
   [ 13.  15.  17.  19.  21.]
   [ 23.  25.  27.  29.  31.]
   [ 33.  35.  37.  39.  41.]
   [ 43.  45.  47.  49.  51.]]

  [[ 53.  55.  57.  59.  61.]
   [ 63.  65.  67.  69.  71.]
   [ 73.  75.  77.  79.  81.]
   [ 83.  85.  87.  89.  91.]
   [ 93.  95.  97.  99. 101.]]]]
<NDArray 1x2x5x5 @cpu(0)>
```

从上述代码可以看出，逐点相加层只需提供输入，不涉及其他参数设置。需要注意的是，因为进行的是逐点相加操作，所以输入特征图的各维度尺寸必须相同，否则会报错。另外，该层可以同时计算多个输入的融合结果，而不是只局限于两个输入，只不过在实际常见的网络结构中以融合两个输入最为常见。

6.2 图像分类网络结构

本节将介绍最近几年图像领域比较著名也是比较常用的网络结构，感受一下凝聚了人类智慧结晶的网络结构的发展历程。因为下面的介绍会涉及一些论文中的特定英文名称，本书尽可能保持这些特定名称而不做额外的翻译。这些网络结构大部分都在 ILSVRC（ImageNet Large Scale Visual Recognition Challenge）的图像分类比赛中取得了非常好的成绩，在该比赛中采用的是 ImageNet 数据集，该数据集包含 1000 个类别共 100 多万条数据，目前对比不同图像分类网络的效果也主要通过该数据集进行。另外，目前工业界的很多图像算法模型都会采用基于 ImageNet 数据集的预训练模型进行参数初始化操作，这样做不仅能够加快模型的收敛速度，而且能有效降低数据量小带来的过拟合风险。

6.2.1　AlexNet

AlexNet [○] 是深度学习领域非常重要的一个网络，该网络在 ILSVRC-2012 的图像分类任务中拿到了第一名并且与第二名拉开了非常大的差距，是深度学习算法首次超越传统图像算法的例子，因此一般将 AlexNet 看作为深度学习在图像领域的开山之作，在此之后，越来越多的学者将注意力放在深度学习领域，为近几年深度学习领域的百花齐放奠定了非常重要的基础。

AlexNet 的网络结构如图 6-9 所示，该网络一共包含 8 个网络层，分别是 5 个卷积层和 3 个全连接层，另外还有一些池化层操作（一般论文中，计算网络层不包括池化层）。该网络结构在今天看来是比较简单的，但是在当时计算力有限，深度学习框架发展远不如现在成熟的情况下，能够训练如此"深"的网络结构非常不易，这也是为什么 AlexNet 在深度学习领域能够有如此重要地位的原因之一。

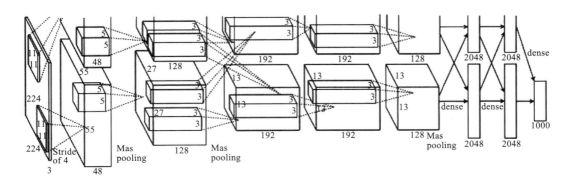

图 6-9　AlexNet 的网络结构

○　Krizhevsky A, Sutskever I, Hinton G E. Imagenet classification with deep convolutional neural networks[C]// Advances in neural information processing systems. 2012: 1097-1105.

6.2.2　VGG

VGG ⊖是一个非常经典的网络，在 ILSVRC-2014 的图像分类任务中获得了亚军。VGG 网络将神经网络的深度延伸到十几层，并且大量采用小尺寸的卷积层，整体上网络结构简洁有效，因此虽然 VGG 网络已经发表数年，但目前仍有广泛应用。

VGG 网络最大的特点是采用大量卷积核尺寸为 3*3 的卷积层，小尺寸的卷积核可以大大减少计算量，这种策略在后续的许多网络设计中都可以看到。VGG 网络的详细构成如图 6-10 所示，由图可知网络层数从 11 层到 19 层不等，主要由卷积层、池化层和全连接层组成，这一点延续了 AlexNet 的特点。需要注意的是，VGG 网络的最后几层采用的是全连接层，而且全连接层的输出节点数很大（4096），这种设计虽然对提升模型效果有帮助，但是会带来大量的参数量，这也是后续一些做模型加速和压缩算法关注的点，最常见的做法是用其他网络层（比如卷积层）代替这些全连接层。另外，VGG 网络整体上还是通过叠加网络层来得到的，就像一列火车一样，只不过深度从早期的几层增加到十几层，这在当时已经是一个非常大的突破了。

ConvNet Configuration					
A	A-LRN	B	C	D	E
11 weight layers	11 weight layers	13 weight layers	16 weight layers	16 weight layers	19 weight layers
input (224 × 224 RGB image)					
conv3-64	conv3-64 LRN	conv3-64 **conv3-64**	conv3-64 conv3-64	conv3-64 conv3-64	conv3-64 conv3-64
maxpool					
conv3-128	conv3-128	conv3-128 **conv3-128**	conv3-128 conv3-128	conv3-128 conv3-128	conv3-128 conv3-128
maxpool					
conv3-256 conv3-256	conv3-256 conv3-256	conv3-256 conv3-256	conv3-256 conv3-256 **conv1-256**	conv3-256 conv3-256 **conv3-256**	conv3-256 conv3-256 conv3-256 **conv3-256**
maxpool					
conv3-512 conv3-512	conv3-512 conv3-512	conv3-512 conv3-512	conv3-512 conv3-512 **conv1-512**	conv3-512 conv3-512 **conv3-512**	conv3-512 conv3-512 conv3-512 **conv3-512**
maxpool					
conv3-512 conv3-512	conv3-512 conv3-512	conv3-512 conv3-512	conv3-512 conv3-512 **conv1-512**	conv3-512 conv3-512 **conv3-512**	conv3-512 conv3-512 conv3-512 **conv3-512**
maxpool					
FC-4096					
FC-4096					
FC-1000					
soft-max					

图 6-10　VGG 的网络结构

⊖　Simonyan K, Zisserman A. Very deep convolutional networks for large-scale image recognition[J]. arXiv preprint arXiv:1409.1556, 2014.

6.2.3　GoogleNet

GoogleNet[⊖]与 VGG 是同时期的作品，该算法在 ILSVRC-2014 的图像分类任务中获得了冠军，从网络名就可以看出，这个网络结构是 Google 提出的。

GoogleNet 提出了 Inception 结构，如图 6-11 所示，其中，图 6-11a 是 Inception 结构的初始版本，图 6-11b 是在图 6-11a 的基础上增加了维度缩减的卷积层（在卷积核尺寸为 3*3、5*5 的卷积层前面以及池化层后面增加卷积核尺寸为 1*1，卷积核数量较少的卷积层）版本，目的是减少一定的计算量。我们知道神经网络中主要通过卷积层来提取特征，但是究竟什么尺寸的卷积核的提取特征效果最好却不得而知，从 Inception 结构可以看出其有多条分支，每条分支采用不同尺寸卷积核的卷积层，这样设计的主要思想在于：既然不确定什么样尺寸的卷积核最适合于提取特征，那就把几种不同尺寸的卷积核提取到的特征合并在一起让网络自己去学习哪部分特征对效果帮助最大。与之前普遍采用的通过简单叠加层与层的直筒型网络结构不同，多支路设计的 Inception 结构加宽了网络的宽度，同时其他的设计技巧也避免了宽度增加带来的计算量增加。

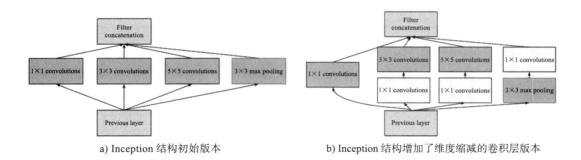

a) Inception 结构初始版本　　　　　　b) Inception 结构增加了维度缩减的卷积层版本

图 6-11　Inception 的结构示意图

图 6-12 是 GoogleNet 网络的整体结构图，其主要通过叠加多个 Inception 结构来得到，整体层数与 VGG 类似，图 6-12 所示的 GoogleNet 网络一共有 22 个网络层（不包含池化层）。

之后 GoogleNet 又迭代出许多版本，比如对 Inception 结构的改进——Inception v2[⊖]。Inception v2 主要是对 GoogleNet 网络的 Inception 结构进行多种改进，并且将这些改进整合在网络的不同位置中。原来的 Inception 结构如图 6-11b 所示，图 6-13 所示的是 Inception

⊖　Szegedy C, Liu W, Jia Y, et al. Going deeper with convolutions[C]// Proceedings of the IEEE conference on computer vision and pattern recognition. 2015: 1-9.

⊖　Szegedy C, Vanhoucke V, Ioffe S, et al. Rethinking the inception architecture for computer vision[C]// Proceedings of the IEEE conference on computer vision and pattern recognition. 2016: 2818-2826.

v2 的一种结构，其用两个 3*3 卷积层代替图 6-11b 所示的 5*5 卷积层，主要是为了加强特征的表达，同时也能减少一定的计算量。

type	patch size/ stride	output size	depth	#1×1	#3×3 reduce	#3×3	#5×5 reduce	#5×5	pool proj	params	ops
convolution	7×7/2	112×112×64	1							2.7K	34M
max pool	3×3/2	56×56×64	0								
convolution	3×3/1	56×56×192	2		64	192				112K	360M
max pool	3×3/2	28×28×192	0								
inception (3a)		28×28×256	2	64	96	128	16	32	32	159K	128M
inception (3b)		28×28×480	2	128	128	192	32	96	64	380K	304M
max pool	3×3/2	14×14×480	0								
inception (4a)		14×14×512	2	192	96	208	16	48	64	364K	73M
inception (4b)		14×14×512	2	160	112	224	24	64	64	437K	88M
inception (4c)		14×14×512	2	128	128	256	24	64	64	463K	100M
inception (4d)		14×14×528	2	112	144	288	32	64	64	580K	119M
inception (4e)		14×14×832	2	256	160	320	32	128	128	840K	170M
max pool	3×3/2	7×7×832	0								
inception (5a)		7×7×832	2	256	160	320	32	128	128	1072K	54M
inception (5b)		7×7×1024	2	384	192	384	48	128	128	1388K	71M
avg pool	7×7/1	1×1×1024	0								
dropout (40%)		1×1×1024	0								
linear		1×1×1000	1							1000K	1M
softmax		1×1×1000	0								

图 6-12　GoogleNet 的网络结构

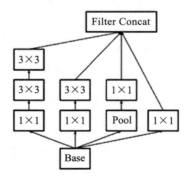

图 6-13　Inception 改进结构一

继续图 6-13 中对卷积层进行改造的思路，能否用卷积核尺寸为非正方形的卷积层代替常用的卷积核尺寸为正方形的卷积层？Incception v2 的作者通过实验证明了这种思路的有效性，于是就有了图 6-14 所示，用卷积核尺寸为 1*n 和 n*1 的卷积层代替传统的卷积核尺寸为 n*n 的卷积层，这样做能够有效减少计算量。卷积核尺寸为非正方形的卷积层在文本检测相关算法中比较常见，因为待检测的目标尺寸基本上都是矩形。

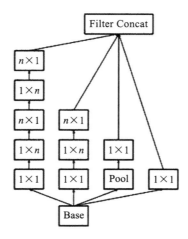

图 6-14 Inception 改进结构二

为了进一步提高高维特征的表达，Inception v2 的作者又对图 6-13 中的 3*3 卷积层进行改造，此时用 1*3 和 3*1 两条支路代替原来的 3*3 卷积层，即可得到图 6-15 所示的 Inception 结构。

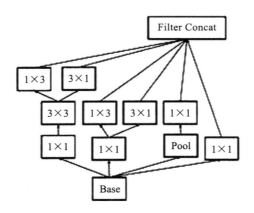

图 6-15 Inception 改进结构三

结合上述对 Inception 结构的改进，优化后的 GoogleNet 网络结构如图 6-16 所示，除了最主要的优化版 Inception（图 6-16 中提到的 figure5、figure6、figure7 分别对应于图 6-13、图 6-14、图 6-15），另外一个明显的改动是将传统分类网络第一层的 7*7 卷积修改为三个 3*3 卷积层的叠加。Inception 结构及其改进思想的提出启发了后续许多算法的优化，是非常优秀的网络结构。

type	patch size/stride or remarks	input size
conv	3×3/2	299×299×3
conv	3×3/1	149×149×32
conv padded	3×3/1	147×147×32
pool	3×3/2	147×147×64
conv	3×3/1	73×73×64
conv	3×3/2	71×71×80
conv	3×3/1	35×35×192
3×Inception	As in figure 5	35×35×288
5×Inception	As in figure 6	17×17×768
2×Inception	As in figure 7	8×8×1280
pool	8 × 8	8 × 8 × 2048
linear	logits	1 × 1 × 2048
softmax	classifier	1 × 1 × 1000

图 6-16　改进后的 GoogleNet 网络结构

6.2.4　ResNet

ResNet [⊖]是 ILSVRC-2015 的图像分类任务冠军，也是 CVPR2016 的最佳论文，目前应用十分广泛，ResNet 的重要性在于将网络的训练深度延伸到了数百层，而且取得了非常棒的效果。

在 ResNet 出现之前，网络结构的深度一般都在 20 层左右，而我们知道一般而言，网络的深度越深，模型的效果就会越好，但是研究人员发现加深网络反而会使得训练结果变差（本章中是以加深类似于 VGG 一样的直筒型网络结构为例），如图 6-17 所示。

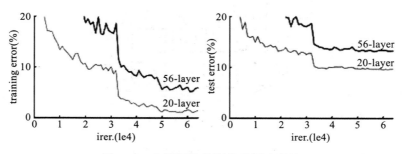

图 6-17　加深网络的训练及测试误差

ResNet 通过引入残差结构（residual block）使得深层网络的训练能够顺利进行，主要原因在于残差结构的堆叠能够有效回传梯度。图 6-18 所示的是关于 19 层的 VGG 网络、34 层加深网络和 34 层的 ResNet 网络的对比，可以看出，加深网络仅仅是在浅层网络的基础上通过重复堆叠一些网络层而得到的，而 ResNet 网络是在堆叠的基础上添加跳接支路（skip connection），这是 ResNet 网络中非常重要的思想。

⊖　He K, Zhang X, Ren S, et al. Deep residual learning for image recognition[C]//Proceedings of the IEEE conference on computer vision and pattern recognition. 2016: 770-778.

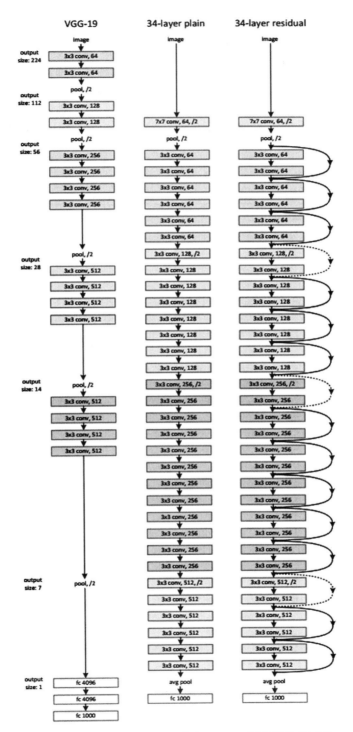

图 6-18　VGG 网络、加深网络和 ResNet 网络结构的对比

图 6-19 所示的是应用在 ImageNet 数据集的 ResNet 网络结构示意，网络层数从 18 层
到 152 层不等。整体上 ResNet 网络结构可划分成几个模块（stage，比如 conv2_x、conv3_x、
conv4_x 和 conv5_x），每一个模块中都包含多个 block 结构，比如对于 50 层的 ResNet 网络
而言，conv4_x 部分包含 6 个 block 结构，每个 block 结构包含 3 个卷积层。

layer name	output size	18-layer	34-layer	50-layer	101-layer	152-layer
conv1	112×112	7×7, 64, stride 2				
conv2_x	56×56	3×3 max pool, stride 2				
		$\begin{bmatrix} 3×3, 64 \\ 3×3, 64 \end{bmatrix}$×2	$\begin{bmatrix} 3×3, 64 \\ 3×3, 64 \end{bmatrix}$×3	$\begin{bmatrix} 1×1, 64 \\ 3×3, 64 \\ 1×1, 256 \end{bmatrix}$×3	$\begin{bmatrix} 1×1, 64 \\ 3×3, 64 \\ 1×1, 256 \end{bmatrix}$×3	$\begin{bmatrix} 1×1, 64 \\ 3×3, 64 \\ 1×1, 256 \end{bmatrix}$×3
conv3_x	28×28	$\begin{bmatrix} 3×3, 128 \\ 3×3, 128 \end{bmatrix}$×2	$\begin{bmatrix} 3×3, 128 \\ 3×3, 128 \end{bmatrix}$×4	$\begin{bmatrix} 1×1, 128 \\ 3×3, 128 \\ 1×1, 512 \end{bmatrix}$×4	$\begin{bmatrix} 1×1, 128 \\ 3×3, 128 \\ 1×1, 512 \end{bmatrix}$×4	$\begin{bmatrix} 1×1, 128 \\ 3×3, 128 \\ 1×1, 512 \end{bmatrix}$×8
conv4_x	14×14	$\begin{bmatrix} 3×3, 256 \\ 3×3, 256 \end{bmatrix}$×2	$\begin{bmatrix} 3×3, 256 \\ 3×3, 256 \end{bmatrix}$×6	$\begin{bmatrix} 1×1, 256 \\ 3×3, 256 \\ 1×1, 1024 \end{bmatrix}$×6	$\begin{bmatrix} 1×1, 256 \\ 3×3, 256 \\ 1×1, 1024 \end{bmatrix}$×23	$\begin{bmatrix} 1×1, 256 \\ 3×3, 256 \\ 1×1, 1024 \end{bmatrix}$×36
conv5_x	7×7	$\begin{bmatrix} 3×3, 512 \\ 3×3, 512 \end{bmatrix}$×2	$\begin{bmatrix} 3×3, 512 \\ 3×3, 512 \end{bmatrix}$×3	$\begin{bmatrix} 1×1, 512 \\ 3×3, 512 \\ 1×1, 2048 \end{bmatrix}$×3	$\begin{bmatrix} 1×1, 512 \\ 3×3, 512 \\ 1×1, 2048 \end{bmatrix}$×3	$\begin{bmatrix} 1×1, 512 \\ 3×3, 512 \\ 1×1, 2048 \end{bmatrix}$×3
	1×1	average pool, 1000-d fc, softmax				
FLOPs		$1.8×10^9$	$3.6×10^9$	$3.8×10^9$	$7.6×10^9$	$11.3×10^9$

图 6-19　ResNet 的网络结构

ResNet 后续也进行了一些更新，也就是 ResNet v2 [一]，其主要改动在于对 block 中卷积
层与 BN 层的顺序做了调整。

6.2.5　ResNeXt

ResNeXt [一]是 ResNet 的改进算法，主要改进是引入了卷积层的 group 操作。图 6-20 所
示是 ResNet 中的残差结构与 ResNeXt 中的残差结构的对比。对于输入通道数是 256 的特征
图，ResNet 先用一个卷积核尺寸为 1*1，数量为 64 的卷积层进行通道缩减；然后是卷积核
尺寸为 3*3 的卷积层操作；最后是卷积核尺寸为 1*1，数量为 256 的卷积层将通道数恢复成
与输入通道数相同。但是 ResNeXt 不仅是将前面两个卷积层的通道数进行了翻倍，而且三个
卷积层都引入了组（group）操作，前者对于效果的提升很有帮助，但是增加了计算量，后者
则主要降低了卷积层的计算量，因此 ResNeXt 在效果上提升明显同时基本上不增加计算量。

[一] He K, Zhang X, Ren S, et al. Identity mappings in deep residual networks[C]//European conference on computer
vision. Springer, Cham, 2016: 630-645.

[一] Xie S, Girshick R, Dollár P, et al. Aggregated residual transformations for deep neural networks[C]//
Computer Vision and Pattern Recognition (CVPR), 2017 IEEE Conference on. IEEE, 2017: 5987-5995.

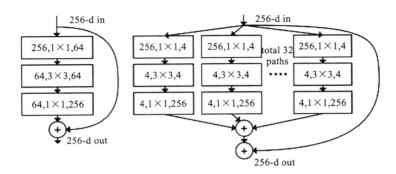

图 6-20 ResNet 和 ResNeXt 的残差结构

图 6-21 所示是 ResNet-50 与 ResNeXt-50 的网络结构对比，在 ResNeXt 中，C=32 表示卷积层的组数量为 32。

stage	output	ResNet-50		**ResNeXt-50 (32×4d)**	
conv1	112×112	7×7, 64, stride 2		7×7, 64, stride 2	
		3×3 max pool, stride 2		3×3 max pool, stride 2	
conv2	56×56	1×1, 64 3×3, 64 1×1, 256	×3	1×1, 128 3×3, 128, C=32 1×1, 256	×3
conv3	28×28	1×1, 128 3×3, 128 1×1, 512	×4	1×1, 256 3×3, 256, C=32 1×1, 512	×4
conv4	14×14	1×1, 256 3×3, 256 1×1, 1024	×6	1×1, 512 3×3, 512, C=32 1×1, 1024	×6
conv5	7×7	1×1, 512 3×3, 512 1×1, 2048	×3	1×1, 1024 3×3, 1024, C=32 1×1, 2048	×3
	1×1	global average pool 1000-d fc, softmax		global average pool 1000-d fc, softmax	
# params.		$25.5×10^6$		$25.0×10^6$	
FLOPs		$4.1×10^9$		$4.2×10^9$	

图 6-21 ResNet-50 和 ResNeXt-50 的网络结构

6.2.6 DenseNet

DenseNet [⊖] 是 CVPR2017 的最佳论文，网络结构的设计思想简洁有效，出发点是尽可能多地利用网络提取到的特征。如图 6-22 所示的是一个 dense block 的示意图，这个 block 中包含 5 个网络层，每一层的输入特征都是前面几层输出特征的集合，因此 dense block 充分利用到了网络提取到的特征，这也是 block 名为 dense block 的原因。

⊖ Huang G, Liu Z, Van Der Maaten L, et al. Densely connected convolutional networks[C]//CVPR. 2017, 1(2): 3.

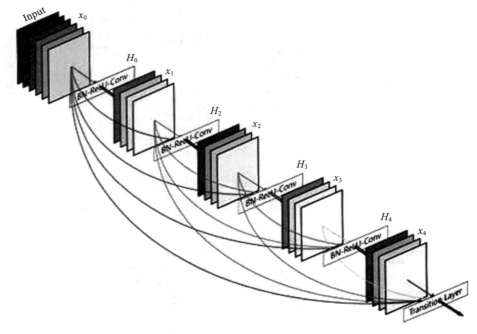

图 6-22　包含 5 个网络层的 dense block 示意图

整体上，DenseNet 就是由如图 6-22 所示的 dense block 组成的，如图 6-23 所示，每个 dense block 之间会添加一些卷积层或池化层做连接。

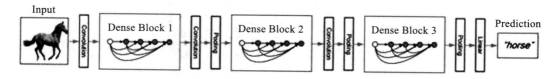

图 6-23　包含 3 个 dense block 的 DenseNet 结构示意图

如图 6-24 所示的是 DenseNet 的详细结构图，因为是针对 ImageNet 数据集的 1000 类设计的，所以最后的全连接层输出节点数是 1000，整体上可将 DenseNet 划分成多个 block 结构，并在每个 block 中进行特征的合并和传递。

6.2.7　SENet

SENet $^{\ominus}$ 是 ILSVRC-2017 的图像分类任务冠军，SENet 的思想是通过学习特征的通道

$\ominus$　Hu J, Shen L, Sun G. Squeeze-and-excitation networks[J]. arXiv preprint arXiv:1709.01507, 2017, 7.

权重来刻画不同通道特征之间的关系，最终对分类目标越有贡献的通道特征将有越大的权重。SENet 结构主要由如图 6-25 所示的 block 组成的，从图 6-25 可以看出，基于输入的特征有两条处理支路，一条支路直接复制输入特征，另一条支路则学习通道权重，通道权重是一个 $1*1*C$ 的三维矩阵，其中每个值的范围都在（0,1）之间，两条支路合并处就是用学到的通道权重在通道维度上与输入特征相乘，这样就相当于是让网络自己去学习哪些特征比较重要，哪些特征不重要。

Layers	Output Size	DenseNet-121		DenseNet-169		DenseNet-201		DenseNet-264	
Convolution	112 × 112	7 × 7 conv, stride 2							
Pooling	56 × 56	3 × 3 max pool, stride 2							
Dense Block (1)	56 × 56	1 × 1 conv 3 × 3 conv	× 6	1 × 1 conv 3 × 3 conv	× 6	1 × 1 conv 3 × 3 conv	× 6	1 × 1 conv 3 × 3 conv	× 6
Transition Layer (1)	56 × 56	1 × 1 conv							
	28 × 28	2 × 2 average pool, stride 2							
Dense Block (2)	28 × 28	1 × 1 conv 3 × 3 conv	× 12	1 × 1 conv 3 × 3 conv	× 12	1 × 1 conv 3 × 3 conv	× 12	1 × 1 conv 3 × 3 conv	× 12
Transition Layer (2)	28 × 28	1 × 1 conv							
	14 × 14	2 × 2 average pool, stride 2							
Dense Block (3)	14 × 14	1 × 1 conv 3 × 3 conv	× 24	1 × 1 conv 3 × 3 conv	× 32	1 × 1 conv 3 × 3 conv	× 48	1 × 1 conv 3 × 3 conv	× 64
Transition Layer (3)	14 × 14	1 × 1 conv							
	7 × 7	2 × 2 average pool, stride 2							
Dense Block (4)	7 × 7	1 × 1 conv 3 × 3 conv	× 16	1 × 1 conv 3 × 3 conv	× 32	1 × 1 conv 3 × 3 conv	× 32	1 × 1 conv 3 × 3 conv	× 48
Classification Layer	1 × 1	7 × 7 global average pool							
		1000D fully-connected, softmax							

图 6-24　DenseNet 的网络结构

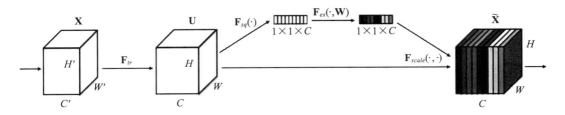

图 6-25　SENet 的 block 结构

SENet 的 block 结构可以非常方便地嵌入现有的一些网络结构，比如图 6-26 是将 SENet 的 block 结构嵌入 ResNet 网络组成的 SE-ResNet 网络的一个 block 示意图。ResNet 网络在前面已经介绍过了，可以看出嵌入主要是在进行特征合并之前先将主路特征乘以学习到的通道权重再与支路特征进行合并。除此之外，SENet 的这种 block 结构还可以嵌入 Inception 网络、ResNeXt 网络等，这些都取得了非常好的效果。

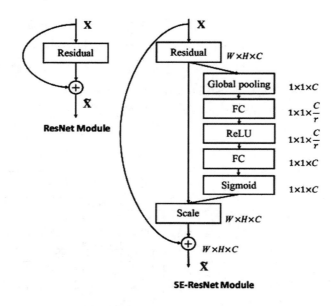

图 6-26   SE-ResNet 的 block 结构

6.2.8   MobileNet

MobileNet [⊖]在模型加速和压缩方面是比较著名的网络结构。MobileNet 主要是用 depthwise separable convolution 代替传统的卷积层实现加速和压缩，depthwise separable convolution 则由两层卷积层构成，第一层是带组（group）操作且组参数与输入特征的通道数相同的卷积层，即 depthwise convolution ；第二层是卷积核尺寸为 1*1 的卷积层，即 pointwise convolution。如图 6-27 所示的是关于标准卷积层与 depthwise convolution、pointwise convolution 的对比。图 6-27a 所示的是标准卷积层的卷积核大小，其中 M 表示输入特征的通道数，N 表示卷积核的数量，D_K 表示卷积核的尺寸（这里默认采用长宽相等的卷积核）；图 6-27b 所表示的是 depthwise convolution filters，可以看出输入特征通道变成了 1，这个可以通过将卷积层的组参数设置为 M 来实现，同时将卷积核数量设置为 M ；图 6-27c 所表示的是 pointwise convolution filters，这部分其实与图 6-27a 非常相似，只不过是将卷积核大小从 D_K*D_K 改成了 1*1。MobileNet 的思想就是用图 6-27b+ 图 6-27c 代替图 6-27a，这样可以大大减少计算量。

⊖   Howard A G, Zhu M, Chen B, et al. Mobilenets: Efficient convolutional neural networks for mobile vision applications[J]. arXiv preprint arXiv:1704.04861, 2017.

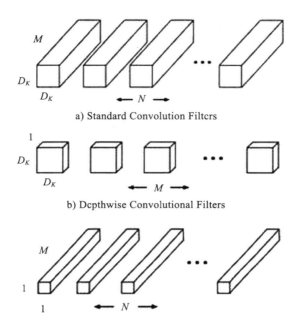

a) Standard Convolution Filters

b) Depthwise Convolutional Filters

c) 1×1Convolutional Filters called Pointwise Convolution in the context of Depthwise Separable Convolution

图 6-27　标准卷积层、depthwise convolution 和 pointwise convolution 的对比

具体能减少多少计算量呢？按照图 6-27a 所示的参数，假设该卷积层的输出特征宽高用 D_F 表示，那么标准卷积层所需的计算量就是 $D_F*D_F*D_K*D_K*M*N$；图 6-27b 表示的 depthwise convolution 的计算量是 $D_F*D_F*D_K*D_K*M$；图 6-27c 表示的 pointwise convolution 的计算量是 D_F*D_F*M*N，因此修改后的计算量与修改前的计算量比值如下式所示，因为 D_K 一般取值为 3，N 一般都是数百或数千，因此计算量大概会减少为原来的 1/9。

$$\frac{D_K*D_K*M*D_F*D_F+M*N*D_F*D_F}{D_K*D_K*M*N*D_F*D_F} = \frac{1}{N} + \frac{1}{D_K^2}$$

除了计算量的减少，参数量也会有明显减少，仍以图 6-27 为例，标准卷积层的参数量是 D_K*D_K*M*N，depthwise convolution 的参数量是 D_K*D_K*M*1，pointwise convolution 的参数量是 $1*1*M*N$，因此对于卷积层而言参数量也是降为原来的 $\frac{1}{N} + \frac{1}{D_K^2}$。

MobileNet 的网络结构如图 6-28 所示，其中 Conv dw 表示 depthwise convolution。由图 6-28 可以看出，整体上 MobileNet 与 VGG 网络类似，只不过 MobileNet 将几乎所有的卷积核尺寸为 3*3 的卷积层都拆分成了 depthwise convolution 和 pointwise convolution 的组合。

Table 1. MobileNet Body Architecture		
Type / Stride	Filter Shape	Input Size
Conv / s2	$3 \times 3 \times 3 \times 32$	$224 \times 224 \times 3$
Conv dw / s1	$3 \times 3 \times 32$ dw	$112 \times 112 \times 32$
Conv / s1	$1 \times 1 \times 32 \times 64$	$112 \times 112 \times 32$
Conv dw / s2	$3 \times 3 \times 64$ dw	$112 \times 112 \times 64$
Conv / s1	$1 \times 1 \times 64 \times 128$	$56 \times 56 \times 64$
Conv dw / s1	$3 \times 3 \times 128$ dw	$56 \times 56 \times 128$
Conv / s1	$1 \times 1 \times 128 \times 128$	$56 \times 56 \times 128$
Conv dw / s2	$3 \times 3 \times 128$ dw	$56 \times 56 \times 128$
Conv / s1	$1 \times 1 \times 128 \times 256$	$28 \times 28 \times 128$
Conv dw / s1	$3 \times 3 \times 256$ dw	$28 \times 28 \times 256$
Conv / s1	$1 \times 1 \times 256 \times 256$	$28 \times 28 \times 256$
Conv dw / s2	$3 \times 3 \times 256$ dw	$28 \times 28 \times 256$
Conv / s1	$1 \times 1 \times 256 \times 512$	$14 \times 14 \times 256$
$5\times$ Conv dw / s1	$3 \times 3 \times 512$ dw	$14 \times 14 \times 512$
Conv / s1	$1 \times 1 \times 512 \times 512$	$14 \times 14 \times 512$
Conv dw / s2	$3 \times 3 \times 512$ dw	$14 \times 14 \times 512$
Conv / s1	$1 \times 1 \times 512 \times 1024$	$7 \times 7 \times 512$
Conv dw / s2	$3 \times 3 \times 1024$ dw	$7 \times 7 \times 1024$
Conv / s1	$1 \times 1 \times 1024 \times 1024$	$7 \times 7 \times 1024$
Avg Pool / s1	Pool 7×7	$7 \times 7 \times 1024$
FC / s1	1024×1000	$1 \times 1 \times 1024$
Softmax / s1	Classifier	$1 \times 1 \times 1000$

图 6-28 MobileNet 的网络结构

MobilNet v2 ⊖的第二个版本目前也已经公开了，其主要的改进是在引入 ResNet 的 skip connection 思想构造网络的同时做了一些改进，实验效果也非常出色。

6.2.9 ShuffleNet

ShuffleNet ⊜也是模型加速和压缩方面的网络，该算法通过引入 depthwise convolution、pointwise group convolution 和 channel shuffle 的思想达到模型加速和压缩的目的。在 MobileNet 部分已经介绍过了 depthwise convolution 和 pointwise convolution，这里的 pointwise group convolution 只不过是带组操作的 pointwise convolution 而已，而 channel shuffle 是这篇文章引入的通道随机组合思想，这也是为什么这个网络结构命名为 ShuffleNet 的原因。

⊖ Sandler M, Howard A, Zhu M, et al. Inverted residuals and linear bottlenecks: Mobile networks for classification, detection and segmentation[J]. arXiv preprint arXiv:1801.04381, 2018.

⊜ Zhang, X., Zhou, X., Lin, M., Sun, J.: Shufflenet: An extremely efficient convolutional neural network for mobile devices. arXiv preprint arXiv:1707.01083 (2017).

通道随机组合（channel shuffle）的思想如图 6-29 所示，Input 表示输入特征图，GConv 表示带组操作的卷积层（group convolution），Feature 表示 GConv1 的输出特征图，同时也是 GConv2 的输入特征图，Output 表示输出特征图。图 6-29a 表示两个带组操作的卷积层叠加时特征的流动示意图，因为组操作会限定输入特征的通道，所以如果两个带组操作的卷积层直接叠加会导致输入输出特征的限定比较严重，图 6-29a 中的特征图可划分成 3 列，表示将组参数设置为 3。为了避免出现图 6-29a 的这种情况，就有了图 6-29b 中的想法，也就是对第一个带组操作的卷积层输出特征做一个 shuffle 操作，相当于混合了不同组之间的特征，然后将操作结果作为第二个带组操作的卷积层的输入，这样就能避免特征限定在组内的现象，图 6-29c 与图 6-29b 的含义相同。

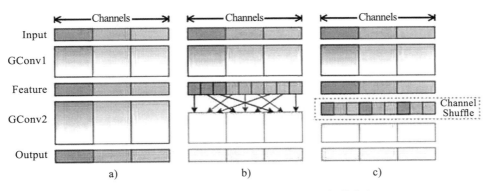

图 6-29　通道随机组合（channel shuffle）的含义

基于这样的 shuffle 操作，就有了 ShuffleNet，如图 6-30 所示的是关于 ShuffleNet 网络的详细介绍。图 6-30a 表示在 ResNet 网络的 block 结构中引入 depthwise convolution（DWConv）的示意图，depthwise convolution 实际上就是带组操作，而且组参数与输入特征图的通道数相同的卷积层。图 6-30b 是将 block 结构中的第一个卷积核尺寸为 1*1 的卷积层替换成带组操作的卷积层（GConv），这也是文中所说的 pointwise group convolution。因为直接叠加两个带组操作的卷积层很容易带来特征流动上的限制，因此在二者之间需要增加一个通道随机组合（Channel Shuffle）操作，同时将 block 中第三个卷积核尺寸为 1*1 的卷积层也替换成带组操作的卷积层。图 6-30c 其实与图 6-30b 类似，我们知道 ResNet 网络可分成多个模块（stage），每个模块包含多个 block，其中第一个 block 要将输入特征图尺寸减半，其他 block 则不改变输入特征图的尺寸，这里的图 6-30c 表示的就是一个模块中的第一个 block，图 6-30b 表示的就是其他 block。

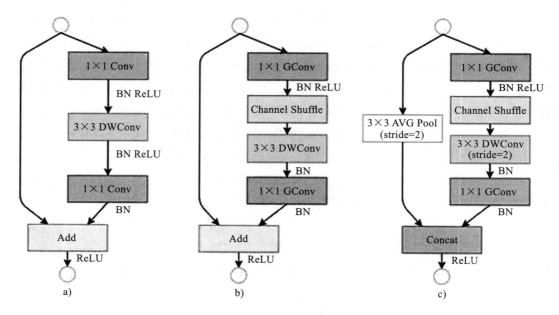

图 6-30　ShuffleNet 的网络结构

6.3　本章小结

　　网络层作为网络模型构建的基础单元，在深度学习算法中扮演了非常重要的角色。卷积层作为提取特征的主要网络层，在网络结构构建过程中应用最为广泛。BN 层作为归一化层，经常与卷积层成对出现，其能够有效加速模型的收敛。激活层常与卷积层、BN 层一起使用，主要起到非线性激活的作用。池化层作为降采样层，在缩减特征图的维度以降低后续的计算开销的同时也能减少一定的噪声。全连接层作为线性变换层，主要用在网络结构的高层部分，对输入特征做变换和融合。损失函数层一般作为网络的最后一层，基于模型预测输出和真实标签计算损失并回传。通道合并层与逐点相加层是常用于特征融合的网络层，对于提升模型的效果有一定帮助。

　　最近几年随着深度学习算法的不断发展，深度学习领域涌现出了许多优秀的算法。AlexNet 是深度学习算法在图像领域取得突破性进展的标志，由此引发了最近几年深度学习的算法研究和落地热潮。VGG 网络采用大量 3*3 尺寸的卷积层叠加，在特征提取和减少计算量方面取得了非常好的平衡。GoogleNet 引入了 Inception 结构，在一个网络结构中采用多支路不同尺寸卷积核的卷积层来提取特征。ResNet 通过引入 residual connection，成功训练数百层的神经网络，目前应用非常广泛。ResNeXt 网络作为 ResNet

的改进版，引入了卷积层的分组操作（group）并加宽了原有的网络从而有效地提升了效果。DenseNet 通过将多层输出特征同时作为输入以达到充分利用网络提取到的特征的目的。SENet 通过自动训练权重向量让网络自己选择对优化目标最有利的特征，其可以嵌入到多种网络结构中。MobileNet 主要引入 depthwise separable convolution，能够有效加速和压缩模型。ShuffleNet 主要引入 depthwise convolution 和通道的 shuffle 操作以实现模型的加速和压缩。

CHAPTER 7

第 7 章

模型训练配置

对于大部分的深度学习图像算法而言，一个完整的训练代码主要由 3 个部分组成：数据读取、网络结构搭建和模型训练配置，本书的第 5 章和第 6 章中分别介绍了数据读取和网络结构搭建两部分内容，在准备好数据和搭建好模型之后，接下来就可以配置训练相关的参数并开始训练模型了。

训练模型之前需要定义问题，也就是根据实际项目需求确定使用什么样的算法来解决问题，这个过程相当于为今后的算法设计、优化确定一个总体方向，因此对项目结果的影响非常大。定义问题需要结合项目需求、数据特点、速度要求进行综合决策，尤其是要充分熟悉项目数据，而且数据分析要贯穿于整个项目的迭代优化周期中。因为定义问题不可能一劳永逸，因此需要在项目的迭代优化过程中不断思考当前的解决方案是否合适，尤其是当项目遇到瓶颈且迟迟得不到解决时，可以多从问题定义是否合适的角度进行思考。

训练模型需要配置训练相关的参数，这些参数包括：网络参数的初始化、优化函数设置、模型保存、训练日志保存、评价指标的定义、多 GPU 训练等。网络结构搭建完成后需要为大部分层初始化其参数，这样才能启动训练，这个过程就是网络参数的初始化，常用的初始化方式包括随机初始化、预训练模型参数初始化、断点训练等。优化函数设置包括选择什么样的优化函数训练模型、学习率的设置、正则化参数设置等，这部分内容对模型训练而言至关重要。模型保存是训练模型过程中非常重要的一步，是后续模型测试、断点训练的基础，如果不保存训练得到的模型则相当于白训练了。训练日志的保存对于后期分析模型的训练过程而言非常重要，训练日志中通常会保存模型训练的超参数、训练过程的指标变化等信息。评价指标的定义与实际任务相关，不同的任务采用的评价指标不同，比如，图像分类任务常用准确率作为评价指标，目标检测算法常用 mAP 作为评价指标，一些特殊任务还可能需要自定义一个评价指标。多 GPU 训练模型在目前网络结构复杂度越来越高，训练数据量越来越大，模型的训练时间越来越长的背景下已经非常常见，MXNet 框架在这方面提供了非常好的支持。

迁移学习是指将基于某个任务或数据训练得到的模型特征提取能力迁移到其他任务或数据集上。图像算法领域常将基于大型数据集训练得到的模型特征提取能力迁移到个人数据集上，主要过程是使用预训练模型参数初始化个人模型，然后再进行微调（fine tune）训练实现。目前常将在 ImageNet 数据集上训练好的开源模型作为预训练模型，利用这种预训练模型的参数进行初始化能够让模型训练快速收敛，而且大大降低模型的过拟合风险。

断点训练是指当前模型已经训练一段时间了，但是中途因为某种原因导致训练中断了，后来继续从中断时保存的模型开始训练的过程。可以看出，断点训练其实也是一种参数初始化方式，只不过此时初始化模型和被初始化模型的结构是一模一样的，是训练进行到一半中断后继续从中断时保存的模型参数开始训练的过程，因此与微调还是有一定区别的。另外，因为要从中断前保存的模型继续训练，所以断点训练需要原训练代码在训练过程中有保存训练结果的操作，否则构不成断点训练。

7.1 问题定义

在实际项目中，遇到一个项目需求时首先要思考采用哪种算法能够解决问题，也就是将具体问题抽象成数学模型进行解决，这是后续模型迭代优化的前提，这个过程就是问题定义的过程。问题定义是大方向上的选择问题，因此问题定义的准确与否对项目结果的影响非常大，在定义问题时你至少要重点考虑如下几方面的内容。

- ❑ 数据特点。数据分析是算法工程师在项目起始阶段必须要做而且要做好的工作，只有充分熟悉项目数据，才有助于问题的定义和算法设计。数据分析的内容主要包括数据的分布情况、当前可获取数据量和未来可获取的数据量及途径、目标特点、预计的难点及解决方案等。对于数据的分析应该贯穿于整个项目的迭代周期，而不仅仅局限于项目的起始阶段，因为基于数据的分析结果往往能够发现目前模型中存在的问题，然后基于问题才能找到合适的解决方案，这样才能实现针对性地解决问题，而不是遇到问题就胡子眉毛一把抓。

- ❑ 项目需求。项目需求是问题定义的根源，而且项目需求分析要与数据分析相结合，比如项目需求中需要识别的目标具备什么特点，哪些特点是模型能够学习到的，哪些特点是可以通过规则逻辑处理的等。根据项目需求定义数据的标签也是非常关键的一个步骤，标签定义一方面要能满足项目的需求，另一方面要贴合所设计的算法，二者缺一不可，如果有些标签定义方式看似完美但是模型难以解决，那么这样的定义就没有意义了。

❏ 速度要求。实际项目都会有一定的速度要求，因此需要平衡好算法效果与速度之间矛盾。在大部分的算法比赛中，多模型融合和多尺度测试是提升模型效果的两大杀器，但是这两种方式的时间开销非常大，因此并不一定适用于实际项目中。

需要注意的是定义问题不可能一劳永逸，当你发现之前的定义方式难以解决当前的项目问题时，就要考虑是否需要重新定义问题了。

7.2 参数及训练配置

深度学习算法工程师常常被称为调参工程师，这种说法并不是空穴来风。一方面算法模型涉及的参数非常多，简单的 16 层 VGG 网络的参数量就多达数千万，而模型训练的过程其实就是在监督信息的指引下不断更新这些参数使得模型的输出结果不断接近真实值的过程；另一方面是模型的超参数，常见的超参数就有数十个，每个超参数的取值范围不一，因此存在各种各样的组合方式。即便如此，我认为大部分的超参数只要选择在一定范围之内，对实验结果一般不会有太大的影响，在实际项目中没有必要将太多的精力花在调参上，而应该将更多的精力放在数据、问题定义和算法设计上，在我看来，实际项目中这 3 者的优先级是依次降低的，数据的质量和数量对项目结果的影响是最直接的，问题定义的准确与否对项目结果的影响是非常大的，算法设计上的细节优化对于解决项目瓶颈而言至关重要。

合理配置模型训练相关的参数才能保证模型训练按照既定要求进行，这些参数包括：网络参数的初始化方式、优化函数设置、模型保存、训练日志保存、评价指标的定义、多GPU 训练等。这些参数设置完成后都将作为 Module 对象的 fit() 方法的参数输入，非常便于用户使用，这样就完成了训练参数的配置。

7.2.1 参数初始化

搭建网络结构相当于构建了一个主体框架，而训练模型的过程则是通过训练目标的监督不断更新网络结构的参数，使得网络能够在指定输入的情况下得到预期的输出，那么这就会涉及网络参数的初始化问题。常用的初始化方式可大致概括为如下 3 种。

1）随机初始化。这种初始化方式采用随机方式初始化网络参数，本节介绍的就是这种初始化方式。

2）利用预训练模型的参数进行初始化。这种初始化方式是先用其他数据集训练模型，然后用得到的模型（称为预训练模型）参数初始化自定义网络中的对应层。

3）断点训练。断点训练是指你用自定义网络在当前数据集上得到的模型参数来初始化自定义网络参数，其主要用于训练意外中断的情况。

MXNet 框架提供了 mxnet.initializer.Xavier() 接口用于实现参数随机初始化，该接口主要包含如下 3 个参数。

❑ rnd_type。该参数默认是 'uniform'，另外还可以选择使用 'gaussian'。

❑ factor_type。该参数默认是 'avg'，另外还可以选择使用 'in' 或者 'out'。

❑ magnitude。该参数默认是 3，表示随机数的倍数。

下面列举几个例子来说明这几种初始化方式的差异。

假设 rnd_type 取 'uniform'，factor_type 取 'avg'，magnitude 取 3，且网络层参数会在 $[-c, c]$ 区间随机取值，那么 c 值代表什么意思呢？假设某个待初始化层的输入特征通道数用 n_{in} 表示，输出特征通道数用 n_{out} 表示，那么 $c = \sqrt{\dfrac{3}{0.5*(n_{in}+n_{out})}}$。假如 rnd_type 取 'uniform'，factor_type 取 'in'，magnitude 取 3，且网络层参数同样在 $[-c, c]$ 区间随机取值，但是此时 $c = \sqrt{\dfrac{3}{n_{in}}}$。同理，当 rnd_type 取 'uniform'，factor_type 取 'out'，magnitude 取 3，$c = \sqrt{\dfrac{3}{n_{out}}}$；当 rnd_type 取 'gaussian'，factor_type 取 'avg'，magnitude 取 3，表示以标准差为 $\sqrt{\dfrac{3}{0.5*(n_{in}+n_{out})}}$ 的正态分布数值作为模型的初始化参数。同理，rnd_type 取 'gaussian'，factor_type 取 'in'，magnitude 取 3 时，标准差为 $\sqrt{\dfrac{3}{n_{in}}}$；rnd_type 取 'gaussian'，factor_type 取 'out'，magnitude 取 3 时，标准差为 $\sqrt{\dfrac{3}{n_{out}}}$。

因此以 rnd_type 取 'gaussian'，factor_type 取 'in'，magnitude 取 2 为例，可以通过如下代码获取初始化对象并作为 fit() 方法的参数输入，fit() 方法中的省略号表示其他参数，因为本节介绍的是初始化参数，所以其他参数省略不写。具体代码如下：

```
import mxnet as mx
initializer = mx.init.Xavier(rnd_type='gaussian', factor_type='in', magnitude=2)
mod = mx.mod.Module(symbol=symbol)
mod.fit(...,
```

```
initializer=initializer,
...)
```

需要注意的是，如果没有为 fit() 方法指定参数初始化方式，那么默认的初始化方式是 mx.init.Uniform(0.01)，表示所有参数值都是在 [−0.01,0.01] 范围内随机取值，这种默认的初始化方式有时候会导致训练异常，因此不建议使用。

7.2.2 优化函数设置

训练模型时优化函数的选择与学习率的设定是比较重要的内容。在 MXNet 框架中，可以直接将优化相关的参数作为 fit() 方法的输入，这里主要是指 optimizer_params 和 optimizer 这两个参数。optimizer_params 参数是一个字典，该字典主要包含学习率等参数。optimizer 参数是字符串，表示优化函数，默认是 'sgd'。比如可以通过如下代码将优化函数设定为随机梯度下降（'sgd'），初始学习率设定为 0.001：

```
import mxnet as mx
optimizer_params = {'learning_rate': 0.001}
mod = mx.mod.Module(symbol=symbol)
mod.fit(...,
    optimizer_params=optimizer_params,
    optimizer='sgd',
    ...)
```

参数 optimizer_params 除了可以传入学习率之外，还可以传入其他几个重要参数，参数及说明具体如下。

- ❑ 动量（momentum）参数。动量参数可用于随机梯度下降，常用取值为 0.9。
- ❑ 权重衰减（weight decay）参数。权重衰减参数常用来防止过拟合，相当于在损失函数中增加对网络权重参数的约束，权重衰减参数越大，说明约束越大，越不容易过拟合，常用取值为 0.0001。
- ❑ 学习率变化参数（lr_scheduler）。前面介绍的 learning_rate 参数只是设定了一个初始学习率，但是在实际应用中，学习率一般设置为随着训练的进行而变化，因此 lr_scheduler 参数就是用来设定变化策略的。

前面两个参数的设置比较简单，主要是参数 lr_scheduler 的设定。在 MXNet 中，可以通过 mxnet.lr_scheduler 模块下的不同接口得到 lr_scheduler 参数，比如，常用的 mxnet.lr_scheduler.MultiFactorScheduler() 接口可以通过设定变化步长使学习率按照一定的比率进行变化，该接口主要有 step 和 factor 这两个参数，参数 step 表示每迭代多少个批次数据才修改一次学习率，参数 factor 表示每次修改学习率时将当前学习率乘以 factor 作为新的学习率。另外，还有 mxnet.lr_scheduler.PolyScheduler() 接口可以让模型在每个训练 epoch 中的学习率都可以通过一个给定的公式来得到，因为实际上这几个学习率变化策略对模型训练结果的影响并不大，因此接下来以 mxnet.lr_scheduler.MultiFactorScheduler() 接口为例进行介绍。

添加上述几个参数后的代码如下所示。在 mx.lr_scheduler.MultiFactorScheduler() 接口中设置参数 step 为列表 [1000,3000,4000]，参数 facotr 为 0.1，表示当迭代批次数量达到 1000 次并小于 3000 次时，学习率设置为当前学习率的 0.1 倍；当迭代批次数量达到 3000 次并小于 4000 次时，学习率设置为当前学习率的 0.1 倍。因此假设当前迭代批次数量是 3100，那么此时学习率是最初始学习率的 0.01 倍，也就是经过了两次变化。具体代码如下：

```
import mxnet as mx
lr_scheduler = mx.lr_scheduler.MultiFactorScheduler(step=[1000,3000,4000], factor=0.1)
optimizer_params = {'learning_rate': 0.001,
                    'momentum': 0.9,
                    'wd': 0.0001,
                    'lr_scheduler': lr_scheduler}
mod = mx.mod.Module(symbol=symbol)
mod.fit(...,
    optimizer_params=optimizer_params,
    optimizer='sgd',
    ...)
```

7.2.3 保存模型

训练模型的过程需要保存训练结果，也就是训练得到的模型参数，这样当你想要测试模型效果时就可以导入保存的模型进行测试。

在 MXNet 中可以通过 mxnet.callback.do_checkpoint() 接口设置模型保存的路径，同时，该接口还可以设定每迭代多少个 epoch 保存一次模型参数。通过该接口获取模型保存对象的代码，如下所示：

```
import mxnet as mx
checkpoint = mx.callback.do_checkpoint(prefix=prefix, period=1)
```

该接口主要涉及 2 个输入，一个参数是 prefix，表示保存模型的名称，比如 prefix= 'resnet-18'，那么保存的模型名称即类似于 resnet-18-0001.params、resnet-18-0002.params、resnet-18-0003.params 等，另外还会得到网络结构文件 resnet-18-symbol.json。另一个参数是 period，默认取值为 1，表示每训练一个 epoch 就保存一次训练得到的模型，这个参数可以根据具体需要来设定，比如有些情况下训练 epoch 多达成百上千，若每个 epoch 的结果都保存的话则会占用一定的存储空间，这种情况可以将 period 参数设置得更大一些，比如将

period 参数设置为 10，那么每隔 10 个 epoch 才会保存一次模型，也就是保存的模型名称类似于 resnet-18-0010.params、resnet-18-0020.params、resnet-18-0030.params 等，另外还会得到网络结构文件 resnet-18-symbol.json。最终得到的 checkpoint 作为 Module 对象的 fit() 方法的一个参数传入即可。具体代码如下：

```
mod = mx.mod.Module(symbol=symbol)
mod.fit(...,
    epoch_end_callback=checkpoint,
    ...)
```

7.2.4   训练日志的保存

在模型训练过程中，显示和保存训练日志可以方便观察模型训练是否正常进行，后期对模型进行优化时也可以基于训练日志做进一步分析。Python 提供了 logging 模块用于对信息进行打印和保存，下面的代码展示了如何通过 logging 模块配置日志并打印简单信息的过程。

首先导入 logging 模块，然后调用 logging 模块的 getLogger() 接口得到一个记录器 logger，这个记录器是后续操作的基础。然后调用记录器的 setLevel() 方法设置日志级别，这里设置为 logging.INFO，表示代码正常运行时的日志。因为我们需要显示和保存日志信息，所以接下来就要分别设置显示和保存操作。显示日志需要首先通过 logging.StreamHandler() 接口得到一个显示管理对象 stream_handler，然后调用记录器的 addHandler() 方法添加显示管理对象。保存日志需要首先通过 logging.FileHandler() 接口得到一个文件管理对象 file_handler，同时还要指定日志保存的文件名，这里设置为保存在当前目录下名为 train.log 的文件中，然后调用记录器的 addHandler() 方法添加文件管理对象，需要注意的是文件管理对象默认是将信息以追加的方式写入日志文件。这样就可以完成记录器的设置了，接下来只需要调用记录器的 info() 方法并传入对应的信息就能将该信息打印出来并保存在指定文件中。这里建议至少要显示和保存配置参数信息，后续实战代码中一般都会有这样的操作示例代码如下：

```
import logging
logger = logging.getLogger()
logger.setLevel(logging.INFO)

stream_handler = logging.StreamHandler()
logger.addHandler(stream_handler)
file_handler = logging.FileHandler('train.log')
logger.addHandler(file_handler)

logger.info("Hello logging")
```

运行上述代码将在运行界面看到"Hello logging"的信息，因为在代码中设置了日志显示，同时在 train.log 文件中也能看到相同的日志信息。

前面提到过，日志文件的写入默认是采用追加方式，如果你需要在每次运行代码时都先清空日志文件中原有的记录然后再写入新的日志信息，那么可以在生成文件管理对象时设置 mode 参数为 'w'，表示写入（write），代码如下所示：

```
file_handler = logging.FileHandler('train.log', mode='w')
```

现在你知道了如何通过 logging 模块设置日志的显示和保存过程，后续要显示或保存训练信息时，只需要调用记录器的 info() 方法即可。

7.2.5　选择或定义评价指标

训练模型的过程需要用到评价指标，比如，在分类任务中常用的评价指标是准确率，在目标检测任务中常用的评价指标是 mAP。评价指标既可以直接调用 MXNet 已有的指标，也可以根据具体需求进行自定义。

直接调用 MXNet 已有的评价指标十分简单，只需要为 fit() 方法输入指定评价指标的名称即可，比如，以准确率作为模型训练过程的评价指标，具体代码如下：

```
import mxnet as mx
mod = mx.mod.Module(symbol=symbol)
mod.fit(...,
    eval_metric='acc',
    ...)
```

本节的训练代码请参考第 4 章介绍的 MNIST 手写数字体训练代码，并主要在评价指标上做修改以观察显示信息。启动训练后可以看到如图 7-1 所示的日志信息，最后一列 accuracy 就是我们需要的指标。

```
Epoch[0] Batch [200]      Speed: 75743.64 samples/sec      accuracy=0.826726
Epoch[0] Batch [400]      Speed: 70767.64 samples/sec      accuracy=0.948438
Epoch[0] Batch [600]      Speed: 86846.32 samples/sec      accuracy=0.960938
Epoch[0] Batch [800]      Speed: 88308.98 samples/sec      accuracy=0.969453
Epoch[0] Train-accuracy=0.973198
Epoch[0] Time cost=0.756
Epoch[0] Validation-accuracy=0.974721
Epoch[1] Batch [200]      Speed: 89140.79 samples/sec      accuracy=0.975124
Epoch[1] Batch [400]      Speed: 88449.96 samples/sec      accuracy=0.976016
Epoch[1] Batch [600]      Speed: 80636.55 samples/sec      accuracy=0.979297
Epoch[1] Batch [800]      Speed: 76972.17 samples/sec      accuracy=0.982891
Epoch[1] Train-accuracy=0.982208
Epoch[1] Time cost=0.714
Epoch[1] Validation-accuracy=0.982584
```

图 7-1　显示准确率信息的训练日志

在 MXNet 中，评价指标相关的类都是维护在 mxnet.metric 模块中的，其中最基本的类是 mxnet.metric.EvalMetric。MXNet 内部已有的评价指标也是通过继承 mxnet.metric.EvalMetric 类来实现的，因此如果你要自定义一个类，也可以通过继承 mxnet.metric.EvalMetric 类来实现。下面列举一个计算类别 0 的召回率的例子，示例代码如下：

```python
import mxnet as mx

class Recall(mx.metric.EvalMetric):
    def __init__(self, name):
        super(Recall, self).__init__('Recall')
        self.name = name
        self.reset()

    def reset(self):
        self.num_inst = 0
        self.sum_metric = 0.0

    def update(self, labels, preds):
        mx.metric.check_label_shapes(labels, preds)
        for pred, label in zip(preds, labels):
            pred = mx.nd.argmax_channel(pred).asnumpy().astype('int32')
            label = label.asnumpy().astype('int32')

            true_positives = 0
            false_negatives = 0
            for index in range(len(pred.flat)):
                if pred[index] == 0 and label[index] == 0:
                    true_positives += 1
                if pred[index] != 0 and label[index] == 0:
                    false_negatives += 1
            self.sum_metric += true_positives
            self.num_inst += (true_positives+false_negatives)

    def get(self):
        if self.num_inst == 0:
            return (self.name, float('nan'))
        else:
            return (self.name, self.sum_metric / self.num_inst)
```

上述代码通过继承 mxnet.metric.EvalMetric 类并重写相关方法从而得到召回率类，其中涉及的几个方法及其含义具体如下。

❑ __init__()，这是类的初始化方法，主要执行了 2 个操作，一个操作是将 name 参数赋给对象，这个 name 就是训练模型时在界面中显示的评价指标名称；另一个操作是调用 reset() 方法执行重置操作。

❑ reset()，这是类的重置方法，是对该类涉及的一些变量做清零等重置操作，以保证计算过程的准确进行。

❑ update()，这是该类计算指标的方法，是该类的核心。因为该类是计算召回率，所以需要根据模型对每个样本的预测值和真实值计算 TP（true positive）和 FN（false negative），这份代码中计算的是类别 0 的召回率，因此类别 0 相当于正样本，其他类别相当于负样本，TP 表示真实类别是 0 且预测类别也是 0 的样本数，FN 表示真实类别是 0 但是预测类别不是 0 的样本数。

❑ get()，这是获取指标计算结果的方法，前面的 update() 方法将计算得到的结果保存在 self.sum_metric 和 self.num_inst 变量中，根据召回率的计算公式 TP/(TP+FN) 可以计算得到最终的指标结果。

准备好自定义指标计算类后（假设该类保存在 custom_metric.py 脚本中），调用的时候可以先导入该脚本，然后通过 mxnet.metric.CompositeEvalMetric() 接口初始化得到一个指标管理对象 eval_metric，得到该对象后，接下来就可以通过调用该对象的 add() 方法不断添加评价指标，其中，name 参数是用户自己设置的指标名称，因为我们刚刚计算的是类别 0 的召回率，所以 name 参数设置为"class0_recall"，最后将 eval_metric 作为 fit() 方法的参数传入即可。具体代码如下：

```
from custom_metric import *
import mxnet as mx
eval_metric = mx.metric.CompositeEvalMetric()
eval_metric.add(Recall(name='class0_recall'))
mod = mx.mod.Module(symbol=symbol)
mod.fit(...,
    eval_metric=eval_metric,
    ...)
```

启动训练后可以看到如图 7-2 所示的日志信息，最后一列就是我们想要的名称为 class0_recall 的召回率指标。

```
Epoch[0] Batch [200]    Speed: 78833.35 samples/sec    class0_recall=0.907176
Epoch[0] Batch [400]    Speed: 85984.09 samples/sec    class0_recall=0.969865
Epoch[0] Batch [600]    Speed: 86694.16 samples/sec    class0_recall=0.983555
Epoch[0] Batch [800]    Speed: 74879.27 samples/sec    class0_recall=0.986224
Epoch[0] Train-class0_recall=0.983927
Epoch[0] Time cost=0.758
Epoch[0] Validation-class0_recall=0.982741
Epoch[1] Batch [200]    Speed: 86213.30 samples/sec    class0_recall=0.987520
Epoch[1] Batch [400]    Speed: 86550.62 samples/sec    class0_recall=0.988105
Epoch[1] Batch [600]    Speed: 86455.01 samples/sec    class0_recall=0.992169
Epoch[1] Batch [800]    Speed: 85740.08 samples/sec    class0_recall=0.988655
Epoch[1] Train-class0_recall=0.988519
Epoch[1] Time cost=0.697
Epoch[1] Validation-class0_recall=0.991878
```

图 7-2　显示召回率信息的训练日志

自定义指标和 MXNet 的默认指标也可以一起使用，比如我们想要同时观察准确率、类别 0 的召回率和交叉熵损失函数，其中，准确率和交叉熵损失函数可以采用 MXNet 的默认指标，缩写为 'acc' 和 'ce'，同样也可以通过调用 eval_metric 对象的 add() 方法添加 MXNet 的默认指标，代码如下：

```
from custom_metric import *
import mxnet as mx
eval_metric = mx.metric.CompositeEvalMetric()
eval_metric.add(Recall(name='class0_recall'))
eval_metric.add(['acc','ce'])
mod = mx.mod.Module(symbol=symbol)
mod.fit(...,
    eval_metric=eval_metric,
    ...)
```

启动训练时看到的日志信息如图 7-3 所示。

```
Epoch[0] Batch [200]      Speed: 71128.89 samples/sec      class0_recall=0.907176   accuracy=0.827114      cross-entropy=0.549533
Epoch[0] Batch [400]      Speed: 63977.41 samples/sec      class0_recall=0.969072   accuracy=0.949141      cross-entropy=0.164408
Epoch[0] Batch [600]      Speed: 69705.75 samples/sec      class0_recall=0.984338   accuracy=0.961094      cross-entropy=0.131247
Epoch[0] Batch [800]      Speed: 61117.51 samples/sec      class0_recall=0.987034   accuracy=0.968047      cross-entropy=0.096219
Epoch[0] Train-class0_recall=0.983927
Epoch[0] Train-accuracy=0.973312
Epoch[0] Train-cross-entropy=0.090830
Epoch[0] Time cost=0.916
Epoch[0] Validation-class0_recall=0.981726
Epoch[0] Validation-accuracy=0.973428
Epoch[0] Validation-cross-entropy=0.078142
Epoch[1] Batch [200]      Speed: 70861.51 samples/sec      class0_recall=0.984399   accuracy=0.974580      cross-entropy=0.081237
Epoch[1] Batch [400]      Speed: 67337.47 samples/sec      class0_recall=0.988105   accuracy=0.976172      cross-entropy=0.078288
Epoch[1] Batch [600]      Speed: 67233.50 samples/sec      class0_recall=0.990603   accuracy=0.978047      cross-entropy=0.071313
Epoch[1] Batch [800]      Speed: 63980.99 samples/sec      class0_recall=0.988655   accuracy=0.982500      cross-entropy=0.056556
Epoch[1] Train-class0_recall=0.989667
Epoch[1] Train-accuracy=0.982550
Epoch[1] Train-cross-entropy=0.057681
Epoch[1] Time cost=0.889
Epoch[1] Validation-class0_recall=0.987817
Epoch[1] Validation-accuracy=0.981986
Epoch[1] Validation-cross-entropy=0.053123
```

图 7-3   显示召回率、准确率和损失值信息的训练日志

7.2.6   多 GPU 训练

在很多情况下，单块 GPU 训练的速度难以满足要求，这个时候你就需要利用多块 GPU 进行训练。MXNet 在单机多 GPU 训练方面有非常好的支持，只需要在进行模型初始化时给定参数配置即可启动多 GPU 训练。

假设用 0 和 1 两块 GPU 进行训练，那么可以通过如下代码进行模型的初始化：

```
import mxnet as mx
context = [mx.gpu(0), mx.gpu[1]]
```

```
mod = mx.mod.Module(symbol=symbol, context=context)
mod.fit(...)
```

因为 context 参数默认是 mx.cpu()，所以如果不设置该参数，那么默认就是在 CPU 上运行代码。

7.3　迁移学习

迁移学习是指将基于某个任务或数据训练得到的模型特征提取能力迁移到其他任务或数据集上。图像算法领域常用基于大型数据集训练得到的模型特征提取能力迁移到个人数据集，主要通过使用预训练模型参数初始化个人模型，然后再进行微调（fine tune）训练实现。微调不仅能够加快模型的收敛，而且还能够有效降低模型过拟合的风险，特别是在项目初期数据积累非常有限的情况下，微调能够帮助训练得到一个理想的模型。

在深度学习相关资料中你一定看到过 fine tune 这个名词，翻译过来就是微调，其实我们在使用 fine tune 这个名词时主要指的是借助预训练模型的参数，在我们自己的数据集上微调网络参数，使得训练得到的模型达到预期效果。那么微调具体是怎么实现的呢？以图像分类任务为例，假设现在你要做猫狗二分类，那么你可以利用在 ImageNet 数据集上训练得到的分类模型作为预训练模型，假设选择 50 层的 ResNet 网络，因为 ImageNet 数据集是 1000 类，所以 ResNet-50 的最后全连接层输出节点数是 1000，但是在猫狗二分类中只有 2 个类别，所以在做微调时要将预训练模型的最后全连接层换成输出节点数是 2 的全连接层。因此在进行网络参数初始化时，除了该全连接层之外的所有层都需要采用预训练模型的参数进行初始化，新的全连接层参数采用随机初始化，这个随机初始化就是 7.2.1 节介绍的初始化设置，这就完成了迁移的过程。

微调之所以能够得到广泛应用，主要得益于其基于大规模数据集训练得到的提取图像基础共性特征的能力。以在 ImageNet 数据集上训练的模型为例，因为 ImageNet 数据集包含生活中常见的百万量级的图像数据，而且网络提取到的浅层特征基本上都是物体的边缘和形状信息，因此在 ImageNet 数据集上训练得到的模型具备良好的特征提取能力。当你要在自己准备的数据集上训练模型时，可以将预训练模型的这种特征提取能力迁移到你的数据集上，尤其是在你的数据集样本数量非常少的情况下，迁移学习能够大大降低模型过拟合的风险，同时帮助模型快速收敛。另外，由于预训练模型提取到的浅层特征具有共性，因此在使用预训练模型的参数初始化你的模型并开始训练时，有些用户喜欢在训练网络的过程中固定网络前面几层的参数，只更新网络的高层参数，毕竟在大规模数据集上训练得到的模型在提取浅层特征方面已经足够了，在第 8 章中，我们会对比这些操作的实验结果。

目前流行的深度学习框架都开源常用的预训练模型，比如 VGG、ResNet 等网络，用户可以非常方便地下载和使用这些预训练模型，下次当你要开始训练图像分类或目标检测模型时，不妨试试这种参数初始化方式，对比下模型的收敛速度和效果。

接下来就来介绍如何在 MXNet 框架中实现这种微调。MXNet 中提供了 mxnet.model. load_checkpoint() 接口用于读取训练好的模型，需要输入模型所在的路径，假设模型相关的文件所在的路径是 /home/me/resnet-18-0000.params 和 /home/me/resnet-18-symbol.json，那么导入模型参数的代码如下所示：

```
import mxnet as mx
symbol, arg_params, aux_params = mx.model.load_checkpoint(
    prefix='/home/me/resnet-18',epoch=0)
```

调用 mxnet.model.load_checkpoint() 接口导入模型时需要传入如下两个参数。

1）prefix，表示模型保存路径和模型名称前缀。

2）epoch，表示模型名称中的 epoch 数值，比如对于 resnet-18-0000.params 而言，epoch 就要设置为 0，对于 resnet-18-0001.params 而言，epoch 就要设置为 1，对于 resnet-18-0123. params 而言，epoch 就要设置为 123。

前面我们介绍过 MXNet 框架训练得到的模型包含 ".params" 文件和 ".json" 文件，其中 ".params" 文件保存的是模型的参数信息，".json" 文件保存的是模型的网络结构信息。因此这个接口实际上会同时读取这两个文件，得到如下 3 个输出。

❑ symbol，保存网络的结构信息，训练模型时需要通过这个对象初始化一个模型。

❑ arg_params，保存网络层的参数信息。

❑ aux_params，保存网络的辅助参数信息，目前常见的是 BN 层参数信息。

在导入模型之后，就可以用该模型参数来初始化你的模型了。此时要先将预训练模型中的全连接层转换成新的全连接层，在 MXNet 中，可以先通过调用 symbol 对象的 get_internals() 方法得到网络结构的所有层信息；然后读取要修改层的前一层信息（假设全连接层前面一层的名称是 'flatten'），注意，这里的层名称需要添加 '_output' 这个后缀；最后在截取到的层后面添加上新的层即可完成替换工作，这里添加的全连接层输出节点是 10，表示 10 个类别。需要注意的是，因为原全连接层后面还带有损失函数层，而在截取网络结构时也会丢掉损失函数层，所以需要添加上损失函数层，可以通过 mxnet.symbol.SoftmaxOutput() 接口来实现。最后基于新的网络结构初始化得到 Module 对象，这样就完成了从 1000 类的 ImageNet 数据集分类任务迁移到指定类的分类任务的过程。在调用 Module 对象的 fit() 方法时传入预训练模型的参数变量 arg_params 和 aux_params，这样在 fit() 方法中做参数初始化操作时就会使用 arg_params 和 aux_params 变量中与 new_symbol 对应名称的层参数初始化网络结构。另外，还有一个非常重要的参数，那就是 allow_missing=True，该参数的默认值是 False，这里设置为 True 是因为我们替换了预训练模型的全连接层，所以参数对象 arg_params 和 aux_params 中没有新的全连接层的参数信息，此时如果不将 allow_missing 参数设置为 True，那么在进行参数初始化时就会无法初始化网络结构中的新全连接层，因此将 allow_missing 设置为 True 时，fit() 方法就会采用 7.2.1 节设置的初始化方式初始化那些在预训练模型的参数文件中没有的层，这就完成了参数迁移的过程，具体代码如下：

```
import mxnet as mx
symbol, arg_params, aux_params = mx.model.load_checkpoint(
    prefix='/home/me/resnet-18', epoch=0)
all_layers = symbol.get_internals()
new_symbol = all_layers['flatten' + '_output']
new_symbol = mx.sym.FullyConnected(data=new_symbol, num_hidden=10, name='new_fc')
new_symbol = mx.sym.SoftmaxOutput(data=new_symbol)
mod = mx.mod.Module(symbol=new_symbol)
mod.fit(...,
    arg_params=arg_params,
    aux_params=aux_params,
    allow_missing=True,
    ...)
```

7.4 断点训练

GPU 的普及大大加快了模型的训练，即便如此，当数据量较大或者模型较深时，训练模型仍然需要数天的时间。当你训练一个模型长达数天或者数周时，假如训练几天后因为一些意外情况导致训练过程中断，但是训练结果还未达到预期，那么肯定需要重新训练，但是重新训练时只能从头开始训练吗？当然不是，只要你之前在训练模型过程中有保存过训练结果，那么都是可以基于保存的模型继续进行训练的，这样就不需要重复花费之前训练的那几天时间了，这就是断点训练，大多数代码中常用 resume 表示断点训练过程，翻译过来就是继续的意思。

断点训练的实现过程与微调模型非常相似，只不过断点训练在导入之前保存的模型之后直接用导入的参数对象初始化导入的网络结构，而不需要像微调一样修改导入的网络结构，因此相比之下断点训练更加简单。需要注意的是，断点训练有个前提是在你原来训练模型的过程中有保存训练结果的操作，这也是 7.2.3 节介绍的内容。

接下来介绍如何实现断点训练，首先同样可以通过 mxnet.model.load_checkpoint() 接口读取训练好的模型，输入包括模型所在路径和模型名称中的 epoch 数值。假设模型相关的文件所在的路径是 /home/me/resnet-18-0000.params 和 /home/me/resnet-18-symbol.json，那么导入模型参数和参数赋值的代码如下所示。需要注意的是，在 fit() 方法中我没有将 allow_missing 参数设置为 True，而是采用默认的 False，这是因为断点训练时导入模型后没有对网络结构做修改，所以参数对象 arg_params 和 aug_params 包含了网络结构所有层的参数，因此其能够顺利完成参数初始化操作。具体代码如下：

```
import mxnet as mx
symbol, arg_params, aux_params = mx.model.load_checkpoint(
    prefix='/home/me/resnet-18', epoch=0)
mod = mx.mod.Module(symbol=symbol)
mod.fit(...,
    arg_params=arg_params,
    aux_params=aux_params,
    ...)
```

添加断点训练设置能够让你在遇到模型训练突然中断时仍然可以基于已保存的模型继续训练，这在训练过程遇到突发情况时能够节省一定的时间。

7.5　本章小结

定义问题是将具体问题抽象成数学模型进行解决的过程，是项目启动和后续优化的关键。定义问题要结合项目需求、数据特点、速度要求等进行分析和决策，在项目迭代优化过程中，尤其是项目遇到优化瓶颈时需要多从问题定义的角度进行分析并找到突破点，如果当前的定义方式难以解决项目问题时，那么需要及时转换思路，不要一条道走到黑。

大部分深度学习框架都将复杂且基础的模型优化迭代过程封装成可用的接口供用户使用，因此用户在训练模型时仅需要提供相应的参数即可完成训练。这些参数包括网络参数的初始化、优化函数选择、初始学习率设置、学习率变化策略设置、正则化参数设置、模型保存、训练日志保存、评价指标的定义和选择、多 GPU 训练等。合理有效的参数设置能够加快模型优化的过程，减少不必要的调参。

迁移学习是指将基于某个任务或数据训练得到的模型特征提取能力迁移到其他任务或数据集上。图像算法领域常通过微调（fine tune）模型来实现迁移，首先将基于其他大型数据集训练得到的模型参数初始化成你的模型，相当于是将模型在其他大型数据集上的特征提取能力迁移到你的数据和模型训练中，然后在你的数据集上微调参数进行训练。因为预训练模型的特征提取能力较强，因此只要预训练模型的训练数据集和当前任务的数据集不存在太大差异，基本上预训练模型的特征提取能力就能很好地迁移到其他任务中，特别在当前任务的数据量较少的情况下，更能有效加快模型的收敛速度并降低模型的过拟合风险。

断点训练是指当训练过程意外中断时，使用中断前保存的模型参数初始化模型并继续训练的过程。因此断点训练能够有效利用已经训练好的模型参数，避免将时间浪费在重复训练上，当然断点训练的前提是在你的训练代码中有保存模型的操作，否则就会无法进行断点训练。

第8章

图 像 分 类

图像分类（image classification）是计算机视觉算法中最基础也是应用最为广泛的算法领域，是指对于一张输入图像，模型输出与该图像对应的预测类别（概率）。比如对于猫狗分类任务而言，输入一张猫的图像，希望模型预测该图像是猫的类别，而不是狗的类别。图像分类算法在实际生活中的应用非常广泛，举个简单的例子，人脸识别其实也是图像分类算法，是通过对输入的一张人脸图像做分类，从而判断所输入的人脸图像是属于哪一个人。由于人脸识别算法的输入是人脸检测算法检测得到的人脸区域，因此所包含的背景噪声较少，而其他大部分图像分类算法的输入图像质量难以保证，因此在实际项目中，需要根据数据的特点决定是否采用图像分类算法以及如何优化算法效果。

图像分类算法目前常用的公开数据集有 MNIST [一]、FashionMNIST [二]、CIFAR10 [三]、CIFAR100 [四]、ImageNet [五] 等。MNIST 是手写数字体数据集，包含 10 个类别共 6 万条训练数据和 1 万条测试数据，图像是大小为 28*28 的灰度图，10 个类别是数字 0 到 9。FashionMNIST 与 MNIST 数据集类似，包含 10 个类别共 6 万条训练数据和 1 万条测试数据，图像是大小为 28*28 的灰度图，10 个类别包括衣服、裤子、鞋子、包等。CIFAR10 数据集包含 10 个类别共 5 万条训练数据和 1 万条测试数据，图像是大小为 32*32 的彩色图，10 个类别包括飞机、汽车、轮船、猫、狗等。CIFAR100 数据集是 CIFAR10 数据集的延伸版，包含 100 个类别共 5 万条训练数据和 1 万条测试数据，图像是大小为 32*32 的彩色图，

[一] http://yann.lecun.com/exdb/mnist。

[二] https://github.com/zalandoresearch/fashion-mnist。

[三] https://www.cs.toronto.edu/~kriz/cifar.html。

[四] https://www.cs.toronto.edu/~kriz/cifar.html。

[五] http://www.image-net.org/download-images。

100 个类别包括人物、家具、动物、生活用品等细分类别。ImageNet 数据集是 Large Scale Visual Recognition Challenge (ILSRVC) 比赛的数据集，包含百万级别的训练数据，图像尺寸也比前面几个公开数据集大，是目前应用非常广泛的图像分类数据集。在 ILSRVC2012 的图像分类任务中，正是基于深度学习的 AlexNet 算法异军突起，以较大差距胜过传统算法拿到了 2012 年的比赛冠军，从此深度学习算法开始重新得到广泛关注，这才推动了最近几年深度学习算法的发展。在 2012 年之后，几乎每年 ILSRVC 的图像分类任务指标都有明显提升（例如，VGG、GoogleNet、ResNet、SENet 等），同时图像分类算法也为计算机视觉的其他领域算法提供了优秀的特征提取模型和模型设计的思路（比如，目标检测、图像分割等算法），因此图像分类算法在计算机视觉中扮演着非常重要的角色。

图像分类任务按照标签定义的不同大致可以分为单标签分类和多标签分类两种类型。单标签分类是指一张图像只有一个标签，多标签分类是指一张图像有一个或多个标签。目前大部分图像分类算法都是基于单标签分类进行的，包括 ILSRVC 的图像分类任务，因此本章将基于单标签图像分类介绍图像分类算法的实现。目前图像分类算法的评价指标主要是准确率，比如在 ILSRVC 比赛中的评价指标有 top1 准确率和 top5 准确率，top1 准确率是我们常见的准确率计算方式，表示模型的预测概率中与最大概率相对应的类别为预测类别，若预测类别与真实类别相同则预测正确；top5 准确率是比 top1 准确率更宽松一些的指标，表示预测概率最大的 5 个类别中若有 1 个是真实类别则预测正确。除此之外，有时候还需要针对某个类别计算其精确度（precision）和召回率（recall），这两个指标是机器学习算法中非常常见的指标，假设要计算类别 0 的精确度和召回率，那么类别 0 的精确度表示判为类别 0 且真实类别也是 0 的图像数量除以判为类别 0 的图像数量，类别 0 的召回率表示判为类别 0 且真实类别也是 0 的图像数量除以真实类别是 0 的图像数量。

本书的第 4 章以 MNIST 手写数字体分类为例介绍了图像分类相关的代码，不过那一章的数据相对比较简单，同时对数据读取、数据预处理、网络结构以及参数配置都仅做了简单介绍，本章我将以 kaggle 中的猫狗分类比赛为例详细介绍图像分类的相关知识，关于该比赛的详细内容请参考官方链接 https://www.kaggle.com/c/dogs-vs-cats，数据部分也可以从本书的项目代码中提供的路径进行下载。

8.1　图像分类基础知识

图像分类是指输入一张图像，模型输出与该图像对应类别的过程。图像分类算法是图像领域比较基础且应用十分广泛的一类算法，大部分的图像项目需要直接或间接通过图像分类算法来实现，因此熟悉图像分类算法非常重要。

图像分类算法的流程比较简单，主要可以分为两个部分，一部分是通过堆叠网络层构成特征提取网络，另一部分是基于提取到的特征做分类。在第 6 章介绍网络层时，我介绍了近几年主流的图像分类算法的网络结构，比如 VGG、ResNet、DenseNet 等，这些网络结构的差异主要在于特征提取网络部分，既有通过不断加深或加宽网络提升算法效果，也有通过充分利用网络提取到的特征提升算法效果，除此之外为了提高模型的运行效率，MobileNet、ShuffleNet 等算法在网络结构设计上就不会只是完全追求效果，而是兼顾算法效果与运行效率。分类部分的主要差异在于损失函数的设计，这种类型的算法通过改进传统的基于 softmax 的交叉熵损失函数以达到提升效果的目的，在人脸识别领域比较常见。

8.1.1　评价指标

图像分类算法最常用的评价指标是准确率（accuracy），准确率的计算非常简单，就是将预测对的图像数量除以图像总数，所得到的结果就是准确率。ImageNet 比赛还涉及了两个名词：top1 准确率和 top5 准确率。其实，top1 准确率就是常见的准确率，而 top5 准确率表示的是预测概率最大的 5 个类别中有 1 个是真实类别则预测准确，因此对于相同的模型和数据集而言，一般 top5 准确率要高于 top1 准确率，因为前者的要求更加宽松。

有时候，准确率难以表达模型的效果，尤其是类别不均衡的时候。比如对一张医疗图像做分类，根据图像判断病人是否患有癌症，测试数据集中有 990 张正常人图像和 10 张癌症病人的图像，假如模型在该测试集上将所有图像都预测为正常，那么准确率就是 990/(990+10)=99%，效果似乎非常好，但是这个模型却几乎没什么用，因为它无法准确识别出癌症病人的图像。因此在图像分类中还会用到精确度（precision）和召回率（recall）这两个指标来评价模型的效果。准确地说，精确度和召回率都是针对某个具体类别而言的，比如，一般会说类别 0 的精确度和召回率，而不会说这个模型的精确度和召回率。

在计算某个类别的精确度或者召回率时，一般都会采用如表 8-1 所示的指定类别的混淆矩阵（confusion matrix），其中 positive 表示要计算的这个类别，negative 表示不是这个类别。以癌症图像分类为例，这 4 个数值的含义分别是：TP 表示该图像的真实标签是癌症且模型也预测为癌症，FN 表示该图像的真实标签是癌症但是模型预测为正常，FP 表示该图像的真实标签是正常但是模型预测为癌症，TN 表示该图像的真实标签是正常且模型也预测为正常。

表 8-1   指定类别的混淆矩阵

真实值＼预测值	Positive	Negative
Positive	True Positive（TP）	False Negative（FN）
Negative	False Positive（FP）	True Negative（TN）

癌症类别精确度是指模型判为癌症且真实类别也是癌症的图像数量除以模型判为癌症的图像数量，可以看出分子就是 TP，分母是 TP+FP，因此精确度的计算公式如下：

$$Precision = \frac{TP}{TP+FP}$$

癌症类别召回率是指模型判为癌症且真实类别也是癌症的图像数量除以真实类别是癌症的图像数量，可以看出分子还是 TP，分母是 TP+FN，因此召回率的计算公式如下：

$$Recall = \frac{TP}{TP+FN}$$

精确度和召回率在图像分类任务中应用十分广泛，但有时候使用两个指标不好评价模型之间的优劣，因为可能会出现模型 A 的精确度比模型 B 高，但是模型 A 的召回率比模型 B 低的问题，那么要怎么解决这个问题呢？可以结合精确度和召回率计算得到另一个指标：F1 score，F1 score 的计算公式如下，P 表示 Precision，R 表示 Recall。

$$\frac{2}{F1} = \frac{1}{P} + \frac{1}{R}$$

通过简单换算可以得到下面这个公式：

$$F1 = \frac{2*P*R}{P+R}$$

再回到前面的癌症图像分类例子，因为模型将所有输入图像都判为正常，所以 TP 和 FP 都是 0，结合精确度和召回率的计算公式可以看出癌症类别的精确度和召回率都是 0，这样的模型显然不能用。

最后通过一个猫狗分类的例子巩固一下这些计算指标的计算，假设现在有如表 8-2 所示的统计结果。

表 8-2   猫狗分类的混淆矩阵

真实值＼预测值	猫	狗
猫	1000	200
狗	300	1500

从表 8-2 中，我们可以获取到如下几个信息。

1）测试数据中真实标签是猫的图像一共有 1200 张（1000+200=1200）。

2）测试数据中真实标签是狗的图像一共有 1800 张（300+1500=1800）。

3）模型判为猫的图像一共有 1300 张（1000+300）。

4）模型判为狗的图像一共有 1700 张（200+1500）。

5）测试数据一共有 3000 张（1000+200+300+1500=3000）。接下来，如果要计算猫的精确度和召回率，那么 TP=1000，FN=200，FP=300，TN=1500，因此猫的精确度就是 1000/(1000+300)，猫的召回率就是 1000/(1000+200)。同理如果要计算狗的精确度和召回率（可以将表 8-2 中猫和狗的顺序换一下，就与表 8-1 一样），那么 TP=1500，FN=300，FP=200，TN=1000，因此狗的精确度就是 1500/(1500+200)，狗的召回率就是 1500/(1500+300)。整体而言模型的准确率就是 (1000+1500)/(1000+200+300+1500)=2500/3000。

8.1.2　损失函数

图像分类算法常用的损失函数是基于 softmax 的交叉熵损失函数。相信很多读者曾经看到过不同的分类损失函数名词，比如 softmax 损失函数、交叉熵损失函数等，很多时候都指的是基于 softmax 的交叉熵损失函数，之所以这么称呼是因为交叉熵损失函数的输入是 softmax 函数的输出。因此 softmax 函数需要先将网络的预测输出映射成 0 到 1 范围的数值，然后通过交叉熵损失函数度量预测值损失，这就是 softmax 函数与交叉熵损失函数的关系。在 softmax 函数前面一般都会使用接一个输出节点数等于类别数的全连接层，全连接层的作用就是将网络提取到的特征通过一个矩阵变换映射成类似概率的输出，之所以说是类似概率，一方面是因为全连接层的输出值是有大小关系的，数值越大说明模型认为输入图像属于该类别的概率越大；另一方面是因为输出值范围是负无穷到正无穷，所以严格来讲并不是概率，而 softmax 函数的作用就是将这种类概率值映射成概率，同时不影响原有数值的大小关系，这就是全连接层与 softmax 函数的关系。因此理清楚全连接层、softmax 函数和交叉熵损失函数这三者之间的关系非常重要。

6.1.5 节和 6.1.6 节通过具体的数据计算介绍了全连接层和损失函数层，读者可以复习下那两节的内容，尤其需要注意全连接层的输出维度、softmax 函数输出值的范围以及交叉熵损失函数与输入之间的关系。虽然很多时候深度学习模型对于用户而言是一个黑盒，尤其是随着各种深度学习框架的发展越来越成熟，许多底层的计算对用户而言都是不可见的，但是通过不断摸索，我们还是能够慢慢解开其神秘面纱。

8.2　猫狗分类实战

猫狗分类是 kaggle 上非常经典的比赛任务，关于该比赛的详细内容可以参考官方链接：

https://www.kaggle.com/c/dogs-vs-cats。在本节中，我将用 kaggle 中的猫狗分类比赛数据作为处理对象介绍图像分类算法的细节，代码都保存在 "~/chapter8-classification/" 目录下，其中 "~/" 表示本书项目代码的根目录。

在本节中，我将先介绍数据准备及代码细节，最后介绍如何启动模型训练。在训练模型部分，我将通过对比实验验证第 5 章介绍的数据增强对于降低模型过拟合风险的作用；验证第 7 章介绍的通过对预训练模型进行微调达到加快模型收敛的效果；同时还将对比不同初始学习率、固定部分参数层对模型训练过程的影响。

8.2.1　数据准备

读者可以从 kaggle 的猫狗分类比赛任务中下载所有数据，也可以登录本书的 GitHub 链接进行下载。默认下载将得到一个名为 all.zip 的压缩文件，将该压缩文件夹放在本书对应章节的 data 文件夹下，也就是 "~/chapter8-classification/data/"，通过如下命令解压 all.zip 压缩文件后会得到 2 个压缩文件（train.zip 和 test1.zip）和 1 个 csv 文件（sampleSubmission.csv），解压 train.zip 和 test1.zip 即可得到如图 8-1 所示的文件。解压代码如下：

test1　　　　　　　train　　　　sampleSubmission.
　　　　　　　　　　　　　　　　　CSV

图 8-1　猫狗数据集

```
$ cd ~/chapter8-classification/data
$ unzip all.zip
$ unzip train.zip
$ unzip test1.zip
```

其中，train 文件夹用于存放训练数据，test1 文件夹用于存放测试数据，sampleSubmission.csv 文件是比赛时提交的预测文件样例。训练数据中一共包含 25 000 张猫狗图像，猫狗图像分别占 12 500 张，图像名包含该图像的标签信息，其中猫的图像如图 8-2 所示，狗的图像如图 8-3 所示。

测试数据中一共包含 12 500 张图像，如图 8-4 所示。但是这 12,500 张图像是没有标签的，因此仅能够作为测试集，而不能用作训练集或者验证集。

第 5 章中曾介绍过 MXNet 框架的数据读取方式，本节将以生成 RecordIO 文件为例介绍如何生成模型可用的数据。通过前面的介绍我们知道，训练数据均放在 "~/chapter8-

classification/data/all/train" 文件夹下,虽然 train 文件夹中混合了猫和狗的数据,但是图像名记录了对应的标签信息,比如猫图像的名称都是以 cat 开头,狗图像的名称都是以 dog 开头,因此可以通过如下命令在 " ~/chapter8-classification/data/train" 文件夹下新建 cat 和 dog 文件夹,然后将 train 文件夹下的猫狗图像分别移动到 cat 和 dog 文件夹下:

图 8-2　训练集中猫的图像

图 8-3　训练集中狗的图像

```
$ cd ~/chapter8-classification/data/train
$ mkdir dog cat
$ mv dog.* dog/
$ mv cat.* cat/
```

图 8-4   测试数据集

因为训练模型时一般都要有训练集和验证集，验证集可以用来观察模型训练的结果，因此这里需要将训练数据随机拆分成 10 份，其中 1 份作为验证集，剩下 9 份作为训练集。因此可以通过如下命令实现这种划分并得到标签文件（以 ".lst" 为后缀的文件）：

```
$ cd ~/chapter8-classification
$ python tools/im2rec.py data/data data/train --list --recursive \
  --train-ratio 0.9
```

第 5 章中已经介绍过，可以用 im2rec.py 脚本生成 ".lst" 文件，这里共涉及 5 个参数及其说明具体如下。

- ❏ data/data，表示生成的 ".lst" 文件的保存路径和文件名前缀，比如最后会得到 data_train.lst 和 data_val.lst 文件。
- ❏ data/train，表示要处理的图像所在的路径。
- ❏ --list，表示接下来需要执行生成 ".lst" 文件的操作。
- ❏ --recursive，表示迭代搜索图像路径。
- ❏ --train-ratio，表示数据划分比例，0.9 表示将图像路径中的图像随机划分成 10 份，其中 9 份作为训练数据，1 份作为验证数据。

运行上述代码将得到如图 8-5 所示的训练数据和验证数据的 ".lst" 文件。

data_train.lst　　　　　　　data_val.lst

图 8-5　list 文件

训练数据列表文件 data_train.lst 的内容如图 8-6 所示。

```
24373    1.000000         dog/dog.9434.jpg
4373     0.000000         cat/cat.2684.jpg
14348    1.000000         dog/dog.11660.jpg
13715    1.000000         dog/dog.11090.jpg
10041    0.000000         cat/cat.7786.jpg
11338    0.000000         cat/cat.8953.jpg
21040    1.000000         dog/dog.6434.jpg
5209     0.000000         cat/cat.3436.jpg
13452    1.000000         dog/dog.10854.jpg
19274    1.000000         dog/dog.4845.jpg
20432    1.000000         dog/dog.5888.jpg
14749    1.000000         dog/dog.12020.jpg
6197     0.000000         cat/cat.4325.jpg
24229    1.000000         dog/dog.9304.jpg
7868     0.000000         cat/cat.583.jpg
17196    1.000000         dog/dog.2975.jpg
1529     0.000000         cat/cat.11373.jpg
14698    1.000000         dog/dog.11976.jpg
13177    1.000000         dog/dog.10606.jpg
17811    1.000000         dog/dog.3528.jpg
1673     0.000000         cat/cat.11502.jpg
4250     0.000000         cat/cat.2573.jpg
11167    0.000000         cat/cat.88.jpg
15864    1.000000         dog/dog.1776.jpg
17080    1.000000         dog/dog.2870.jpg
11823    0.000000         cat/cat.939.jpg
22228    1.000000         dog/dog.7503.jpg
2611     0.000000         cat/cat.12347.jpg
17318    1.000000         dog/dog.3084.jpg
8698     0.000000         cat/cat.6577.jpg
```

图 8-6　训练数据列表文件样例

接下来需要基于图像和 ".lst" 文件生成 RecordIO 文件，可以通过如下命令实现：

```
$ cd ~/chapter8-classification
$ python tools/im2rec.py --num-thread 8 data/data_train.lst data/train
$ python tools/im2rec.py --num-thread 8 data/data_val.lst data/train
```

生成 RecordIO 文件的命令在第 5 章中也有过详细介绍，这里大概介绍一下几个参数的含义，具体如下。

❏ --num-thread 8，表示采用 8 个线程来生成 RecordIO 文件。

❏ data/data_train.lst 或 data/data_val.lst，表示要处理的 ".lst" 文件所在的路径。

❏ data/train，表示图像所在的路径，因为训练和验证集数据都在 data/train 文件夹下，所以在生成 data_train.rec 和 data_val.rec 文件时，图像路径使用的都是 data/train。命令执行完后可得到如图 8-7 所示的 RecordIO 文件。

data_train.rec

data_val.rec

图 8-7   RecordIO 文件

8.2.2   训练参数及配置

训练代码保存在"~/chapter8-classification/train.py"脚本中，接下来我们介绍训练代码的内容。首先是导入的模块，这里主要导入的模块包括命令行参数管理模块 argparse、MXNet、路径管理模块 os、日志管理模块 logging 等。导入模块的代码如下：

```
import argparse
import mxnet as mx
import os
import logging
```

接下来是主函数 main()，主函数中执行的主要内容包括调用 parse_arguments() 函数以得到配置的参数信息、设置日志信息的显示和保存、调用 train_model() 函数进行训练。主函数代码如下：

```
def main():
    args = parse_arguments()
    if not os.path.exists(args.save_result):
        os.makedirs(args.save_result)

    logger = logging.getLogger()
    logger.setLevel(logging.INFO)
    stream_handler = logging.StreamHandler()
    logger.addHandler(stream_handler)
    file_handler = logging.FileHandler(args.save_result + '/train.log')
    logger.addHandler(file_handler)
    logger.info(args)

    train_model(args=args)
```

命令行参数配置函数 parse_arguments() 的代码如下，配置函数主要通过 argparse 模块来实现，由于内容较多，这里仅显示部分内容（详细内容请参考代码）：

```python
def parse_arguments():
    parser = argparse.ArgumentParser(description='score a model on a dataset')
    parser.add_argument('--model', type=str, default='model/resnet-18')
    parser.add_argument('--gpus', type=str, default='0')
    parser.add_argument('--batch-size', type=int, default=64)
    parser.add_argument('--begin-epoch', type=int, default=0)
    parser.add_argument('--image-shape', type=str, default='3,224,224')
    parser.add_argument('--resize-train', type=int, default=256)
    parser.add_argument('--resize-val', type=int, default=224)
    ......
    parser.add_argument('--from-scratch', type=bool, default=False,
                        help='Whether train from scratch')
    parser.add_argument('--fix-pretrain-param', type=bool, default=False,
                        help='Whether fix parameters of pretrain model')
```

主要的训练代码放在 train_model() 函数中，train_model() 函数中主要做了如下操作。

1）调用 data_loader() 函数读取训练并验证数据集。

2）导入预训练模型并调用 get_fine_tune_model() 函数对导入的网络结构做修改，使其可以应用到猫狗分类中。

3）设定计算学习率变化策略：lr_scheduler，在这份代码中设置为训练过程中每隔 args. step 个 epoch 就执行一次将当前学习率乘以 args.factor 作为新的学习率的操作，因此首先需要计算 1 个 epoch 包含多少个 batch 的数据，计算方式非常简单，就是将总的数据量除以 batch_size。详细的学习率变化设置写在 multi_factor_scheduler() 函数中，调用该函数就能得到可用的学习率变化对象 lr_scheduler。

4）构造优化相关的字典 optimizer_params，该字典主要包含 4 个键值对，分别是学习率 'learning_rate'、动量参数 'momentum'、正则项参数 'wd' 及学习率变化策略 'lr_scheduler'。

5）设定网络参数的初始化方式，这里通过 mxnet.initializer.Xavier() 接口并采用高斯函数进行随机初始化。

6）设置模型训练的环境，这份代码默认在 0 号 GPU 上训练模型。

7）设置是否在训练过程中固定部分网络层参数，在这份代码中，args.fix_pretrain_param 参数默认设置为 False，也就是不固定，后面会介绍固定预训练模型参数，只更新新增的全连接层参数的训练效果。

8）根据前面得到的新的网络结构和训练环境初始化可得到一个 Module 对象 model，该对象将用于后续的模型训练。

9）设置日志显示的批次间隔 batch_callback；设置训练得到的模型的保存路径 epoch_

callback，保存的 epoch 间隔默认是 1。

10）判断是否使用预训练模型参数初始化网络结构，如果 args.from_scratch 参数设置为 True，那么网络结构的所有参数都使用指定的随机初始化方式，否则就使用预训练模型的参数。

11）调用 model 对象的 fit() 方法并传入指定参数启动训练，需要注意的是，这里我们选择的评价指标包括准确率 'acc' 和交叉熵损失函数 'ce'，其中 acc 是 accuracy（准确率）的缩写，ce 是 cross entropy（交叉熵）的缩写。train_model() 函数代码具体如下：

```
def train_model(args):
    train, val = data_loader(args)

    sym, arg_params, aux_params = mx.model.load_checkpoint(prefix=args.
        model, epoch=args.begin_epoch)
    new_sym = get_fine_tune_model(sym, args.num_classes, args.layer_name)

    epoch_size = max(int(args.num_examples / args.batch_size), 1)
    lr_scheduler = multi_factor_scheduler(args, epoch_size)

    optimizer_params = {'learning_rate': args.lr,
                        'momentum': args.mom,
                        'wd': args.wd,
                        'lr_scheduler': lr_scheduler}

    initializer = mx.init.Xavier(rnd_type='gaussian',
                                 factor_type="in",
                                 magnitude=2)

    if args.gpus == '':
        devs = mx.cpu()
    else:
        devs = [mx.gpu(int(i)) for i in args.gpus.split(',')]

    if args.fix_pretrain_param:
        fixed_param_names = [layer_name for layer_name in new_sym.list_arguments()
            if layer_name not in ['new_fc_weight', 'new_fc_bias', 'data', 'softmax_
            label']]
    else:
        fixed_param_names = None

    model = mx.mod.Module(context=devs,
                          symbol=new_sym,
                          fixed_param_names=fixed_param_names)

    batch_callback = mx.callback.Speedometer(args.batch_size, args.period)
```

```
epoch_callback = mx.callback.do_checkpoint(args.save_result + args.save_name)

if args.from_scratch:
    arg_params = None
    aux_params = None

model.fit(train_data=train,
          eval_data=val,
          begin_epoch=args.begin_epoch,
          num_epoch=args.num_epoch,
          eval_metric=['acc','ce'],
          optimizer='sgd',
          optimizer_params=optimizer_params,
          arg_params=arg_params,
          aux_params=aux_params,
          initializer=initializer,
          allow_missing=True,
          batch_end_callback=batch_callback,
          epoch_end_callback=epoch_callback)
```

在训练代码中，关于学习率变化策略的设定是通过 multi_factor_scheduler() 函数实现的，该函数的代码如下。首先根据设置的间隔（args.step）计算实际要修改学习率的 epoch，比如这份代码中设置 args.step=5，args.num_epoch=15，那么 step 就是 [5,10]，也就是当训练到第 5、10 个 epoch 时就要修改学习率。接下来就要根据 step 和前面计算得到的 epoch_size 计算实际修改学习率时的迭代批次是多少，得到的批次列表用"step_"表示。最后通过 mxnet.lr_scheduler_MultiFactorScheduler() 接口返回学习率变化对象。multi_factor_scheduler() 函数的代码具体如下：

```
def multi_factor_scheduler(args, epoch_size):
    step = range(args.step, args.num_epoch, args.step)
    step_bs = [epoch_size * (x - args.begin_epoch) for x in step
            if x - args.begin_epoch > 0]
    if step_bs:
        return mx.lr_scheduler.MultiFactorScheduler(step=step_bs,
                                                    factor=args.factor)
    return None
```

上述训练代码中涉及了数据读取函数 data_loader() 和网络结构修改函数 get_fine_tune_model()，接下来依次介绍这两种函数。

8.2.3　数据读取

在训练代码中，数据读取的过程是通过 data_loader() 函数来实现的，该函数通过

mxnet.io.ImageRecordIter() 接口实现 RecordIO 文件的读取。在 data_loader() 函数中用到的 mxnet.io.ImageRecordIter() 接口参数及其说明具体如下。

❏ path_imgrec，该参数表示 RecordIO 文件路径。

❏ path_imgidx，该参数表示 index 文件路径。

❏ label_width，该参数表示每张图像的标签数量，默认是 1，也就是单标签分类。

❏ mean_r、mean_g、mean_b，这 3 个参数表示 RGB 三个通道的均值，模型在读取输入图像后会将输入图像的各通道像素值减去对应的这 3 个均值。

❏ data_name，该参数应与网络结构构建时设置的输入变量名相同，默认是 'data'。

❏ label_name，该参数应与网络结构构建时设置的输入标签名相同，默认是 'softmax_label'。

❏ data_shape，该参数可设置真正用于模型训练的数据尺寸，分类任务常用（3,224,224）。

❏ batch_size，该参数用于设置模型训练时的批次大小，这里需要结合网络复杂度和单卡显存上限进行设置，单卡 GPU 常用的设置有 32、64、128 等，一般网络结构越复杂（越深或越宽），显存占用就会越大，相应的 batch_size 参数设置得就越小。MXNet 框架在显存优化方面做得非常好，因此一般能设置的 batch_size 都比较大，这对于带 BN 层的网络结构而言是有帮助的。

❏ rand_mirror，该参数表示是否对输入图像做随机镜像操作，经常设置成 True，这样做能有效增加数据的多样性。

❏ max_random_contrast，该参数表示随机对比度调整，也是为了做数据增强，在这份代码中，max_random_contrast 参数设置为 0.3。

❏ max_rotate_angle，该参数表示随机旋转图像时的最大角度，默认是 15。因为旋转图像角度过大会带来特定颜色的填充区域，这样做对于图像分类项目而言，更容易学到这些特征，因此不建议该参数设置过大，这份代码中该值的设置为 15，也就是在正负 15° 之间随机旋转输入图像。

❏ shuffle，该参数表示是否随机打乱数据，对于训练数据而言一般都要打乱，验证数据一般则不需要。

❏ resize，该参数表示将输入图像的短边缩放到指定尺寸，在这份代码中：针对训练数据，该参数设置为 256；针对验证数据，该参数设置为 224。这种差异设置主要是因为对于训练数据而言，希望尽可能增加数据的多样性，因此如果直接将短边 resize 到 224，那么数据的多样性相对就会弱一些，因此常用 256；对于验证数据而言，要尽可能保留图像的内容，因此直接将短边 resize 到 224，这样能够最大程度保留图像内容的信息，能够得到更加准确的验证结果。

data_loader() 函数的实现代码具体如下：

```
def data_loader(args):
    data_shape_list = [int(item) for item in args.image_shape.split(",")]
    data_shape = tuple(data_shape_list)
    train = mx.io.ImageRecordIter(
        path_imgrec=args.data_train_rec,
        path_imgidx=args.data_train_idx,
        label_width=1,
        mean_r=123.68,
        mean_g=116.779,
        mean_b=103.939,
        data_name='data',
        label_name='softmax_label',
        data_shape=data_shape,
        batch_size=args.batch_size,
        rand_mirror=args.random_mirror,
        max_random_contrast=args.max_random_contrast,
        max_rotate_angle=args.max_rotate_angle,
        shuffle=True,
        resize=args.resize_train)

    val = mx.io.ImageRecordIter(
        path_imgrec=args.data_val_rec,
        path_imgidx=args.data_val_idx,
        label_width=1,
        mean_r=123.68,
        mean_g=116.779,
        mean_b=103.939,
        data_name='data',
        label_name='softmax_label',
        data_shape=data_shape,
        batch_size=args.batch_size,
        rand_mirror=0,
        shuffle=False,
        resize=args.resize_val)
    return train,val
```

8.2.4 网络结构搭建

网络结构的修改主要是通过 get_fine_tune_model() 函数来实现。在本章的代码中，我通过导入在 ImageNet 数据集上训练好的 ResNet18 模型作为预训练模型，因为该模型是在 ImageNet 数据集上训练得到的，同时我们知道 ImageNet 数据集是 1000 个类别，而猫狗分类是 2 个类别，因此得到的网络结构不能直接使用，需要将最后输出节点为 1000 的全连接层换成输出节点为 2 的全连接层。在如下所示的这份代码中，替换过程就是通过 get_fine_ tune_model() 函数来实现的。需要传入的变量包括预训练模型的网络结构 sym，这是要被修改的网络结构；当前分类任务的类别数 num_classes，这是替换新的全连接层时要用到的输出节点数；全连接层前面一层的名称 layer_name，这是为了找到网络结构中被替换的全连接层，可以打开 resnet-18-symbol.json 文件进行查看，对于官方的 ResNet 模型而言，全连接层前面一层的层名称是 'faltten0'。

get_fine_tune_model() 函数中主要执行的就是替换原网络结构中的全连接层的操作。首先，调用 sym 对象的 get_internals() 方法得到所有层信息 all_layers ；然后再从 all_layers 中找到指定层的输出，这里需要注意的是在层名称后面要加上 '_output'；接着在指定层后面添加新的全连接层，该全连接层的输出节点数与分类的类别数相同；最后在全连接层后面添加损失函数层并返回新的网络结构 net，这样就完成了类似移花接木的过程。

get_fine_ture_model() 函数的实现代码具体如下：

```python
def get_fine_tune_model(sym, num_classes, layer_name):
    all_layers = sym.get_internals()
    net = all_layers[layer_name + '_output']
    net = mx.symbol.FullyConnected(data=net, num_hidden=num_classes, name='new_fc')
    net = mx.symbol.SoftmaxOutput(data=net, name='softmax')
    return net
```

8.2.5   训练模型

上文介绍完了猫狗分类的训练代码，接下来读者需要先按照本章项目代码中的链接下载 ResNet18 预训练模型，并将预训练模型 resnet-18-0000.params 放在 " ~/chapter8-classification/model" 目录下，然后通过如下命令启动训练：

```
$ cd ~/chapter8-classification
$ python train.py
```

成功启动训练时可以看到如图 8-8 所示的内容，说明模型正在训练中，同时还可以看到准确率指标在稳定上升，损失值指标在稳定下降，说明模型正在正常收敛。

在第 5 章中，我们介绍过常用的数据增强方式并强调了数据增强能够有效降低模型过拟合的风险；在训练脚本中，我们使用了随机镜像操作、亮度变化、随机旋转等数据增强操作，接下来我们去掉这些数据增强操作，然后看看模型训练过程的损失值有什么变化，代码如下：

```
$ cd ~/chapter8-classification
$ python train.py --random-mirror 0 --max-random-contrast 0 \
                            --max-rotate-angle 0
```

```
Epoch[0] Batch [100]      Speed: 609.53 samples/sec        accuracy=0.935025        cross-entropy=0.152126
Epoch[0] Batch [200]      Speed: 612.64 samples/sec        accuracy=0.971250        cross-entropy=0.072858
Epoch[0] Batch [300]      Speed: 618.32 samples/sec        accuracy=0.975781        cross-entropy=0.068562
Epoch[0] Train-accuracy=0.977941
Epoch[0] Train-cross-entropy=0.061440
Epoch[0] Time cost=37.526
Saved checkpoint to "output/resnet-18/resnet-18-0001.params"
Epoch[0] Validation-accuracy=0.978516
Epoch[0] Validation-cross-entropy=0.050148
Epoch[1] Batch [100]      Speed: 608.70 samples/sec        accuracy=0.984220        cross-entropy=0.045303
Epoch[1] Batch [200]      Speed: 612.66 samples/sec        accuracy=0.985781        cross-entropy=0.041913
Epoch[1] Batch [300]      Speed: 614.74 samples/sec        accuracy=0.984844        cross-entropy=0.036673
Epoch[1] Train-accuracy=0.986520
Epoch[1] Train-cross-entropy=0.036412
Epoch[1] Time cost=36.872
Saved checkpoint to "output/resnet-18/resnet-18-0002.params"
Epoch[1] Validation-accuracy=0.982372
Epoch[1] Validation-cross-entropy=0.047347
Epoch[2] Batch [100]      Speed: 611.62 samples/sec        accuracy=0.992884        cross-entropy=0.023289
Epoch[2] Batch [200]      Speed: 605.98 samples/sec        accuracy=0.989219        cross-entropy=0.028684
Epoch[2] Batch [300]      Speed: 613.04 samples/sec        accuracy=0.990156        cross-entropy=0.028111
Epoch[2] Train-accuracy=0.985000
Epoch[2] Train-cross-entropy=0.036511
Epoch[2] Time cost=36.693
Saved checkpoint to "output/resnet-18/resnet-18-0003.params"
Epoch[2] Validation-accuracy=0.980769
Epoch[2] Validation-cross-entropy=0.051187
Epoch[3] Batch [100]      Speed: 606.96 samples/sec        accuracy=0.993348        cross-entropy=0.018022
Epoch[3] Batch [200]      Speed: 609.23 samples/sec        accuracy=0.991250        cross-entropy=0.022533
Epoch[3] Batch [300]      Speed: 606.86 samples/sec        accuracy=0.990938        cross-entropy=0.023390
Epoch[3] Train-accuracy=0.991115
Epoch[3] Train-cross-entropy=0.024995
Epoch[3] Time cost=37.095
Saved checkpoint to "output/resnet-18/resnet-18-0004.params"
Epoch[3] Validation-accuracy=0.987179
Epoch[3] Validation-cross-entropy=0.035858
Epoch[4] Batch [100]      Speed: 613.65 samples/sec        accuracy=0.993967        cross-entropy=0.016799
Epoch[4] Batch [200]      Speed: 607.95 samples/sec        accuracy=0.996719        cross-entropy=0.011365
Epoch[4] Batch [300]      Speed: 608.59 samples/sec        accuracy=0.996250        cross-entropy=0.012952
Update[1756]: Change learning rate to 1.00000e-03
Epoch[4] Train-accuracy=0.996250
Epoch[4] Train-cross-entropy=0.012062
Epoch[4] Time cost=36.719
Saved checkpoint to "output/resnet-18/resnet-18-0005.params"
Epoch[4] Validation-accuracy=0.988782
Epoch[4] Validation-cross-entropy=0.031728
```

图 8-8   模型训练过程中的日志信息

训练日志如图 8-9 所示，从图 8-9 中，我们可以看出训练损失值降低得很快，在训练完 epoch 4 时训练损失值降到了 0.0025，而采用数据增强时在训练完 epoch 4 时训练损失值是 0.012。但是并非训练损失值降到越低越好，在图 8-9 中，训练完 epoch 4 时的验证损失值是 0.038，而采用数据增强时在训练完 epoch 4 时验证损失值是 0.031，很明显可以看出，不采用数据增强操作时的过拟合风险要更大一些，因此在实际项目中采用数据增强几乎是默认配置了，读者可以尝试添加更多的数据增强操作并对比实验结果。

在这份训练代码中，我们使用预训练模型的参数来初始化网络结构，那么如果不这样做，模型能够训练成功吗？我们可以通过运行如下代码来实现网络参数的随机初始化，将参数 "--from-scratch" 设置为 True 表示从头开始训练：

```
$ cd ~/chapter8-classification
$ python train.py --from-scratch True
```

```
Epoch[0] Batch [100]    Speed: 623.80 samples/sec    accuracy=0.945854    cross-entropy=0.128175
Epoch[0] Batch [200]    Speed: 620.47 samples/sec    accuracy=0.975469    cross-entropy=0.063134
Epoch[0] Batch [300]    Speed: 618.09 samples/sec    accuracy=0.976094    cross-entropy=0.061041
Epoch[0] Train-accuracy=0.981005
Epoch[0] Train-cross-entropy=0.046664
Epoch[0] Time cost=37.079
Saved checkpoint to "output/resnet-18/resnet-18-0001.params"
Epoch[0] Validation-accuracy=0.982031
Epoch[0] Validation-cross-entropy=0.047145
Epoch[1] Batch [100]    Speed: 625.33 samples/sec    accuracy=0.989944    cross-entropy=0.030334
Epoch[1] Batch [200]    Speed: 619.54 samples/sec    accuracy=0.991719    cross-entropy=0.024086
Epoch[1] Batch [300]    Speed: 620.08 samples/sec    accuracy=0.992031    cross-entropy=0.023934
Epoch[1] Train-accuracy=0.993873
Epoch[1] Train-cross-entropy=0.016505
Epoch[1] Time cost=36.186
Saved checkpoint to "output/resnet-18/resnet-18-0002.params"
Epoch[1] Validation-accuracy=0.985978
Epoch[1] Validation-cross-entropy=0.036769
Epoch[2] Batch [100]    Speed: 621.22 samples/sec    accuracy=0.998298    cross-entropy=0.007399
Epoch[2] Batch [200]    Speed: 619.79 samples/sec    accuracy=0.997188    cross-entropy=0.008655
Epoch[2] Batch [300]    Speed: 618.24 samples/sec    accuracy=0.997812    cross-entropy=0.007481
Epoch[2] Train-accuracy=0.995938
Epoch[2] Train-cross-entropy=0.011808
Epoch[2] Time cost=36.195
Saved checkpoint to "output/resnet-18/resnet-18-0003.params"
Epoch[2] Validation-accuracy=0.986779
Epoch[2] Validation-cross-entropy=0.033627
Epoch[3] Batch [100]    Speed: 613.41 samples/sec    accuracy=0.998917    cross-entropy=0.004344
Epoch[3] Batch [200]    Speed: 616.43 samples/sec    accuracy=0.998594    cross-entropy=0.004229
Epoch[3] Batch [300]    Speed: 618.85 samples/sec    accuracy=0.998437    cross-entropy=0.005700
Epoch[3] Train-accuracy=0.999081
Epoch[3] Train-cross-entropy=0.005298
Epoch[3] Time cost=36.541
Saved checkpoint to "output/resnet-18/resnet-18-0004.params"
Epoch[3] Validation-accuracy=0.987179
Epoch[3] Validation-cross-entropy=0.037950
Epoch[4] Batch [100]    Speed: 615.38 samples/sec    accuracy=0.999072    cross-entropy=0.003212
Epoch[4] Batch [200]    Speed: 612.07 samples/sec    accuracy=0.999844    cross-entropy=0.002074
Epoch[4] Batch [300]    Speed: 614.07 samples/sec    accuracy=0.999375    cross-entropy=0.002044
Update[1756]: Change learning rate to 1.00000e-03
Epoch[4] Train-accuracy=0.999375
Epoch[4] Train-cross-entropy=0.002509
Epoch[4] Time cost=36.518
Saved checkpoint to "output/resnet-18/resnet-18-0005.params"
Epoch[4] Validation-accuracy=0.986779
Epoch[4] Validation-cross-entropy=0.038631
```

图 8-9   不采用数据增强时的日志信息

成功启动训练后可以看到如图 8-10 所示的训练日志，模型也可以正常训练，从图 8-10 中，我们可以看到准确率指标不断上升，损失值指标不断下降，说明模型正常收敛，但是与采用预训练模型进行训练的图 8-8 相比，图 8-10 的收敛过程显然要慢了许多，在训练完 epoch 4 时，训练损失值是 0.347，而在图 8-8 中，训练完 epoch 4 时，训练损失值是 0.012。因此采用预训练模型进行参数初始化能够有效加快模型训练早期的收敛速度，不过也有学者研究发现，在特定条件下（比如采用合适的归一化层、训练的迭代次数足够多），是否采用预训练模型进行参数初始化不会影响模型的最终效果，关于这一点可以参考论文：Rethinking ImageNet Pre-training [⊖]。

⊖   https://arxiv.org/abs/1811.08883。

```
Epoch[0] Batch [100]      Speed: 631.23 samples/sec      accuracy=0.605662      cross-entropy=0.665426
Epoch[0] Batch [200]      Speed: 629.22 samples/sec      accuracy=0.654219      cross-entropy=0.619627
Epoch[0] Batch [300]      Speed: 629.92 samples/sec      accuracy=0.687031      cross-entropy=0.597993
Epoch[0] Train-accuracy=0.710172
Epoch[0] Train-cross-entropy=0.563152
Epoch[0] Time cost=36.680
Saved checkpoint to "output/resnet-18/resnet-18-0001.params"
Epoch[0] Validation-accuracy=0.730859
Epoch[0] Validation-cross-entropy=0.552252
Epoch[1] Batch [100]      Speed: 627.36 samples/sec      accuracy=0.719059      cross-entropy=0.551944
Epoch[1] Batch [200]      Speed: 627.48 samples/sec      accuracy=0.735000      cross-entropy=0.532039
Epoch[1] Batch [300]      Speed: 626.41 samples/sec      accuracy=0.745313      cross-entropy=0.527006
Epoch[1] Train-accuracy=0.769914
Epoch[1] Train-cross-entropy=0.492956
Epoch[1] Time cost=35.890
Saved checkpoint to "output/resnet-18/resnet-18-0002.params"
Epoch[1] Validation-accuracy=0.685497
Epoch[1] Validation-cross-entropy=0.615456
Epoch[2] Batch [100]      Speed: 625.53 samples/sec      accuracy=0.771194      cross-entropy=0.475956
Epoch[2] Batch [200]      Speed: 625.63 samples/sec      accuracy=0.778750      cross-entropy=0.459676
Epoch[2] Batch [300]      Speed: 627.58 samples/sec      accuracy=0.791719      cross-entropy=0.439762
Epoch[2] Train-accuracy=0.784687
Epoch[2] Train-cross-entropy=0.461258
Epoch[2] Time cost=35.852
Saved checkpoint to "output/resnet-18/resnet-18-0003.params"
Epoch[2] Validation-accuracy=0.705128
Epoch[2] Validation-cross-entropy=0.604792
Epoch[3] Batch [100]      Speed: 624.16 samples/sec      accuracy=0.810644      cross-entropy=0.416414
Epoch[3] Batch [200]      Speed: 623.97 samples/sec      accuracy=0.808906      cross-entropy=0.418337
Epoch[3] Batch [300]      Speed: 624.96 samples/sec      accuracy=0.814688      cross-entropy=0.399521
Epoch[3] Train-accuracy=0.817708
Epoch[3] Train-cross-entropy=0.406064
Epoch[3] Time cost=36.046
Saved checkpoint to "output/resnet-18/resnet-18-0004.params"
Epoch[3] Validation-accuracy=0.822115
Epoch[3] Validation-cross-entropy=0.394158
Epoch[4] Batch [100]      Speed: 622.02 samples/sec      accuracy=0.840811      cross-entropy=0.370837
Epoch[4] Batch [200]      Speed: 624.81 samples/sec      accuracy=0.847969      cross-entropy=0.339464
Epoch[4] Batch [300]      Speed: 624.33 samples/sec      accuracy=0.843906      cross-entropy=0.353367
Update[1756]: Change learning rate to 1.00000e-03
Epoch[4] Train-accuracy=0.850313
Epoch[4] Train-cross-entropy=0.347871
Epoch[4] Time cost=35.970
Saved checkpoint to "output/resnet-18/resnet-18-0005.params"
Epoch[4] Validation-accuracy=0.856571
Epoch[4] Validation-cross-entropy=0.322531
```

图 8-10   随机初始化网络结构参数时的训练日志

我们知道，学习率的设定对模型的训练速度及效果影响较大，默认代码中的初始学习率是 0.005，这是使用迁移学习进行微调时常用的初始学习率量级，而对于从随机初始化的网络结构开始训练的模型来说，一般需要用较大的初始学习率，因此我们可以将初始学习率修改成 0.05：

```
$ cd ~/chapter8-classification
$ python train.py --from-scratch True --lr 0.05
```

成功启动训练后可以看到如图 8-11 所示的训练日志，由图 8-11 可以看出，在训练完 epoch 4 时，损失值是 0.25，相比初始学习率设置为 0.005 时的收敛速度要快许多。

在上面几个例子中，不管是采用预训练模型参数还是随机初始化整个网络参数，在训练过程中，网络结构的所有参数都是一起训练的，但是有些时候，我们希望在训练过程中保持部分层的参数不变，只训练更新指定层的参数，比如保持预训练模型的参数不变，只训练更新新增的全连接层参数。接下来，我们可以通过如下代码启动训练，在训练过程中固定网络中使用预训练模型参数进行初始化的层。

```
Epoch[0] Batch [100]      Speed: 620.50 samples/sec      accuracy=0.583075      cross-entropy=0.737603
Epoch[0] Batch [200]      Speed: 624.73 samples/sec      accuracy=0.651250      cross-entropy=0.636615
Epoch[0] Batch [300]      Speed: 624.64 samples/sec      accuracy=0.694063      cross-entropy=0.620835
Epoch[0] Train-accuracy=0.729167
Epoch[0] Train-cross-entropy=0.559798
Epoch[0] Time cost=37.093
Saved checkpoint to "output/resnet-18/resnet-18-0001.params"
Epoch[0] Validation-accuracy=0.685156
Epoch[0] Validation-cross-entropy=0.595146
Epoch[1] Batch [100]      Speed: 619.38 samples/sec      accuracy=0.739171      cross-entropy=0.528912
Epoch[1] Batch [200]      Speed: 621.28 samples/sec      accuracy=0.748281      cross-entropy=0.515102
Epoch[1] Batch [300]      Speed: 621.10 samples/sec      accuracy=0.767031      cross-entropy=0.493292
Epoch[1] Train-accuracy=0.797181
Epoch[1] Train-cross-entropy=0.444983
Epoch[1] Time cost=36.242
Saved checkpoint to "output/resnet-18/resnet-18-0002.params"
Epoch[1] Validation-accuracy=0.731170
Epoch[1] Validation-cross-entropy=0.555264
Epoch[2] Batch [100]      Speed: 621.42 samples/sec      accuracy=0.808014      cross-entropy=0.426834
Epoch[2] Batch [200]      Speed: 620.83 samples/sec      accuracy=0.824844      cross-entropy=0.399279
Epoch[2] Batch [300]      Speed: 620.49 samples/sec      accuracy=0.833125      cross-entropy=0.369926
Epoch[2] Train-accuracy=0.821562
Epoch[2] Train-cross-entropy=0.389458
Epoch[2] Time cost=36.138
Saved checkpoint to "output/resnet-18/resnet-18-0003.params"
Epoch[2] Validation-accuracy=0.812901
Epoch[2] Validation-cross-entropy=0.415838
Epoch[3] Batch [100]      Speed: 619.39 samples/sec      accuracy=0.861077      cross-entropy=0.322467
Epoch[3] Batch [200]      Speed: 621.96 samples/sec      accuracy=0.855469      cross-entropy=0.334201
Epoch[3] Batch [300]      Speed: 622.48 samples/sec      accuracy=0.872188      cross-entropy=0.295943
Epoch[3] Train-accuracy=0.878983
Epoch[3] Train-cross-entropy=0.289258
Epoch[3] Time cost=36.220
Saved checkpoint to "output/resnet-18/resnet-18-0004.params"
Epoch[3] Validation-accuracy=0.834135
Epoch[3] Validation-cross-entropy=0.403473
Epoch[4] Batch [100]      Speed: 616.58 samples/sec      accuracy=0.886757      cross-entropy=0.266517
Epoch[4] Batch [200]      Speed: 621.15 samples/sec      accuracy=0.884844      cross-entropy=0.261011
Epoch[4] Batch [300]      Speed: 621.92 samples/sec      accuracy=0.876406      cross-entropy=0.281605
Update[1756]: Change learning rate to 1.00000e-02
Epoch[4] Train-accuracy=0.889687
Epoch[4] Train-cross-entropy=0.250755
Epoch[4] Time cost=36.160
Saved checkpoint to "output/resnet-18/resnet-18-0005.params"
Epoch[4] Validation-accuracy=0.887420
Epoch[4] Validation-cross-entropy=0.257726
```

图 8-11　增大初始学习率时的训练日志

```
$ cd ~/chapter8-classification
$ python train.py --fix-pretrain-param True
```

　　成功启动训练后可以看到如图 8-12 所示的训练日志，可以看到在训练完 epoch 4 时，损失值是 0.07，相比不固定预训练模型的层参数时要差许多。原因主要是可训练的参数较少，只有一个大小为 512*2 的全连接层，也就是 1000 多个参数，显然这 1000 多个参数很难完美地完成从 ImageNet 数据集到猫狗数据集的迁移，读者可以尝试在参数维度为 512*2

的全连接层前面累加几个全连接层，增加可训练参数，看看模型的训练结果是否发生了变化。另外，在训练过程中固定参数的做法可以在一定程度上加快模型的训练，由于本章中固定的预训练模型参数层占网络的所有参数层比例较高，因此训练速度的提升非常明显，从如图 8-12 所示的训练日志可以看出，平均 1 秒能够处理 1600 张图像，但是在不固定参数时，平均 1 秒只能处理 600 张图像。

```
Epoch[0] Batch [100]      Speed: 1813.95 samples/sec      accuracy=0.913676      cross-entropy=0.190734
Epoch[0] Batch [200]      Speed: 1807.22 samples/sec      accuracy=0.957500      cross-entropy=0.109226
Epoch[0] Batch [300]      Speed: 1773.95 samples/sec      accuracy=0.959531      cross-entropy=0.097004
Epoch[0] Train-accuracy=0.965380
Epoch[0] Train-cross-entropy=0.087540
Epoch[0] Time cost=13.543
Saved checkpoint to "output/resnet-18/resnet-18-0001.params"
Epoch[0] Validation-accuracy=0.965625
Epoch[0] Validation-cross-entropy=0.081136
Epoch[1] Batch [100]      Speed: 1640.53 samples/sec      accuracy=0.965656      cross-entropy=0.089166
Epoch[1] Batch [200]      Speed: 1578.66 samples/sec      accuracy=0.969531      cross-entropy=0.080143
Epoch[1] Batch [300]      Speed: 1631.92 samples/sec      accuracy=0.964688      cross-entropy=0.088481
Epoch[1] Train-accuracy=0.966299
Epoch[1] Train-cross-entropy=0.086271
Epoch[1] Time cost=13.917
Saved checkpoint to "output/resnet-18/resnet-18-0002.params"
Epoch[1] Validation-accuracy=0.966747
Epoch[1] Validation-cross-entropy=0.078598
Epoch[2] Batch [100]      Speed: 1651.60 samples/sec      accuracy=0.969524      cross-entropy=0.074917
Epoch[2] Batch [200]      Speed: 1672.10 samples/sec      accuracy=0.965938      cross-entropy=0.085915
Epoch[2] Batch [300]      Speed: 1689.95 samples/sec      accuracy=0.970938      cross-entropy=0.074017
Epoch[2] Train-accuracy=0.964375
Epoch[2] Train-cross-entropy=0.091153
Epoch[2] Time cost=13.340
Saved checkpoint to "output/resnet-18/resnet-18-0003.params"
Epoch[2] Validation-accuracy=0.971154
Epoch[2] Validation-cross-entropy=0.066163
Epoch[3] Batch [100]      Speed: 1731.02 samples/sec      accuracy=0.971535      cross-entropy=0.070517
Epoch[3] Batch [200]      Speed: 1699.47 samples/sec      accuracy=0.969375      cross-entropy=0.077239
Epoch[3] Batch [300]      Speed: 1666.39 samples/sec      accuracy=0.969375      cross-entropy=0.080509
Epoch[3] Train-accuracy=0.967218
Epoch[3] Train-cross-entropy=0.078038
Epoch[3] Time cost=13.295
Saved checkpoint to "output/resnet-18/resnet-18-0004.params"
Epoch[3] Validation-accuracy=0.974359
Epoch[3] Validation-cross-entropy=0.063022
Epoch[4] Batch [100]      Speed: 1625.77 samples/sec      accuracy=0.970916      cross-entropy=0.073384
Epoch[4] Batch [200]      Speed: 1673.84 samples/sec      accuracy=0.968906      cross-entropy=0.079892
Epoch[4] Batch [300]      Speed: 1584.87 samples/sec      accuracy=0.970938      cross-entropy=0.075369
Update[1756]: Change learning rate to 1.00000e-03
Epoch[4] Train-accuracy=0.970625
Epoch[4] Train-cross-entropy=0.078325
Epoch[4] Time cost=13.761
Saved checkpoint to "output/resnet-18/resnet-18-0005.params"
Epoch[4] Validation-accuracy=0.973558
Epoch[4] Validation-cross-entropy=0.063326
```

图 8-12   固定部分参数层时的训练日志

8.2.6 测试模型

训练得到模型后，接下来就可以基于训练得到的模型进行测试，测试代码保存在 "~/chapter8-classification/demo.py" 脚本中，接下来看看测试代码的内容，首先是导入必要的模块：

```
import mxnet as mx
import numpy as np
```

接下来是主函数 main()，主函数中执行的内容主要包括数据及模型相关的参数设置、调用 load_model() 函数导入训练好的模型、调用 load_data() 函数读取数据并做一定的预处理、调用 get_output() 函数获取预测结果。主函数 main() 的实现代码具体如下：

```
def main():
    label_map = {0: "cat", 1: "dog"}
    model_prefix = "output/resnet-18/resnet-18"
    index = 10
    context = mx.gpu(0)
    data_shapes = [('data', (1, 3, 224, 224))]
    label_shapes = [('softmax_label', (1,))]
    model = load_model(model_prefix, index, context, data_shapes, label_shapes)

    data_path = "data/demo_img1.jpg"
    data = load_data(data_path)

    cla_label = get_output(model, data)
    print("Predict result: {}".format(label_map.get(cla_label)))
```

接下来依次介绍模型导入函数 load_model()、数据读取及处理函数 load_data()、预测输出函数 get_output() 的内容。首先是模型导入函数 load_model()，函数实现如下。导入模型还是通过 mxnet.model.load_checkpoint() 接口来实现，得到网络结构 sym、网络参数 arg_params 和辅助参数 aux_params；然后基于网络结构和环境就可以初始化得到一个 Module 对象 model；接下来调用 model 的 bind() 方法将数据信息和网络结构连接在一起构成执行器，这里需要注意的是参数 for_training 需要设置为 False，因为这是测试阶段，不是模型训练阶段；最后调用 model 的 set_params() 方法完成一个完整的网络结构参数赋值。执行完这些操作后，得到的 model 就是可用于预测的模型。load_model 函数代码如下：

```
def load_model(model_prefix, index, context, data_shapes, label_shapes):
    sym, arg_params, aux_params = mx.model.load_checkpoint(model_prefix, index)
    model = mx.mod.Module(symbol=sym, context=context)
    model.bind(for_training=False,
               data_shapes=data_shapes,
               label_shapes=label_shapes)
    model.set_params(arg_params=arg_params,
                     aux_params=aux_params,
                     allow_missing=True)
    return model
```

其次，是数据读取及处理函数 load_data()，函数实现如下。首先通过 mxnet.image.imread() 接口读取图像数据，然后对输入图像做一定的预处理，例如将像素值的数值类型从 int8 转为 float32、将输入图像 resize 到指定尺寸、对输入图像的像素值做归一化处理。执行完这些操作后还需要将通道顺序由 [H, W, C] 调整为 [C, H, W]，然后增加一个批次维度得到 [N, C, H, W]，最后通过 mxnet.io.DataBatch() 接口封装得到可用于模型前向计算的输入数据。load_data() 函数的实现代码具体如下：

```
def load_data(data_path):
    data = mx.image.imread(data_path)
    cast_aug = mx.image.CastAug()
    resize_aug = mx.image.ForceResizeAug(size=[224, 224])
    norm_aug = mx.image.ColorNormalizeAug(mx.nd.array([123, 117, 104]),
                                          mx.nd.array([1, 1, 1]))
    cla_augmenters = [cast_aug, resize_aug, norm_aug]

    for aug in cla_augmenters:
        data = aug(data)
    data = mx.nd.transpose(data, axes=(2, 0, 1))
    data = mx.nd.expand_dims(data, axis=0)
    data = mx.io.DataBatch([data])
    return data
```

最后是预测输出函数 get_output()，函数实现如下。基于输入的模型和数据执行前向计算，然后调用 model 的 get_outputs() 方法得到预测的类别概率，最后取预测概率最大的类别作为预测结果。get_eutput() 函数的实现代码具体如下：

```
def get_output(model, data):
    model.forward(data)
    cla_prob = model.get_outputs()[0][0].asnumpy()
    cla_label = np.argmax(cla_prob)
    return cla_label
```

读者可以通过运行如下命令测试指定输入图像的预测结果：

```
$ cd ~/chapter8-classification
$ python demo.py
```

默认的测试图像如图 8-13 所示。

运行结果如下，可以看出模型的预测结果是对的：

```
Predict result: cat
```

图 8-13   测试图像

8.3   本章小结

图像分类是指输入一张图像，模型输出该图像的预测类别（概率）的过程。图像分类是计算机视觉算法中非常重要且广泛应用的一个领域，大部分的图像项目需要直接或间接通过图像分类算法来实现，因此熟悉图像分类算法非常重要。正是因为基于深度学习的 AlexNet 算法在 ILSVRC2012 的图像分类任务中以较大优势击败了传统图像算法夺得冠军，深度学习才重新引起人们的注意。因此图像分类算法在深度学习领域是最早取得突破的，也是目前发展最为成熟的领域之一，这也为后来其他领域的突破奠定了坚实的基础。在图像分类算法中常用的评价指标是准确率，尤其是在 ILSVRC 的图像分类任务中还有 top1 准确率和 top5 准确率之分，另外精确度（precision）和召回率（recall）也是常用的评价指标，在实际项目中可以综合使用这几种评价指标。在图像分类算法中，常用的损失函数是基于 softmax 的交叉熵损失函数，softmax 函数用于将网络的输出结果映射成 0 到 1 的概率值，然后作为交叉熵损失函数的输入计算损失值。

猫狗分类是 kaggle 比赛中非常经典的一个比赛任务，本章通过 MXNet 框架实现了基于猫狗分类的训练和测试代码，详细介绍了其中涉及的数据读取、模型构建、参数设置等内容，并对比了是否增加数据预处理操作、初始学习率的不同设置、不同参数的初始化方式、固定部分网络层参数等实验的结果。本章的代码可以用在其他自定义的图像分类数据集上，另外读者也可以在这份代码上做一定的修改，也许能够取得更好的效果。

第 9 章

目 标 检 测

目标检测（object detection）是计算机视觉算法中非常重要的领域分支，是指任意给定一张图像，并判断图像中是否存在指定类别的目标，如果存在，则返回目标的位置和类别置信度。如图 9-1 所示的是目标检测算法对一张输入图像做预测的例子，该图中一共有人和自行车这两个目标需要模型检测，检测结果包括目标的位置、目标的类别和置信度。通过对第 8 章的学习，相信你对图像分类算法已有了一定的理解了，可以看出，与图像分类算法相比，目标检测算法更加复杂，因为图像分类任务只需要判断图像中是否存在指定目标，不需要给出目标的具体位置，而目标检测算法不仅需要判断图像中是否存在指定类别的目标，而且还需要给出目标的具体位置，因此目标检测算法实际上是多任务算法，一个任务是目标的分类，另一个任务是目标位置的确定，而图像分类算法则是单任务算法，只有一个分类任务。

图 9-1　目标检测例子

　　因为目标检测算法需要输出目标的类别和具体坐标，因此在数据标签上不仅要有目标的类别，还要有目标的坐标信息。目前学术界常用的目标检测公开数据集是 PASCAL VOC ⊖和 COCO ⊜数据集，PASCAL VOC 常用的是 PASCAL VOC2007 和 PASCAL VOC2012 两个数据集，COCO 数据集目前常用的是 COCO2014 和 COCO2017 两个数据集。在评价指标上，目标检测算法和常见的图像分类算法不同，目标检测算法常用 mAP（mean average precision）作为评价模型效果的指标。mAP 值和设定的 IoU（intersection-over-union）阈值相关，不同的 IoU 阈值会得到不同的 mAP，目前在 PASCAL VOC 数据集上常常采用 IoU=0.5 的阈值，在 COCO 数据集中，IoU 阈值的选择比较多，常用 IoU=0.50:0.05:0.95 这个阈值中分别计算 AP，然后求均值作为最终的 mAP 结果。另外在 COCO 数据集中还有针对目标尺寸而定义的 mAP 计算方式，可以参考 COCO 官方网站⊜中对评价指标的介绍。

　　目标检测算法在实际中的应用非常广泛，比如基于通用的目标检测算法，可以进行车辆、行人、建筑物、生活物品等检测，在通用目标检测的基础上，针对一些特定的任务或者场景，往往能够衍生出特定的目标检测算法，比如人脸检测（face detection）和文本检测（text detection）。刷脸是目前非常火热的深度学习算法落地场景，比如刷脸支付、刷脸解锁等，刷脸的过程实际上包含了人脸检测和人脸识别两个主要步骤，人脸检测就是先从输入图像中检测到人脸所在的区域，然后将检测到的人脸作为识别算法的输入得到分类结果。因此人脸检测可以看作是目标检测算法的一个分支，或者说检测的类别只有人脸这一类。目标检测算法的另一个重要分支是文本检测，文字检测作为光学字符识别（Optical Character Recognition, OCR）的重要步骤，主要目的在于从输入图像中检测出文字所在的区域，然后作为文字识别器的输入进行识别。

　　目前，目标检测算法的发展比较成熟，近几年更是涌现出了许多非常优秀的算法，习惯上将目标检测算法分为 one-stage 和 two-stage 两种类型，二者的主要区别在于前者是直接基于网络提取到的特征和预定义的框（anchor）进行目标预测，后者是先通过网络提取到的特征和预定义的框学习得到候选框（Region of Interest, RoI），然后基于候选框的特征进行目标检测。one-stage 类型的代表算法是 SSD ⑭（Single Shot Detection）和 YOLO ⑮（You Only Look Once），two-stage 类型的代表算法是 Faster-RCNN ⑯，目前基于这些经典算法也衍生出了许多效果更好的算法版本，它们不断推动着目标检测领域的发展。

⊖　http://host.robots.ox.ac.uk/pascal/VOC/。

⊜　http://cocodataset.org/#home。

⊜　http://cocodataset.org/#detection-eval。

⑭　Liu W, Anguelov D, Erhan D, et al. Ssd: Single shot multibox detector[C]//European conference on computer vision. Springer, Cham, 2016: 21-37.

⑮　Redmon J, Divvala S, Girshick R, et al. You only look once: Unified, real-time object detection[C]// Proceedings of the IEEE conference on computer vision and pattern recognition. 2016: 779-788.

⑯　Ren S, He K, Girshick R, et al. Faster r-cnn: Towards real-time object detection with region proposal networks[C]//Advances in neural information processing systems. 2015: 91-99.

本章的部分内容参考了《动手学深度学习》[○]书中的相关知识，这里强烈推荐大家学习《动手学深度学习》这本书，另外，代码部分参考了 MXNet 官方的 SSD 算法例子[○]。

9.1 目标检测基础知识

在本章的开头，我提到过目标检测算法是多任务算法，图像分类算法是单任务算法，那么什么是多任务呢？在图像分类算法中，网络结构方面基本上是通过堆叠网络层提取特征，最后通过交叉熵损失函数计算损失并回传损失更新梯度，整个网络只有一个损失函数，监督信息也只有图像的类别标签。在网络结构方面，目标检测算法与图像分类算法稍有不同，网络的主干部分基本上采用的是图像分类算法的特征提取网络，但是在网络的输出部分，一般有两条支路。一条支路用来做目标分类，这部分与图像分类算法并没有太大差异，也是通过交叉熵损失函数来计算损失；另一条支路用来做目标位置的回归，这部分可通过 Smooth L1 损失函数计算损失。因此整个网络在训练时的损失函数是由分类的损失函数和回归的损失函数共同组成的，网络参数的更新都是基于总的损失进行计算的，因此目标检测算法是多任务算法。

通用的目标检测算法在习惯上可分为 one stage 和 two stage 两种类型，二者的主要区别在于前者是直接基于网络提取到的特征和预定义的框（anchor）进行目标预测，后者是先通过网络提取到的特征和预定义的框学习得到候选框（Region of Interest, RoI），然后基于候选框的特征进行目标检测。所以二者之间的差异主要有两个方面，一方面 one stage 算法对目标框的预测只进行一次，而 two stage 算法对目标框的预测有两次，这一点类似于从粗到细的过程；另一方面 one stage 算法的预测是基于整个特征图进行的，而 two stage 算法的预测则是基于 RoI 特征进行的，这个 RoI 特征就是初步预测得到框（RoI）在整个特征图上的特征，也就是从整个特征图上裁剪出 RoI 区域得到 RoI 特征。

目前，one stage 类型的目标检测算法中比较经典且应用广泛的算法主要有 SSD 和 YOLO。SSD 算法首先基于特征提取网络提取特征，然后基于多个特征层设置不同大小和宽高比的 anchor，最后基于多个特征层预测目标类别和位置，本章将采用 SSD 算法进行目标检测实战。SSD 算法在效果和速度上取得了非常好的平衡，但是在检测小尺寸目标上的效果稍差，因此后续的优化算法如 DSSD[○]，RefineDet®等，主要就是针对小尺寸目标检

○   https://zh.gluon.ai/。

○   https://github.com/apache/incubator-mxnet/tree/master/example/ssd。

○   Fu C Y, Liu W, Ranga A, et al. DSSD: Deconvolutional single shot detector[J]. arXiv preprint arXiv:1701.06659, 2017.

®   Zhang S, Wen L, Bian X, et al. Single-shot refinement neural network for object detection[J]. arXiv preprint, 2017.

测进行优化。YOLO 算法在 one stage 类型的目标检测算法中是另外一个非常重要的分支，目前主要有 YOLO v1、YOLO v2 ⊖ 和 YOLO v3 ⊜三个版本。YOLO v1 版本中还未引入 anchor 的思想，其整体上也是基于特征图直接进行预测。在 YOLO v2 版本中，算法做了许多的优化，比如引入 anchor 思想，这有效地提升了检测效果；对数据的目标尺寸做聚类分析，得到大多数目标的尺寸信息，从而初始化 anchor。在 YOLO v3 版本中，算法主要针对小尺寸目标的检测做了优化，同时目标的分类支路采用了多标签分类。

目前，two stage 类型的目标检测算法中最经典的算法是 Faster RCNN，该算法从 RCNN 算法发展至 Fast RCNN 算法，主要引入了 RoI Pooling 操作提取 RoI 特征；再进一步发展到 Faster RCNN 算法，其主要引入 RPN 网络生成 RoI。从整个优化过程来看，Faster RCNN 不仅速度提升明显，而且效果非常棒，因此目前应用非常广泛，其也是目前大多数 two stage 类型目标检测算法的优化基础。Faster RCNN 系列算法的优化算法非常多，比如 R-FCN ⊜、FPN ⊛等。R-FCN 主要是通过引入区域敏感（position sensitive）的 RoI Pooling 层来减少 Faster RCNN 算法中的重复计算，因此提速非常明显。FPN 算法主要是通过引入特征融合操作并基于融合后的多个特征层进行预测，其有效地提高了模型对小尺寸目标的检测效果。

虽然习惯上还是将目标检测算法分为 one-stage 和 two-stage 两种类型，但是，在算法的整体流程上，目标检测算法主要可以分成如下三大部分。

- ❏ 主网络部分。该部分主要用来提取特征，常称之为 backbone，一般采用图像分类算法的网络即可，比如常用的 VGG 和 ResNet 网络，目前也有一些学者在研究专门针对目标检测任务的特征提取网络，比如 DetNet ⊛。
- ❏ 预测部分。预测部分主要包括两个支路：目标类别的分类支路和目标位置的回归支路。预测部分的输入特征经历了从单层特征到多层特征，从多层特征到多层融合特征的过程，算法效果也得到了稳定的提升，其中 Faster RCNN 算法是基于单层特征进行预测的例子，SSD 算法是基于多层特征进行预测的例子，FPN 算法是基于多层融合特征进行预测的例子。
- ❏ NMS 操作。NMS（Non Maximum Suppression，非极大值抑制）是目前目标检测算法常用的后处理操作，目的是去掉重复的预测框。

⊖　Redmon J, Farhadi A. YOLO9000: better, faster, stronger[J]. arXiv preprint, 2017.

⊜　Redmon J, Farhadi A. Yolov3: An incremental improvement[J]. arXiv preprint arXiv:1804.02767, 2018.

⊜　Dai J, Li Y, He K, et al. R-fcn: Object detection via region-based fully convolutional networks[C]//Advances in neural information processing systems. 2016: 379-387.

⊛　Lin T Y, Dollár P, Girshick R B, et al. Feature Pyramid Networks for Object Detection[C]//CVPR. 2017, 1(2): 4.

⊛　Li Z, Peng C, Yu G, et al. DetNet: A Backbone network for Object Detection[J]. arXiv preprint arXiv:1804.06215, 2018.

9.1.1 数据集

目标检测算法常用的公开数据集主要有 PASCAL VOC 数据集和 COCO 数据集。PASCAL VOC 数据集主要包含 PASCAL VOC2007（简称 VOC2007）和 PASCAL VOC2012（简称 VOC2012），VOC2007 数据集共包含 9963 张图像，其中训练验证集（trainval）有 5011 张图像，测试集有 4952 张图像；VOC2012 数据集共包含 17 125 张图像，其中训练验证集（trainval）有 11 540 张图像，测试集有 5585 张图像。

对于 PASCAL VOC 数据集，可以在命令行通过 wget 命令下载数据，命令如下：

```
$ wget http://host.robots.ox.ac.uk/pascal/VOC/voc2012/VOCtrainval_11-May-2012.tar
$ wget http://host.robots.ox.ac.uk/pascal/VOC/voc2007/VOCtrainval_06-Nov-2007.tar
$ wget http://host.robots.ox.ac.uk/pascal/VOC/voc2007/VOCtest_06-Nov-2007.tar
```

可以看到，上述 3 条命令分别用于下载 VOC2007 的 trainval 数据集、test 数据集和 VOC2012 的 trainval 数据集，下载得到压缩包后，可以通过 tar 命令解压：

```
$ tar -xvf VOCtrainval_11-May-2012.tar
$ tar -xvf VOCtrainval_06-Nov-2007.tar
$ tar -xvf VOCtest_06-Nov-2007.tar
```

解压后在 VOCdevkit 文件夹下会看到 VOC2007 和 VOC2012 两个文件夹，分别表示两个数据集，这两个数据集的维护方式是类似的，以 VOC2007 文件夹为例，该文件夹下有如图 9-2 所示的 5 个子文件夹。Annotations 文件夹存放的是关于图像标注信息的文件（后缀为 ".xml"），ImageSets 文件夹存放的是训练和测试的图像列表信息，JPEGImages 存放的是图像文件，SegmentationClass 和 SegmentationObject 文件夹存放的是与图像分割相关的数据，本章暂不做讨论，到第 10 章介绍图像分割算法时再做详细介绍。

| Annotations | ImageSets | JPEGImages | SegmentationClass | SegmentationObject |

图 9-2　VOC2007 文件夹的内容

因为目标检测算法的标签维护方式与图像分类算法的差异较大，因此接下来将进行详细介绍。VOC 数据集的标签信息都存放在 Annotations 文件夹中，该文件夹包含与图像数量相等的标签文件（后缀名为 ".xml"），如图 9-3 所示。

接下来以 000001.xml 为例介绍 xml 文件的内容，如图 9-4 所示。在该 xml 文件的开始部分，包含了与该文件对应的数据集名称、图像名称、图像的长宽信息等，每个目标的标注信息均以 <object> 字符开头，并以 </object> 字符结尾，因此在该 xml 文件中一共包含了两个目标的标注信息。在每个目标中，首先看到的是目标的类别名，类别名以 <name>

字符开头，以 </name> 字符结尾，因此可以看到一个目标是狗（dog），另一个目标是人（person）。接下来是目标的坐标信息，坐标信息以 <bndbox> 字符开头，以 </bndbox> 字符结尾，其中包含 4 个坐标标注信息，且标注框都是矩形框，这 4 个坐标分别是：xmin（矩形框左上角点横坐标）、ymin（矩形框左上角点纵坐标）、xmax（矩形框右下角点横坐标）、ymax（矩形框右下角点纵坐标）。

000001.xml 000002.xml 000003.xml 000004.xml 000005.xml 000006.xml 000007.xml 000008.xml

000009.xml 000010.xml 000011.xml 000012.xml 000013.xml 000014.xml 000015.xml 000016.xml

图 9-3　标签文件

```
<annotation>
    <folder>VOC2007</folder>
    <filename>000001.jpg</filename>
    <source>
        <database>The VOC2007 Database</database>
        <annotation>PASCAL VOC2007</annotation>
        <image>flickr</image>
        <flickrid>341012865</flickrid>
    </source>
    <owner>
        <flickrid>Fried Camels</flickrid>
        <name>Jinky the Fruit Bat</name>
    </owner>
    <size>
        <width>353</width>
        <height>500</height>
        <depth>3</depth>
    </size>
    <segmented>0</segmented>
    <object>
        <name>dog</name>
        <pose>Left</pose>
        <truncated>1</truncated>
        <difficult>0</difficult>
        <bndbox>
            <xmin>48</xmin>
            <ymin>240</ymin>
            <xmax>195</xmax>
            <ymax>371</ymax>
        </bndbox>
    </object>
    <object>
        <name>person</name>
        <pose>Left</pose>
        <truncated>1</truncated>
        <difficult>0</difficult>
        <bndbox>
            <xmin>8</xmin>
            <ymin>12</ymin>
            <xmax>352</xmax>
            <ymax>498</ymax>
        </bndbox>
    </object>
</annotation>
```

图 9-4　标签文件内容

仅看 **xml** 文件对于目标检测算法的数据标签的认识还是不够直观，因此可以通过可视化方式查看这些真实框的信息，代码清单 9-1 可以实现根据 VOC 数据集的一张图像和标注信息得到带有真实框标注的图像。

代码清单9-1   显示图像及标注框信息

```python
import mxnet as mx
import xml.etree.ElementTree as ET
import matplotlib.pyplot as plt
import matplotlib.patches as patches
import random

def parse_xml(xml_path):
    bbox= []
    tree = ET.parse(xml_path)
    root = tree.getroot()
    objects = root.findall('object')
    for object in objects:
        name = object.find('name').text
        bndbox = object.find('bndbox')
        xmin = int(bndbox.find('xmin').text)
        ymin = int(bndbox.find('ymin').text)
        xmax = int(bndbox.find('xmax').text)
        ymax = int(bndbox.find('ymax').text)
        bbox_i = [name, xmin, ymin, xmax, ymax]
        bbox.append(bbox_i)
    return bbox

def visiualize_bbox(image, bbox, name):
    fig, ax = plt.subplots()
    plt.imshow(image)
    colors = dict()
    for bbox_i in bbox:
        cls_name = bbox_i[0]
        if cls_name not in colors:
            colors[cls_name] = (random.random(), random.random(), random.random())
        xmin = bbox_i[1]
        ymin = bbox_i[2]
        xmax = bbox_i[3]
        ymax = bbox_i[4]
        rect = patches.Rectangle(xy=(xmin,ymin), width=xmax-xmin,
                                 height=ymax-ymin,
                                 edgecolor=colors[cls_name],
                                 facecolor='None',
                                 linewidth=3.5)
        plt.text(xmin, ymin-2, '{:s}'.format(cls_name),
                bbox=dict(facecolor=colors[cls_name],
                alpha=0.5))
        ax.add_patch(rect)
```

```
        plt.axis('off')
        plt.savefig('VOC_image_demo/{}_gt.png'.format(name))
        plt.close()

if __name__ == '__main__':
        name = '000001'
        xml_path = 'VOC_image_demo/{}.xml'.format(name)
        img_path = 'VOC_image_demo/{}.jpg'.format(name)
        bbox = parse_xml(xml_path=xml_path)
        image_string = open(img_path, 'rb').read()
        image = mx.image.imdecode(image_string, flag=1).asnumpy()
        visiualize_bbox(image, bbox, name)
```

代码清单 9-1 主要包含了 xml 文件解析和图像可视化两个函数，xml 文件解析可通过 parse_xml() 函数实现，在该函数中主要是通过 xml.etree.ElementTree 模块来解析 xml 文件，解析方式类似于从树干到树枝的搜索过程，最后该函数返回每个目标的类别名和坐标信息。图像可视化函数通过遍历每个目标的标注信息，分别将目标的位置和类别以矩形框和文本的形式添加在原图中，最后保存结果图像。

代码清单 9-1 的内容保存在 "~/chapter9-objectDetection/9.1-basis/9.1.1-show_VOC_image-code-9-1.py" 脚本中，读者可以运行如下命令得到可视化的标签图像：

```
$ cd ~/chapter9-objectDetection/9.1-basis
$ python 9.1.1-show_VOC_image-code-9-1.py
```

成功运行后可以在 "~/chapter9-objectDetection/9.1-basis/VOC_image_demo" 文件夹下看到一个名为 000001_gt.png 的图像，这就是将 000001.jpg 图像的标注信息显示在原图像上的结果，如图 9-5 所示，可以看到，图 9-5 中用不同的颜色圈出了 2 个目标框，一个是人（person），另一个是狗（dog）。

图 9-5　PASCAL VOC 数据样例及标签内容

9.1.2 SSD 算法简介

SSD 是目前应用非常广泛的目标检测算法，本章将以 SSD 算法为例介绍如何实现目标检测，该算法的网络结构如图 9-6 所示。该算法中采用的是修改后的 16 层 VGG 网络作为特征提取网络，修改内容主要是将两个全连接层（图 9-6 中的 fc6 和 fc7）替换为卷积层（图 9-6 中的 conv6 和 conv7），另外将第 5 个池化层 pool5 修改为不改变输入特征图的尺寸。然后在网络的后面添加一系列的卷积层（图 9-6 中的 conv8_2、conv9_2、conv10_2 和 conv11_2），这样就构成了 SSD 网络的主体结构。这里需要注意的是 conv8_2、conv9_2、conv10_2 和 conv11_2 并不是 4 个卷积层，而是 4 个小模块，以 conv8_2 为例，conv8_2 包含一个卷积核尺寸为 1*1 的卷积层和一个卷积核尺寸为 3*3 的卷积层，同时这 2 个卷积层后面都有 relu 类型的激活层，因此 conv8_2、conv9_2、conv10_2 和 conv11_2 可以分别看作是一组网络层构成的小模块，这就有点类似于 ResNet 网络中 block 的意思。当然这 4 个小模块还有一些差异，具体而言就是 conv8_2 和 conv9_2 的 3*3 卷积层的 stride 参数设置为 2、pad 参数设置为 1，最终能够将输入特征图维度缩小为原来的一半，而 conv10_2 和 conv11_2 的 3*3 卷积层的 stride 参数设置为 1、pad 参数设置为 0。关于卷积层的这两个参数设置与输出特征图维度之间的关系可以参考 6.1.1 节。

SSD 算法采用基于多个特征层进行预测的方式来预测目标框的位置，具体而言就是 conv4_3、conv7、conv8_2、conv9_2、conv10_2 和 conv11_2 这 6 个特征层，假设输入图像的大小是 300*300，那么这 6 个特征层的输出特征图大小分别是 38*38、19*19、10*10、5*5、3*3、1*1。每个特征层都会有目标类别的分类支路和目标位置的回归支路，这两个支路都是由特定卷积核数量的卷积层构成的，假设在某个特征层的特征图上，每个点设置了 K 个 anchor，目标的类别数一共是 N，那么分类支路的卷积核数量就是 $K*(N+1)$，其中 1 表示背景类别；回归支路的卷积核数量就是 $K*4$，其中 4 表示坐标信息。最终将这 6 个预测层的分类结果和回归结果分别汇总到一起就构成了整个网络的分类和回归结果。

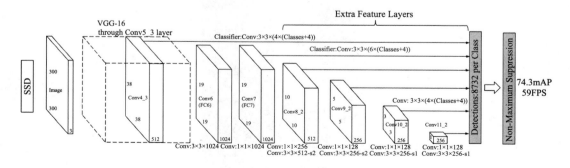

图 9-6 SSD 算法的网络结构图

9.1.3　anchor

anchor 是目标检测算法中非常重要的内容，最早是出现在 Faster RCNN 系列论文中，anchor 这个单词翻译成中文是锚，锚是船只在航行过程中需要停下时使用的东西，在一定程度上能够起到固定船只的目的，而在目标检测算法中，anchor 正是一系列固定大小、宽高比的框，这些框均匀地分布在输入图像上，而检测模型的目的就是基于这些 anhcor 得到预测框的偏置信息（offset），使得 anchor 加上偏置信息后得到的预测框能够尽可能地接近真实目标框。在 SSD 论文中提到过一个名词 default box，翻译过来就是默认框，其实默认框与 anchor 的含义是类似的，接下来我们都使用 anchor 这个名词。本节参考了《动手学深度学习》的部分内容⊖。

MXNet 框架提供了生成 anchor 的接口 mxnet.ndarray.contrib.MultiBoxPrior()，接下来我们通过具体数据演示 anchor 的含义。首先假设输入特征图的大小是 2*2，SSD 算法会在特征图的每个位置生成指定大小和宽高比的 anchor，大小的设定可通过 mxnet.ndarray.contrib.MultiBoxPrior() 接口的 sizes 参数实现，而宽高比则可通过 ratios 参数实现，代码如下：

```
import mxnet as mx
import matplotlib.pyplot as plt
import matplotlib.patches as patches


input_h = 2
input_w = 2
input = mx.nd.random.uniform(shape=(1,3,input_h,input_w))
anchors = mx.nd.contrib.MultiBoxPrior(data=input, sizes=[0.3], ratios=[1])
print(anchors)
```

输出结果如下，从输出结果中可以看到，因为输入特征图大小是 2*2，且设定的 anchor 大小及宽高比都只有 1 种，因此一共得到了 4 个 anchor，每个 anchor 都是 1*4 的向量，分别表示 [xmin, ymin, xmax, ymax]，也就是矩形框的左上角点坐标和右下角点坐标：

```
[[[ 0.09999999 0.09999999 0.40000001 0.40000001]
  [ 0.60000002 0.09999999 0.89999998 0.40000001]
  [ 0.09999999 0.60000002 0.40000001 0.89999998]
  [ 0.60000002 0.60000002 0.89999998 0.89999998]]]
<NDArray 1x4x4 @cpu(0)>
```

⊖　https://zh.gluon.ai/chapter_computer-vision/anchor.html。

接下来通过维度变换可以更加清晰地看到 anchor 数量和输入特征维度之间的关系，最后一维的 4 表示每个 anchor 的 4 个坐标信息：

```
anchors = anchors.reshape((input_h,input_w,-1,4))
print(anchors.shape)
```

输出结果如下，可以看到在 2*2 大小的特征图上每个位置都生成了 1 个 anchor：

```
(2, 2, 1, 4)
```

那么，这 4 个 anchor 在输入图像上具体是什么样的呢？接下来我们将这些 anchor 显示在一张输入图像上，首先定义一个显示 anchor 的函数，具体代码如下：

```
def plot_anchors(anchors, sizeNum, ratioNum):
    img = mx.img.imread("anchor_demo/000001.jpg")
    height, width, _ = img.shape
    fig, ax = plt.subplots(1)
    ax.imshow(img.asnumpy())
    edgecolors = ['r','g','y','b']
    for h_i in range(anchors.shape[0]):
        for w_i in range(anchors.shape[1]):
            for index, anchor in enumerate(anchors[h_i,w_i,:,:].asnumpy()):
                xmin = anchor[0]*width
                ymin = anchor[1]*height
                xmax = anchor[2]*width
                ymax = anchor[3]*height
                rect = patches.Rectangle(xy=(xmin,ymin), width=xmax-xmin,
                                        height=ymax-ymin,
                                        edgecolor=edgecolors[index],
                                        facecolor='None',
                                        linewidth=1.5)
                ax.add_patch(rect)
plt.savefig("anchor_demo/mapSize_{}*{}_sizeNum_{}_ratioNum_{}.png".format(
        anchors.shape[0], anchors.shape[1], sizeNum, ratioNum))
```

接下来就可以显示输入图像和 anchor 了：

```
plot_anchors(anchors=anchors, sizeNum=1, ratioNum=1)
```

显示结果如图 9-7 所示，从图 9-7 中可以看到 4 个 anchor 均匀地分布在输入图像上。

修改或增加 anchor 的宽高比及大小可以得到不同数量的 anchor，比如增加宽高比为 2 和 0.5 的 anchor：

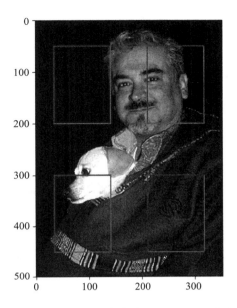

图9-7　特征图大小为2*2，anchor大小为0.3，anchor宽高比为1的示意图

```
input_h = 2
input_w = 2
input = mx.nd.random.uniform(shape=(1,3,input_h,input_w))
anchors = mx.nd.contrib.MultiBoxPrior(data=input,sizes=[0.3],ratios=[1,2,0.5])
anchors = anchors.reshape((input_h,input_w,-1,4))
print(anchors.shape)
plot_anchors(anchors=anchors, sizeNum=1, ratioNum=3)
```

输出结果如下，说明在2*2大小的特征图上，每个点都生成了3个anchor：

```
(2, 2, 3, 4)
```

显示的anchor如图9-8所示。

接下来，我们再增加大小为0.4的anchor：

```
input_h = 2
input_w = 2
input = mx.nd.random.uniform(shape=(1,3,input_h,input_w))
anchors = mx.nd.contrib.MultiBoxPrior(data=input, sizes=[0.3,0.4],
                                      ratios=[1,2,0.5])
anchors = anchors.reshape((input_h,input_w,-1,4))
print(anchors.shape)
plot_anchors(anchors=anchors, sizeNum=2, ratioNum=3)
```

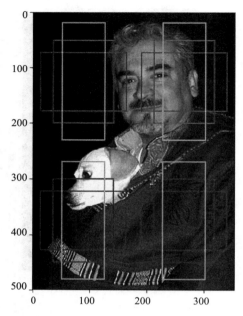

图 9-8   特征图大小为 2*2，anchor 大小为 0.3，anchor 宽高比为 [1, 2, 0.5] 的示意图

输出结果如下，说明在 2*2 大小的特征图上，每个点都生成了 4 个 anchor。读者一定会好奇为什么大小设置了 2 个值，宽高比设置了 3 个值，最后只得到 4 个 anchor，而不是 2*3=6 个 anchor。这是因为在 SSD 论文中设定 anchor 时，并不是组合所有设定的尺寸和宽高对比度值，而是分成两个部分，一部分是针对每种宽高对比度都与一个尺寸进行组合，另一部分是针对宽高对比度为 1 时，再额外增加一个新尺寸与该宽高对比度进行组合。MXNet 框架中提供了 mxnet.ndarray.contrib.MultiBoxPrior() 接口用于实现 anchor 的初始化，而且接口设计更加全面，假设 sizes 设置为 $[s_1, s_2, ..., s_m]$，ratios 设置为 $[r_1, r_2, ..., r_n]$，那么，mxnet.ndarray.contrib.MultiBoxPrior() 接口设定得到的 anchor 数量等于 $m+n-1$（论文中介绍的实际上是 $m=2$ 这种情况），对应到这个例子中就是 2+3-1=4。那么这 $m+n-1$ 个 anchor 是由哪些 size 和 ratio 组成的呢？具体而言，sizes[0] 会与所有 ratios 进行组合，这就有 n 个 anchor 了，其次 sizes[1:] 会与 ratios[0] 进行组合，这就有 $m-1$ 个 anchor 了，合起来就是 $m+n-1$ 个 anchor。对应到这个例子中就是 [(0.3, 1), (0.3, 2), (0.3, 0.5), (0.4, 1)]。从接口设计和论文介绍来看，在实现 SSD 算法时，sizes 参数的第一个值要设置为与 SSD 论文中公式 4 对应的 s_k，第二个值要设置为 s_k'；ratios 参数的第一个值要设置为 1。上述代码输出结果如下：

```
(2, 2, 4, 4)
```

显示的 anhcor 如图 9-9 所示。

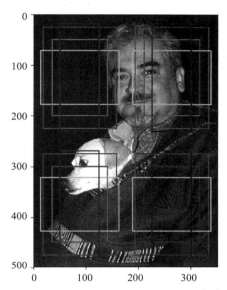

图 9-9　特征图大小为 2*2，anchor 大小为 [0.3, 0.4]，anchor 宽高比为 [1,2,0.5] 的示意图

在前面 3 个例子中，我们一直采用的是 2*2 大小的特征图，那么如果修改特征图的尺寸会有什么影响呢？下面我们来看看特征图尺寸为 5*5 时生成的 anchor：

```
input_h = 5
input_w = 5
input = mx.nd.random.uniform(shape=(1,3,input_h,input_w))
anchors = mx.nd.contrib.MultiBoxPrior(data=input, sizes=[0.1,0.15],
                                      ratios=[1,2,0.5])
anchors = anchors.reshape((input_h,input_w,-1,4))
print(anchors.shape)
plot_anchors(anchors=anchors, sizeNum=2, ratioNum=3)
```

输出结果如下，说明在 5*5 大小的特征图上，每个点都生成了 4 个 anchor，因此该层一共得到 5*5*4=100 个 anchor：

```
(5, 5, 4, 4)
```

显示的 anchor 如图 9-10 所示。

需要说明的是，上述代码中设定的 anchor 大小和特征图大小都是比较特殊的值，因此特征图上不同点之间的 anchor 都没有重叠，这是为了方便显示 anchor 而设置的，在实际的 SSD 算法中，特征图上不同点之间的 anchor 重叠非常多，因此基本上能够覆盖所有的物体。

SSD 算法可基于多个特征层进行目标的预测，这些特征层的特征图大小不一，因此设置的 anchor 大小也不一样，一般而言，在网络的浅层部分特征图尺寸较大（比如 38*38、19*9），此时设置的 anchor 尺寸较小（比如 0.1、0.2），其主要用来检测小尺寸目标；在网络的深层部分特征图尺寸较小（比如 3*3、1*1），此时设置的 anchor 尺寸较大（比如 0.8、0.9），其主要用来检测大尺寸目标。

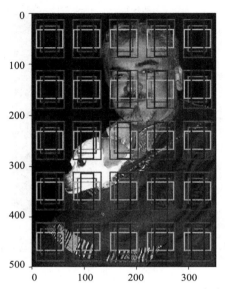

图 9-10 特征图大小为 5*5，anchor 大小为 [0.1, 0.15]，anchor 宽高比为 [1, 2, 0.5] 的示意图

9.1.4 IoU

在目标检测算法中，我们经常需要评价 2 个矩形框之间的相似性，直观来看，可以通过比较 2 个框的距离、重叠面积等计算得到相似性，而 IoU 指标恰好可以实现这样的度量，简单而言，IoU（Intersection over Union）是目标检测算法中用来评价 2 个矩形框之间相似度的指标。

IoU 的计算非常简单，具体而言就是 2 个矩形框相交的面积除以 2 个矩形框相并的面积，如图 9-11 所示，分子是 2 个矩形框相交的面积（阴影部分），分母是 2 个矩形框相并的面积（阴影部分）。

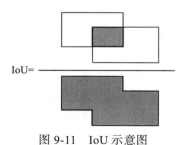

图 9-11　IoU 示意图

既然可以使用 IoU 指标判断 2 个矩形框之间的相似度，那么这在目标检测算法中有什么作用呢？我们知道在设定好 anchor 之后，需要判断每个 anchor 的标签，而判断的主要依据就是 anchor 和真实目标框的 IoU，假设某个 anchor 和某个真实目标框的 IoU 大于设定的阈值，则说明该 anchor 基本覆盖了这个目标，因此就可以认为这个 anchor 的类别就是这个目标的类别。另外在 NMS 算法中也需要用 IoU 指标界定 2 个矩形框的重合度，当 2 个矩形框的 IoU 值超过设定的阈值时就表示二者是重复框。

9.1.5　模型训练目标

目标检测算法中的位置回归目标一直是该类算法中较难理解的部分，许多入门者认为回归部分的训练目标就是真实框的坐标，其实不然。网络的回归支路的训练目标是 offset，这个 offset 是基于真实框坐标和 anchor 坐标计算得到的偏置，而回归支路的输出值也是 offset，这个 offset 是预测框坐标和 anchor 坐标之间的偏置，因此回归的目的就是让这个偏置不断接近真实框坐标和 anchor 坐标之间的偏置。本节参考了《动手学深度学习》的部分内容[⊖]。

MXNet 框架中提供了 mxnet.ndarray.contrib.MultiBoxTarget() 接口用于生成回归和分类的目标，接下来我们通过实际数值计算来熟悉这部分内容，首先导入必要的库，实现代码如下：

```
import mxnet as mx
import matplotlib.pyplot as plt
import matplotlib.patches as patches
```

接下来与 9.1.3 节类似，定义一个可视化 anchor 或真实框的函数，实现代码如下：

```
def plot_anchors(anchors, img, text, linestyle='-'):
    height, width, _ = img.shape
    colors = ['r','y','b','c','m']
    for num_i in range(anchors.shape[0]):
        for index, anchor in enumerate(anchors[num_i,:,:].asnumpy()):
            xmin = anchor[0]*width
            ymin = anchor[1]*height
            xmax = anchor[2]*width
            ymax = anchor[3]*height
            rect = patches.Rectangle(xy=(xmin,ymin), width=xmax-xmin,
                                     height=ymax-ymin, edgecolor=colors[index],
                                     facecolor='None', linestyle=linestyle,
```

⊖　https://zh.gluon.ai/chapter_computer-vision/anchor.html。

```
                                linewidth=1.5)
        ax.text(xmin, ymin, text[index],
                    bbox=dict(facecolor=colors[index], alpha=0.5))
        ax.add_patch(rect)
```

接下来读取输入图像，输入图像还是采用与 9.1.3 节一样的图像，实现代码如下：

```
img = mx.img.imread("target_demo/000001.jpg")
fig,ax = plt.subplots(1)
ax.imshow(img.asnumpy())
```

接下来，我们将这张图的真实框画在输入图像上，实现代码如下：

```
ground_truth = mx.nd.array([[[0, 0.136,0.48,0.552,0.742],
                            [1, 0.023,0.024,0.997,0.996]]])
plot_anchors(anchors=ground_truth[:, :, 1:], img=img,
            text=['dog','person'])
```

接下来定义 5 个 anchor，每个 anchor 包含 4 个坐标值，分别表示 [xmin, ymin, xmax, ymax]，并将这 5 个 anchor 显示在图像上，实现代码如下：

```
anchor = mx.nd.array([[[0.1, 0.3, 0.4, 0.6],
                        [0.15, 0.1, 0.85, 0.8],
                        [0.1, 0.2, 0.6, 0.4],
                        [0.25, 0.5, 0.55, 0.7],
                        [0.05, 0.08, 0.95, 0.9]]])
plot_anchors(anchors=anchor, img=img, text=['1','2','3','4','5'],
            linestyle=':')
plt.savefig("target_demo/anchor_gt.png")
```

最终显示的图像结果如图 9-12 所示，真实框用实线表示，框的左上角是目标类别，图 9-12 中一共有 person 和 dog 两个类，anchor 用虚线表示，框左上角的 1、2、3、4、5 分别表示 5 个 anchor 的序号。

接下来，我们初始化一个分类预测值，维度是 1*2*5，其中 1 表示图像数量，2 表示目标类别，这里假设只有人和狗两个类别，5 表示 anchor 数量，然后就可以通过 mxnet. ndarray.contrib.MultiBoxTarget() 接口获取模型训练的目标值，该接口中主要包含如下几个输入。

❑ anchor，该参数在计算回归目标（offset）时需要用到。

❑ label，该参数在计算回归目标（offset）和分类目标时都会用到。

❑ cls_pred，该参数内容其实在这里并未用到，因此只要维度符合要求即可。

❑ overlap_threshold，该参数表示当预测框和真实框的 IoU 大于这个值时，该预测框的分类和回归目标就与该真实框对应。

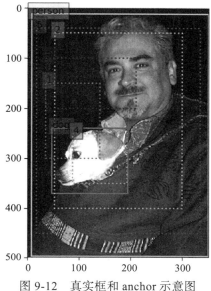

图 9-12　真实框和 anchor 示意图

❏ ignore_label，该参数表示计算回归目标时忽略的真实框类别标签，因为在训练过程中一个批次有多张图像，每张图像的真实框数量都不一定相同，因此会采用全"−1"值来填充标签使得每张图像的真实标签维度相同，这里相当于是忽略掉这些填充值。

❏ negative_mining_ratio，该参数表示在对负样本做过滤时设定的正负样本比例是1:3。

❏ variances，该参数表示计算回归目标时中心点坐标（x 和 y）的权重是 0.1，宽和高的 offset 权重是 0.2。

mxnet.ndarray.contrib.MultiBoxTarget() 接口的代码具体如下：

```
cls_pred = mx.nd.array([[[0.4, 0.3, 0.2, 0.1, 0.1],
                         [0.6, 0.7, 0.8, 0.9, 0.9]]])
tmp = mx.nd.contrib.MultiBoxTarget(anchor=anchor,
                                   label=ground_truth,
                                   cls_pred=cls_pred,
                                   overlap_threshold=0.5,
                                   ignore_label=-1,
                                   negative_mining_ratio=3,
                                   variances=[0.1,0.1,0.2,0.2])
print("location target: {}".format(tmp[0]))
print("location target mask: {}".format(tmp[1]))
print("classification target: {}".format(tmp[2]))
```

输出结果如下，从输出结果中可以看出一共输出了 3 个变量，下面具体说明一下这 3

个变量的含义。

- ❏ tmp[0]，输出的是回归支路的训练目标，也就是说我们希望模型的回归支路输出值和这个目标的 smooth L1 损失值要越小越好。可以看到，tmp[0] 的维度是 1*20，其中，1 表示图片的数量，20 是 4*5 的意思，也就是 5 个 anchor，每个 anchor 有 4 个坐标信息。另外 tmp[0] 中有部分值是 0，表示这些 anchor 都是负样本，也就是背景，从输出结果中可以看出 1 号 anchor 和 3 号 anchor 是背景。
- ❏ tmp[1]，输出的是回归支路的 mask，该 mask 中与正样本 anchor 对应的坐标用 1 填充，与负样本 anchor 对应的坐标用 0 填充，该变量在计算回归损失时会用到，计算回归损失时负样本 anchor 是不会参与计算的。
- ❏ tmp[2]，输出的是每个 anchor 的分类目标，在接口中，默认用类别 0 表示背景类，其他类别依次加 1，因此 dog 类别就用类别 1 表示，person 类别就用类别 2 表示。

上述代码输出结果具体如下：

```
location target:
[[ 0.          0.          0.          0.          0.14285699  0.85714251
   1.65165448  1.64137769  0.          0.          0.          0.
  -1.86666739  0.54999888  1.63451338  1.35013592  0.11111101  0.24390258
   0.39508271  0.85025758]]
<NDArray 1x20 @cpu(0)>
location target mask:
[[ 0.  0.  0.  0.  1.  1.  1.  1.  0.  0.  0.  0.  1.  1.  1.  1.  1.  1.
   1.  1.]]
<NDArray 1x20 @cpu(0)>
classification target:
[[ 0.  2.  0.  1.  2.]]
```

那么，anchor 的类别又是怎么定义呢？在 SSD 算法中，首先每个真实框与 N 个 anchor 会计算得到 N 个 IoU，这 N 个 IoU 中的最大值对应的 anchor 就是正样本，而且类别就是这个真实框的类别，比如图 9-12 中，与 person 这个真实框的 IoU 的值中最大的是 5 号 anchor，因此 5 号 anchor 的分类目标就是 person，也就是类别 2（对应 tmp[2][4] 等于 2），同理图 9-12 中与 dog 这个真实框的 IoU 的值中最大的是 4 号 anchor，因此 4 号 anchor 的分类目标就是 dog，也就是类别 1（对应 tmp[2][3] 等于 1）。除了 IoU 最大的 anchor 是正样本之外，与真实框的 IoU 的值大于设定的 IoU 阈值的 anchor 也是正样本，这个阈值就是通过 mxnet.ndarray.contrib.MultiBoxTarget() 接口的 overlap_threshold 参数进行设置的，显然，从图 9-12 中可以明显看出，2 号 anchor 与 person 这个真实框的 IoU 的值大于设定的阈值 0.5，因此，2 号 anchor 的预测类别就是 person，也就是类别 2（对应 tmp[2][1] 等于 2）。

关于回归目标的计算，在 SSD 论文中通过公式 2 已经介绍得非常详细了，假设第 i 个

anchor（用 d_i 表示），第 j 个真实框（用 g_j 表示），用 d_i^{cx} 和 d_i^{cy} 表示第 i 个 anchor 的中心点坐标，用 d_i^w 和 d_i^h 表示第 i 个 anchor 的宽和高，g_j 同理。那么回归目标就是如下这 4 个值：

$$\left(\frac{\frac{g_j^{cx}-d_i^{cx}}{d_i^w}-\mu_x}{\sigma_x}, \quad \frac{\frac{g_j^{cy}-d_i^{cy}}{d_i^h}-\mu_y}{\sigma_y}, \quad \frac{\log \frac{g_j^w}{d_i^w}-\mu_w}{\sigma_w}, \quad \frac{\log \frac{g_j^h}{d_i^h}-\mu_h}{\sigma_h} \right)$$

与 SSD 论文相比，上面的回归目标中多了 μ_x、μ_y、μ_w、μ_h、σ_x、σ_y、σ_w 和 σ_h 这 8 个参数，前面 4 个参数默认取值为 0，后面 4 个参数是用来平衡中心点坐标和宽高的回归权重，取值常用 $\sigma_x = \sigma_y = 0.1$，$\sigma_w = \sigma_h = 0.2$，对应于 mxnet.ndarray.contrib.MultiBoxTarget() 接口中的 variances 参数。

接下来举个例子说明，对于 2 号 anchor[0.15, 0.1, 0.85, 0.8] 而言，其对应的真实框是 person[0.023, 0.024, 0.997, 0.996]，因此可以分别计算得到 (d_i^{cx}, d_i^{cy})=(0.15+(0.85−0.15)/2, 0.1+(0.8−0.1)/2)=(0.5,0.45)，d_i^w=0.85−0.15=0.7，(g_j^{cx}, g_j^{cy})=(0.023+(0.997−0.023)/2, 0.024+(0.996−0.024)/2)=(0.51,0.51)，将 d_i^{cx}、g_j^{cx} 和 σ_x 代入 $\dfrac{\frac{g_j^{cx}-d_i^{cx}}{d_i^w}-\mu_x}{\sigma_x}$ 可得到 $\dfrac{\frac{0.51-0.5}{0.7}}{0.1}$，约等于 0.142857，该值与打印出来的 tmp[0][4] 相等。

9.1.6 NMS

在目标检测算法中，我们希望每一个目标都有一个预测框准确地圈出目标的位置并给出预测类别。但是检测模型的输出预测框之间可能会存在重叠，也就是说针对一个目标可能会有几个甚至几十个预测对的预测框，这显然不是我们想要的，因此就有了 NMS 操作。NMS（Non Maximum Suppression，非极大值抑制）是目前目标检测算法常用的后处理操作，目的是去掉重复的预测框。

NMS 算法的过程大致如下：假设网络输出的预测框中，预测类别为 person 的框有 K 个，每个预测框都有 1 个预测类别、1 个类别置信度和 4 个坐标相关的值，K 个预测框中有 N 个预测框的类别置信度大于 0。首先，在 N 个框中找到类别置信度最大的那个框，然后计算剩下的 N−1 个框和选出来的这个框的 IoU 值，IoU 值大于预先设定的阈值的框即为重复预测框（假设有 M 个预测框和选出来的框重复），剔除这 M 个预测框（这里是将这 M 个预测框的类别置信度置为 0，表示剔除），保留 IoU 值小于阈值的预测框。接下来再从 N−1−M 个预测框中找到类别置信度最大的那个框，然后计算剩下的 N−2−M 个框和选出来的这个框的 IoU 值，同样将 IoU 值大于预先设定的阈值的框剔除，保留 IoU 值小于阈值的框，然后再进行下一轮过滤，一直进行到所有框都过滤结束为止。最终保留的预测框就是输出结果，这样任意两个框的 IoU 的值都小于设定的 IoU 阈值，即达到了去掉重复预测框的目的。

下面举个例子来说明，假设输入图像中有类别为 person 的真实框一个，这个真实框的坐标是 [0.1, 0.1, 0.45, 0.45]，模型预测框中预测类别是 person 的预测框一共有 7 个，具体如表 9-1 所示。

表 9-1　NMS 操作开始前的预测框

预测框标号	类别置信度	预测坐标
bbox1	0.9	[0,0,0.5,0.5]
bbox2	0.8	[0,0,0.55,0.55]
bbox3	0.75	[0.4,0.4,0.9,0.9]
bbox4	0.5	[0.05,0.05,0.45,0.45]
bbox5	0.2	[0.5,0.5,0.9,0.9]
bbox6	0	[0.2,0.2,0.8,0.8]
bbox7	0	[0.15,0.15,0.7,0.7]

在表 9-1 中，7 个预测框已经按照类别置信度从大到小进行了排序，首先选置信度最高的 bbox1，然后与剩下的置信度非 0 的预测框计算 IoU 的值，并将 IoU 大于设定阈值（假设阈值是 0.5）的预测框置信度置为 0，比如 bbox1 和 bbox2 的 IoU 大于 0.5，所以将 bbox2 的类别置信度置为 0；bbox1 和 bbox3 的 IoU 小于 0.5，所以不对 bbox3 进行操作；bbox1 和 bbox4 的 IoU 大于 0.5，所以将 bbox4 的类别置信度置为 0；bbox1 和 bbox5 的 IoU 小于 0.5，所以不对 bbox5 进行操作，因此第一轮过滤后可得到如表 9-2 所示的预测框，且 bbox1 不再参与后续的 NMS 计算了。

表 9-2　NMS 操作中第一次过滤后得到的预测框

预测框标号	类别置信度	预测坐标
bbox1	0.9	[0,0,0.5,0.5]
bbox2	0	[0,0,0.55,0.55]
bbox3	0.75	[0.4,0.4,0.9,0.9]
bbox4	0	[0.05,0.05,0.45,0.45]
bbox5	0.2	[0.5,0.5,0.9,0.9]
bbox6	0	[0.2,0.2,0.8,0.8]
bbox7	0	[0.15,0.15,0.7,0.7

接下来选择 bbox1 以外的类别置信度最高的预测框，也就是 bbox3，然后计算 bbox3 与剩余的类别置信度非 0 的预测框的 IoU，因为 bbox3 与 bbox5 的 IoU 大于 0.5，所以将

bbox5 的类别置信度置为 0，这样就得到了最终过滤后的预测框 bbox1 和 bbox3，具体如表 9-3 所示。

表 9-3　NMS 操作最终得到的预测框

预测框标号	类别置信度	预测坐标
bbox1	0.9	[0,0,0.5,0.5]
bbox2	0	[0,0,0.55,0.55]
bbox3	0.75	[0.4,0.4,0.9,0.9]
bbox4	0	[0.05,0.05,0.45,0.45]
bbox5	0	[0.5,0.5,0.9,0.9]
bbox6	0	[0.2,0.2,0.8,0.8]
bbox7	0	[0.15,0.15,0.7,0.7]

9.1.7　评价指标 mAP

在目标检测算法中，常用的评价指标是 mAP（mean Average Precision），这是一个可以用来度量模型预测框类别和位置是否准确的指标。在目标检测领域常用的公开数据集 PASCAL VOC 中，有 2 种 mAP 计算方式，一种是针对 PASCAL VOC 2007 数据集的 mAP 计算方式，另一种是针对 PASCAL VOC 2012 数据集的 mAP 计算方式，二者之间的差异比较小，本章主要采用针对 PASCAL VOC 2007 数据集的 mAP 计算方式。

接下来介绍 mAP 的含义和计算过程，对于任意一张输入图像，假设该图像上有 2 个真实框 person 和 dog，模型输出的预测框中预测类别是 person 的框有 5 个，预测类别是 dog 的框有 3 个，那么需要注意的是，这里所说的模型输出的预测框都是经过 NMS 操作的。首先以预测类别是 person 的 5 个框为例，先对这 5 个框按照预测的类别置信度进行从大到小的排序，然后，这 5 个值依次与 person 类别的真实框计算 IoU 值。假设 IoU 值大于预先设定的阈值（目前针对 PASCAL VOC 数据集，常用的阈值是 0.5），那就说明这个预测框是对的，此时这个框就是 TP（true positive）；假设 IoU 值小于预先设定的阈值，那就说明这个预测框是错的，此时这个框就是 FP（false positive）。但是假如这 5 个预测框中有 2 个预测框与同一个 person 真实框的 IoU 大于阈值，那么只有类别置信度最大的那个预测框才算预测对了，另外 1 个预测框就算是预测错了，也就是 FP（false positive）。假如图像的真实框类别中不包含预测框类别，比如预测框类别是 cat，但是图像的真实框只有 person 和 dog，那么这个预测框也是预测错了，此时预测框就是 FP（false positive）。FN（false negative）的计算可以通过图像中真实框的数量间接计算得到，因为图像中真实框的数量就是 TP+FN，也就是 recall 计算公式的分母。因此从第 8 章的 8.1.1 节介绍的召回率（recall）和精确度

（precision）计算公式与前面得到的 TP、FP、FN 计算可以得到 person 类的召回率和精确度：

$$Precision = \frac{TP}{TP+FP}$$

$$Recall = \frac{TP}{TP+FN}$$

得到的 person 类的精确度和召回率都是一个列表，列表的长度与预测类别为 person 的框相关，因此根据这两个列表就可以在一个坐标系中画出该类别的 precision 和 recall 曲线图。按照 PASCAL VOC 2007 关于 mAP 的计算方式，我们在召回率坐标轴均匀选取 11 个点（0, 0.1, ..., 0.9, 1），然后计算在召回率大于 0 的所有点中，精确度的最大值是多少；计算在召回率大于 0.1 的所有点中，精确度的最大值是多少；一直计算到在召回率大于 1 时，精确度的最大值是多少。这样我们最终可以得到 11 个精确度值，对这 11 个精确度求均值就可以得到 AP 了，因此，AP 中 A（average）就代表求精确度均值的过程。

那么，mAP 与 AP 是什么关系呢？前面我们以 person 类为例介绍了关于 person 类的 AP 值计算，因为输入图像的真实框中还有一个是 dog 类，那么 dog 类也可以计算得到一个 AP 值，这样将 2 个 AP 值求均值就可以得到 mAP 值了。如果一共有 N 个真实目标类别，那就先分别求这 N 个类别的 AP 值，然后求均值就可以得到 mAP 值了。因此 mAP 其实是对每个真实目标类别分别计算 AP 值后再求均值的过程，mAP 中的 m（mean）就是求均值的意思。

前面我们提到针对 PASCAL VOC 的数据集有 2 种 mAP 计算方式，这 2 种计算方式的不同点就在于 AP 的计算，前面介绍 2007 标准时，是以召回率坐标轴均匀选取的 11 个点为依据计算 AP，而对于 2012 标准，则是以召回率值为依据计算 AP。

那么，为什么可以用 mAP 来评价目标检测的效果呢？我们知道目标检测效果的优劣取决于预测框的位置和类别是否准确，从 mAP 的计算过程可以看出，计算预测框和真实框的 IoU 来判断预测框是否预测准确，这一点利用到了预测框的位置信息，同时精确度和召回率指标的引入也可以评价预测框的类别是否准确，因此 mAP 是目前目标检测领域非常常用的评价指标。

9.2 通用目标检测

本节以 SSD 算法为例实现通用目标检测，关于 SSD 算法的简单介绍可以参考 9.1.2 节。另外，本节代码参考了 MXNet 官方的 SSD 算法代码[⊖]，这份代码逻辑清晰，非常适合入门

⊖　https://github.com/apache/incubator-mxnet/tree/master/example/ssd。

者学习 SSD 算法，我也是通过学习这份代码来理解 SSD 算法中的细节的。本节中，我将在这份代码的基础上做一定的精简和修改，以方便读者学习该算法的内容。

另外，本节的目的不在于复现 SSD 算法的结果，主要是介绍算法细节，对算法整体有个清晰的认识，对复现论文感兴趣的读者可以参考第 12 章介绍的 GluonCV，目前，GluonCV 中已经有许多相关的复现模型，效果上基本可以达到甚至超越原论文的结果。

9.2.1　数据准备

目前，目标检测领域常用的公开数据集是 PASCAL VOC 和 COCO，许多深度学习框架也提供了针对这 2 个数据集的读取接口，读取接口虽然方便，但是有时候，部分用户需要在自定义数据集上训练检测模型，这就使得现有的读取接口难以满足要求。我也曾考虑过在本节采用合成数据训练检测模型，但是合成数据的训练难度与真实数据之间存在一定的差异，所以本章依然采用公开数据集 PASCAL VOC 进行训练，但是会介绍 MXNet 通用的数据读取接口，以方便读者迁移到自定义数据集。

在 9.1.1 节中，我介绍了 PASCAL VOC 数据集的维护格式，主要包括列表文件夹 ImageSets、标签文件夹 Annotations 和图像文件夹 JPEGImages，当读者要在自定义数据集上训练检测模型时，只需要将自定义数据按照 PASCAL VOC 数据集的维护方式进行维护，就可以顺利进行训练。本节采用的训练数据包括 VOC2007 的 trainval.txt 和 VOC2012 的 trainval.txt，一共 16 551 张图像，验证集采用 VOC2007 的 test.txt，一共 4952 张图像，这也是目前学术界在 PASCAL VOC 数据集上对比目标检测算法效果时常用的数据集划分方式。另外，为了使数据集更加通用，我将 VOC2007 的 trainval.txt 和 VOC2012 的 trainval.txt 文件合并在一起，同时合并对应的图像文件夹 JPEGImages 和标签文件夹 Annotations，读者可以自行手动合并，或者按照官方项目代码中 " ~/chapter9-objectDetection/README.MD " 提供的下载路径进行下载，下载并解压后存放在 " ~/chapter9-objectDetection/9.2-objectDetection/data " 文件夹下。

接下来要基于下载得到的数据生成 " .lst " 文件和 RecordIO 文件，生成 " .lst " 文件的脚本保存在 " ~/chapter9-objectDetection/9.2-objectDetection/tools/get_list.py " 中，接下来可以通过如下命令生成 " .lst " 文件：

```
$ cd ~/chapter9-objectDetection/9.2-objectDetection/tools
$ python create_list.py --set test \
  --save-path ../data/VOCdevkit/VOC/ImageSets/Main \
  --dataset-path ../data/VOCdevkit/VOC
$ python create_list.py --set trainval \
  --save-path ../data/VOCdevkit/VOC/ImageSets/Main \
  --dataset-path ../data/VOCdevkit/VOC --shuffle True
```

在上述命令中，"--set"参数用于指定生成的列表文件，"--save-path"参数用于指定生成的 .lst 文件的保存路径，"--dataset-root"参数用于指定数据集的根目录。在这里，我截取了 train.lst 中的一个样本的标签来介绍 .lst 文件内容，如图 9-13 所示，列与列之间都采用 Tab 键进行分割。第 1 列是 index，也就是图像的标号，默认是从 0 开始。第 2 列表示标识符位数，这里的第 2 列都是 2，表示标识符有 2 位，也就是第 2 列和第 3 列都是标识符，不是图像的标签。第 3 列表示每个目标的标签位数，这里的第 3 列都是 6，表示每个目标的标签都是 6 个数字。第 4 列到第 9 列（图 9-13 中的阴影区域）的这 6 个数字就是第一个目标的标签，其中 11 表示目标类别（类别默认从 0 开始递增，比如对于 20 类的 PASCAL VOC 数据集而言，类别分别是 0 到 19），接下来的 4 个数字（0.3780, 0.5520, 0.4200, 0.6240）表示目标的位置，也就是（xmin, ymin, xmax, ymax），第 9 列的 0 表示是否为 difficult，这是 PASCAL VOC 数据集的标注内容之一，0 的话表示正常，1 的话表示这个目标比较难检测。假如还有第二个目标的话，那么在第一个目标后面就会有关于第二个目标的 6 列信息，依次类推，最后一列是图像的路径。

```
0        2        6        11.0000  0.3780   0.5520   0.4200   0.6240   0.0000   VOC/JPEGImages/2010_005958.jpg
```

图 9-13   train.lst 文件中的一个样本

生成 ".lst" 文件之后，接下来就可以基于 ".lst" 文件和图像文件得到 RecordIO 文件了：

```
$ cd ~/chapter9-objectDetection/9.2-objectDetection/tools
$ python im2rec.py ../data/VOCdevkit/VOC/ImageSets/Main/test.lst \
  ../data/VOCdevkit --no-shuffle --pack-label
$ python im2rec.py ../data/VOCdevkit/VOC/ImageSets/Main/trainval.lst \
  ../data/VOCdevkit --pack-label
```

在上述命令中，第一个参数用来指定 ".lst" 文件的路径，第二个参数用来指定数据集的根目录，"--no-shuffle"参数表示不对数据做随机打乱操作，"--pack-label"参数表示打包标签信息到 RecordIO 文件，最终得到如图 9-14 所示的数据。

test.idx   test.lst   test.rec   test.txt   trainval.idx   trainval.lst   trainval.rec   trainval.txt

图 9-14   数据集文件

接下来，我将介绍关于 SSD 算法训练代码的详细内容，包括训练参数配置、网络结构的构建、数据读取和评价指标定义等，这部分的代码参考了 MXNet 官方的 SSD 算法例子[⊖]。

⊖   https://github.com/apache/incubator-mxnet/tree/master/example/ssd。

9.2.2 训练参数及配置

模型训练的启动代码保存在"~/chapter9-objectDetection/9.2-objectDetection/train.py"脚本中，train.py 脚本中主要包含了模块导入、命令行参数解析函数 parse_arguments() 和主函数 main()。首先看看导入的模块，代码如下：

```
import mxnet as mx
import argparse
from symbol.get_ssd import get_ssd
from tools.custom_metric import MultiBoxMetric
from eval_metric_07 import VOC07MApMetric
import logging
import os
from data.dataiter import CustomDataIter
import re
```

命令行参数解析函数与第 8 章中的内容相似，这里不再进行介绍，下面重点介绍主函数 main()。主函数的完整实现如下，其顺序执行了如下几个操作。

1）调用命令行参数解析函数 parse_arguments() 得到参数对象 args。

2）创建模型保存路径 args.save_result。

3）logging 模块用于创建记录器 logger，同时还可以设定日志信息的终端显示和文件保存，最后调用记录器 logger 的 info() 方法显示配置的参数信息 args。

4）设定模型训练的环境，在这份代码中默认使用 0、1 号 GPU 进行训练。

5）调用 CustomDataIter 类读取训练及验证数据集。

6）调用 get_ssd() 函数构建 SSD 网络结构，这个函数是算法的核心，后面将详细介绍该函数的内容。

7）mxnet.model.load_checkpoint() 接口用于导入预训练的分类模型，这份代码中使用的是 VGG 网络，得到的 arg_params 和 aux_params 将用于 SSD 网络参数的初始化。

8）假如设定了在训练过程中固定部分层参数，那么 fixed_params_names 变量将会维护固定层名，这里设定为固定特征提取网络（VGG）的部分浅层参数。

9）mxnet.mod.Module() 接口用于初始化以得到一个 Module 对象：mod。

10）设定学习率变化策略，这里设置为训练 epoch 到达 80 和 160 时，将当前学习率乘以 args.factor，若该参数设置为 0.1，则表示学习率降为当前学习率的 0.1 倍。

11）构建优化相关的字典 optimizer_params，该字典中包含学习率、动量参数、权重衰减参数、学习率变化策略参数等。mxnet.initializer.Xavier() 接口用于设定 SSD 中新增网络层的参数初始化方式。

12）VOC07MapMetric 类用于实现验证阶段的评价指标，此时需要传入的参数包括

ovp_thresh，该参数表示当预测框与真实框的 IoU 的值大于 ovp_thresh 时，则认为预测框是对的。另外还有个参数 pred_idx，其与这份代码设计的 SSD 网络相关，表示网络的第 3 个输出是预测框的内容。MultiBoxMetric 类用于实现训练阶段的评价指标，该指标中包括分类支路指标（基于 softmax 的交叉熵值）和回归支路指标（Smooth L1 值）。

13）mxnet.callback.Speedometer() 接口用于设置在训练过程中每训练 args.frequent 个批次就显示一次相关信息；mxnet.callback.do_checkpoint() 接口用于设置训练结果的保存路径和保存间隔。

14）调用 mod 的 fit() 方法启动训练。

主函数 main() 的具体实现代码如下：

```
def main():
    args = parse_arguments()
    if not os.path.exists(args.save_result):
        os.makedirs(args.save_result)

    logger = logging.getLogger()
    logger.setLevel(logging.INFO)
    stream_handler = logging.StreamHandler()
    logger.addHandler(stream_handler)
    file_handler = logging.FileHandler(args.save_result + '/train.log')
    logger.addHandler(file_handler)
    logger.info(args)

    if args.gpus == '':
        ctx = mx.cpu()
    else:
        ctx = [mx.gpu(int(i)) for i in args.gpus.split(',')]

    train_data = CustomDataIter(args, is_trainData=True)
    val_data = CustomDataIter(args)

    ssd_symbol = get_ssd(num_classes=args.num_classes)
    vgg,arg_params,aux_params = mx.model.load_checkpoint(args.backbone_prefix,
                                                args.backbone_epoch)

    if args.freeze_layers.strip():
        re_prog = re.compile(args.freeze_layers)
        fixed_param_names = [name for name in vgg.list_arguments() if re_prog.
            match(name)]
    else:
        fixed_param_names = None
    mod = mx.mod.Module(symbol=ssd_symbol, label_names=(args.label_name,),
                        context=ctx, fixed_param_names=fixed_param_names)
```

```
epoch_size = max(int(args.num_examples / args.batch_size), 1)
step = [int(step_i.strip()) for step_i in args.step.split(",")]
step_bs = [epoch_size * (x - args.begin_epoch) for x in step
           if x - args.begin_epoch > 0]
if step_bs:
    lr_scheduler = mx.lr_scheduler.MultiFactorScheduler(step=step_bs,
                                               factor=args.factor)
else:
    lr_scheduler = None

optimizer_params = {'learning_rate': args.lr,
                    'momentum': args.mom,
                    'wd': args.wd,
                    'lr_scheduler': lr_scheduler,
                    'rescale_grad': 1.0/len(ctx) if len(ctx)>0 else 1.0}
initializer = mx.init.Xavier(rnd_type='gaussian',
                             factor_type='out',
                             magnitude=2)

class_names = [name_i for name_i in args.class_names.split(",")]
VOC07_metric = VOC07MApMetric(ovp_thresh=0.5, use_difficult=False,
                               class_names=class_names, pred_idx=3)
eval_metric = mx.metric.CompositeEvalMetric()
eval_metric.add(MultiBoxMetric(name=['CrossEntropy Loss',
                                     'SmoothL1 Loss']))

batch_callback = mx.callback.Speedometer(batch_size=args.batch_size,
                                         frequent=args.frequent)
checkpoint_prefix = args.save_result+args.save_name
epoch_callback = mx.callback.do_checkpoint(prefix=checkpoint_prefix,
                                           period=5)
mod.fit(train_data=train_data,
        eval_data=val_data,
        eval_metric=eval_metric,
        validation_metric=VOC07_metric,
        epoch_end_callback=epoch_callback,
        batch_end_callback=batch_callback,
        optimizer='sgd',
        optimizer_params=optimizer_params,
        initializer=initializer,
        arg_params=arg_params,
        aux_params=aux_params,
        allow_missing=True,
        num_epoch=args.num_epoch)
```

从主函数 main() 的内容可以看出，网络结构的搭建是通过 get_ssd() 函数实现的、数据读取是通过 CustomDataIter 类实现的、训练评价指标计算则是通过 MultiBoxMetric() 类实现的，接下来依次介绍这几个模块的内容。

9.2.3 网络结构搭建

网络结构搭建是 SSD 算法的重要内容，首先是构建 SSD 网络的 get_ssd() 函数，该函数保存在 "~/chapter9-objectDetection/9.2-objectDetection/symbol/get_ssd.py" 脚本中，这部分是 SSD 算法的核心，其包含的内容十分丰富，接下来看看 get_ssd() 函数的内容。get_ssd() 函数主要执行了如下几个操作。

1）调用 config() 函数得到模型构建过程中的参数信息，比如 anchor 的尺寸等，这些参数信息可通过字典 config_dict 进行维护。

2）调用 VGGNet() 函数得到特征提取网络，也就是我们常说的 backbone，这里选择的是修改版 VGG 网络，修改内容主要是将原 VGG 中的 fc6 和 fc7 两个全连接层用卷积层来代替，其中，fc6 采用的是卷积核大小为 3*3，pad 参数为 (6, 6)，dilate 参数为 (6, 6) 的卷积层，其大大增加了该层的感受野。除了修改网络层之外，这里还截掉了 fc8 层及后面所连接的其他层，因此相当于只用了 VGG 网络中的大部分网络层而已。

3）调用 add_extras() 函数在 VGG 主干上添加层，最终返回的就是主干网络和新增网络中的 6 个特征层，这 6 个特征层将用于预测框的类别和位置。

4）调用 create_predictor() 函数基于 6 个特征层构建 6 个预测层，每个预测层都包含 2 个支路，分别表示分类支路和回归支路，其中分类支路的输出对应于 cls_preds，回归支路的输出对应于 loc_preds。另外，该函数还会基于 6 个特征层中的每个特征层初始化指定尺寸的 anchor。

5）调用 create_multi_loss() 函数构建分类支路和回归支路的损失函数，从而得到最终的 SSD 网络 ssd_symbol。

get_ssd() 函数的实现代码具体如下：

```
from .vggnet import *
def get_ssd(num_classes):
    config_dict = config()
    backbone = VGGNet()
    from_layers = add_extras(backbone=backbone,
                             config_dict=config_dict)
    loc_preds, cls_preds, anchors = create_predictor(from_layers=from_layers,
                                            config_dict=config_dict,
                                            num_classes=num_classes)
    label = mx.sym.Variable('label')
```

```
ssd_symbol = create_multi_loss(label=label, loc_preds=loc_preds,
                               cls_preds=cls_preds, anchors=anchors)
return ssd_symbol
```

接下来依次看看 get_ssd() 函数中涉及的几个函数的内容,首先是 config() 函数,其主要包括的参数说明具体所示。

❑ 'from_layers',表示用于预测的特征层名,其中 'relu4_3' 和 'relu7' 是 VGG 网络自身的网络层,剩下 4 个空字符串表示从 VGG 网络后面新增的网络层选择 4 个作为预测层所接的层。

❑ 'num_filters',第 1 个 512 表示在 relu4_3 后面接的 L2 Normalization 层的参数;第二个 "−1" 表示该特征层后面不接额外的卷积层,直接接预测层;后面 4 个值表示在 VGG 网络后面新增的卷积层的卷积核数量。

❑ 'strides',前面 2 个 "−1" 表示无效,因为这个参数是为 VGG 网络后面的新增层服务的,而前面 2 个特征层是 VGG 网络自身的,所以不需要 stride 参数;后面 4 个值表示是新增的 3*3 卷积层的 stride 参数,具体而言,新增的 conv8_2、conv9_2 的 3*3 卷积层的 stride 参数都将设置为 2,而 conv10_2、conv11_2 的 3*3 卷积层的 stride 参数都将设置为 1。

❑ 'pads',与 'strides' 参数同理,只不过设置的是卷积层的 pad 参数。

❑ 'normalization',因为在 SSD 网络的 relu4_3 层后用到了 L2 Normalization 层,因此,这里的 20 就是设置 L2 Normalization 层的参数,剩下的 "−1" 表示无效,因为其他 5 个层后面都不需要接 L2 Normalization 层。

❑ 'sizes',这是设置了 6 个用于预测的特征层的 anchor 大小,可以看到,每个层设置的 anchor 大小都有 2 个值,其中,第一个值将与所有不同宽高比的 anchor 进行组合,第二个值只与宽高比是 1 的 anchor 进行组合,这一点与 SSD 论文的处理方式保持一致,可以参考 9.1.3 节关于 anchor 的介绍。每个列表(假设第 k 个列表)中的第一个值都可以通过论文中的公式 4 计算得到,而第二个值是对第 k 和第 $k+1$ 个列表的第一个值相乘后求开方得到的。需要注意的是基础层越深,设置的 anchor 尺寸越大,这是因为网络层越深,感受也越大,因为主要是用来检测尺寸较大的目标,因此 anchor 尺寸也设置得较大。

❑ 'ratios',这是设置 6 个用于预测的特征层的 anchor 宽高对比度,在 SSD 论文中,第 1 个和最后 2 个用于预测的特征层设置的是 4 个 anhcor(因此宽高对比度设置为 3 个值),其他 3 个特征层设置的是 6 个 anchor(因此宽高对比度设置为 5 个值)。结合刚刚介绍的 sizes 参数,以第一个用于预测的特征层(relu4_3)为例,此时 size 为 [0.1, 0.141],ratio 为 [1, 2, 0.5],因为输入图像大小为 300*300,所以在 size 为

0.1 时，会与 ratio 组合，因此可以得到大小为 30*30、$(30*\sqrt{2}) * \dfrac{30}{\sqrt{2}}$、$(30*\sqrt{0.5}) * \dfrac{30}{\sqrt{0.5}}$ 的 anchor，在 size 为 0.141 时，只与 ratio 为 1 进行组合，因此可以得到大小为（300*0.141）*（300*0.141）的 anchor，最后特征图的每个位置都能得到 4 个 anchor，其他用于预测的特征层 anchor 的设计也是同理。

❑ 'steps'，这是设置 6 个用于预测的特征层的特征图尺寸和输入图像尺寸的倍数关系，在初始化 anchor 时会用到该参数。

❑ config() 函数的实现代码具体如下：

```
def config():
    config_dict = {}
    config_dict['from_layers'] = ['relu4_3', 'relu7', '', '', '', '']
    config_dict['num_filters'] = [512, -1, 512, 256, 256, 256]
    config_dict['strides'] = [-1, -1, 2, 2, 1, 1]
    config_dict['pads'] = [-1, -1, 1, 1, 0, 0]
    config_dict['normalization'] = [20, -1, -1, -1, -1, -1]
    config_dict['sizes'] = [[0.1, 0.141], [0.2, 0.272], [0.37, 0.447],
                            [0.54, 0.619], [0.71, 0.79], [0.88, 0.961]]
    config_dict['ratios'] = [[1, 2, 0.5], [1, 2, 0.5, 3, 1.0/3],
                             [1, 2, 0.5, 3, 1.0/3], [1, 2, 0.5, 3, 1.0/3],
                             [1, 2, 0.5], [1, 2, 0.5]]
    config_dict['steps'] = [x / 300.0 for x in [8, 16, 32, 64, 100, 300]]
    return config_dict
```

然后是 VGGNet() 函数，这个函数是在 16 层的 VGG 网络上进行一定的修改而得到，修改内容在前面也进行了详细介绍，可以参看 "~/chapter9-objectDetection/9.2-objectDetection/symbol/vggnet.py"，这里不再赘述。接下来看看新增网络层函数 add_extras()，该函数可用于在修改后的 VGG 网络后面添加 conv8_2、conv9_2、conv10_2 和 conv11_2。从 add_extras() 函数的实现代码可以看出，其主要内容是通过循环判断 config_dict['from_layers'] 列表的值以判断添加层的起始位置，而添加层的内容主要就是卷积层和激活层。最后将 6 个用于预测的特征层都保存在 layers 列表中，以用于后续构造预测层。add_extras() 函数的实现代码具体如下：

```
def add_extras(backbone, config_dict):
    layers = []
    body = backbone.get_internals()
    for i, from_layer in enumerate(config_dict['from_layers']):
        if from_layer is '':
            layer = layers[-1]
            num_filters = config_dict['num_filters'][i]
            s = config_dict['strides'][i]
```

```
            p = config_dict['pads'][i]
            conv_1x1 = mx.sym.Convolution(data=layer, kernel=(1,1),
                                          num_filter=num_filters // 2,
                                          pad=(0,0), stride=(1,1),
                                          name="conv{}_1".format(i+6))
            relu_1 = mx.sym.Activation(data=conv_1x1, act_type='relu',
                                       name="relu{}_1".format(i+6))
            conv_3x3 = mx.sym.Convolution(data=relu_1, kernel=(3,3),
                                          num_filter=num_filters,
                                          pad=(p,p), stride=(s,s),
                                          name="conv{}_2".format(i+6))
            relu_2 = mx.sym.Activation(data=conv_3x3, act_type='relu',
                                       name="relu{}_2".format(i+6))
            layers.append(relu_2)
        else:
            layers.append(body[from_layer + '_output'])
    return layers
```

接下来介绍添加预测层的函数 create_predictor()，该函数将基于 add_extras() 函数返回的 6 个特征层构造预测层，预测层包括分类支路和回归支路。因此 create_predictor() 函数整体上就是不断循环读取输入的 from_layers 列表（6 个特征层）的过程，在这个大循环中主要执行了如下几个操作。

1）通过 config_dict['normalization'] 的值判断该基础层是否需要添加 L2 Normalization 层，在 SSD 算法中只有 'relu4_3' 层后面才需要添加 L2 Normalization 层。

2）计算每个基础层的 anchor 数量，具体而言就是，计算所设定的 anchor 大小数量和宽高比数量得到 num_anchors=len(anchor_size)-1+len(anchor_ratio) 的值。

3）基于基础层构造回归支路，回归支路的构造是通过卷积层实现的，该卷积层的卷积核数量是通过 num_loc_pred=num_anchors*4 计算得到的，也就是每个 anchor 都会有 4 个坐标信息。另外，这里是通过 mxnet.symbol.Variable() 接口按照指定的初始化方式来构造卷积层的参数值 weight 的。

4）基于基础层构造分类支路，分类支路的构造也是通过卷积层实现的，该卷积层的卷积核数量是通过 num_cls_perd=num_anchors*num_classes 计算得到的，其中 num_classes 等于目标类别数 +1，1 表示背景类别。

5）mxnet.symbol.contrib.MultiBoxPrior() 接口可用于初始化 anchor，9.1.3 节详细介绍了通过该接口初始化得到的 anchor。

循环结束后，mxnet.symbol.concat() 接口用于将 6 个回归预测层输出合并在一起得到 loc_preds，将 6 个分类预测层输出合并在一起得到 cls_preds，将 6 个特征层的 anchor 合并在一起得到 anchors，最后返回这 3 个对象。这里说明一下融合接口的含义，因为 mxnet.

symbol.concat(*data, **kwargs) 接口定义的 data 参数是可变参数（其与普通参数的差别在于定义的参数名前有一个 "*" 符号），可变参数的意思就是传入的参数个数是可变的，因此假如我们采用列表的形式传入参数，那么需要在列表前加一个 "*" 符号。

Create_predictor() 函数的实现代码具体如下：

```python
def create_predictor(from_layers, config_dict, num_classes):
    loc_pred_layers = []
    cls_pred_layers = []
    anchor_layers = []
    num_classes += 1

    for i, from_layer in enumerate(from_layers):
        from_name = from_layer.name
        if config_dict['normalization'][i] > 0:
            num_filters = config_dict['num_filters'][i]
            init = mx.init.Constant(config_dict['normalization'][i])
            L2_normal = mx.sym.L2Normalization(data=from_layer, mode="channel",
                                               name="{}_norm".format(from_name))
            scale = mx.sym.Variable(name="{}_scale".format(from_name),
                                    shape=(1, num_filters, 1, 1),
                                    init=init, attr={'__wd_mult__': '0.1'})
            from_layer = mx.sym.broadcast_mul(lhs=scale, rhs=L2_normal)

        anchor_size = config_dict['sizes'][i]
        anchor_ratio = config_dict['ratios'][i]
        num_anchors = len(anchor_size) - 1 + len(anchor_ratio)

        # regression layer
        num_loc_pred = num_anchors * 4
        weight = mx.sym.Variable(name="{}_loc_pred_conv_weight".format(
                                 from_name),
                                 init=mx.init.Xavier(magnitude=2))
        loc_pred = mx.sym.Convolution(data=from_layer, kernel=(3,3),
                                      weight=weight, pad=(1,1),
                                      num_filter=num_loc_pred,
                                      name="{}_loc_pred_conv".format(
                                      from_name))
        loc_pred = mx.sym.transpose(loc_pred, axes=(0,2,3,1))
        loc_pred = mx.sym.Flatten(data=loc_pred)
        loc_pred_layers.append(loc_pred)

        # classification part
        num_cls_pred = num_anchors * num_classes
        weight = mx.sym.Variable(name="{}_cls_pred_conv_weight".format(
                                 from_name),
                                 init=mx.init.Xavier(magnitude=2))
        cls_pred = mx.sym.Convolution(data=from_layer, kernel=(3,3),
```

```
                                    weight=weight, pad=(1,1),
                                    num_filter=num_cls_pred,
                                    name="{}_cls_pred_conv".format(
                                    from_name))
        cls_pred = mx.sym.transpose(cls_pred, axes=(0,2,3,1))
        cls_pred = mx.sym.Flatten(data=cls_pred)
        cls_pred_layers.append(cls_pred)

        # anchor part
        anchor_step = config_dict['steps'][i]
        anchors = mx.sym.contrib.MultiBoxPrior(from_layer, sizes=anchor_size,
                                        ratios=anchor_ratio, clip=False,
                                        steps=(anchor_step,anchor_step),
                                        name="{}_anchors".format(
                                        from_name))
        anchors = mx.sym.Flatten(data=anchors)
        anchor_layers.append(anchors)
    loc_preds = mx.sym.concat(*loc_pred_layers, name="multibox_loc_preds")
    cls_preds = mx.sym.concat(*cls_pred_layers)
    cls_preds = mx.sym.reshape(data=cls_preds, shape=(0,-1,num_classes))
    cls_preds = mx.sym.transpose(cls_preds, axes=(0,2,1), name="multibox_cls_preds")
    anchors = mx.sym.concat(*anchor_layers)
    anchors = mx.sym.reshape(data=anchors, shape=(0,-1,4), name="anchors")
    return loc_preds, cls_preds, anchors
```

构建好预测层后基本上就完成了 SSD 网络主体结构的搭建，只需要再构造损失函数层就可以完成整个网络结构的搭建了。在这份代码中，损失函数层的构建是通过 create_multi_loss() 函数实现的，该函数中主要执行了如下几个操作。

1）mxnet.symbol.contrib.MultiBoxTarget() 接口用于得到模型的训练目标，这个训练目标包括如下三个输出值。

◯ 回归支路的训练目标 loc_target，也就是 anchor 与真实框之间的 offset。

◯ 回归支路的 mask　loc_target_mask，因为只有正样本 anchor 采用回归目标，因此这个 loc_target_mask 是用来标识哪些 anchor 有回归的训练目标。

◯ 分类支路的训练目标 cls_target，也就是每个 anchor 的真实类别标签。

关于这三个输出值的具体含义和计算过程可以参考 9.1.5 节关于训练目标的介绍。

2）mxnet.symbol.SoftmaxOutput() 接口用于创建分类支路的损失函数，这里依然采用分类算法中常用的基于 softmax 的交叉熵损失函数，关于该函数的详细内容可以参考 6.1.6 节的内容。这里需要特别注意参数 use_ignore 和 ignore_label，参数 user_ignore 设置为 True 表示在回传损失时忽略参数 ignore_label 设定的标签（这里设置为 –1，表示背景）所对应的样本，换句话说就是，负样本 anchor 的分类是不会对梯度更新产生贡献的。

3）mxnet.symbol.smooth_l1() 接口用于创建回归支路的损失函数，这里采用 Smooth L1 损失函数，关于该函数的详细内容可以参考 6.1.6 节的内容。需要注意的是，该函数的输入参数 data 设置为 loc_target_mask*(loc_preds-loc_target)，因为 loc_target_mask 会将负样本 anchor 置零，因此回归部分只有正样本 anchor 才会对损失值计算产生贡献。

4）mxnet.symbol.MakeLoss() 接口用于将 cls_target 作为网络的一个输出，这部分是为了后期计算评价指标而使用的，因此可以看到，其 grad_scale 参数设置为 0，表示不传递损失。

5）mxnet.symbol.contrib.MultiBoxDetection() 接口用于计算预测结果，这部分得到的是预测框的坐标值，以用于计算 mAP。同样，在这一层的后面也用 mxnet.symbol.MakeLoss() 接口进行封装，同时将 grad_scale 参数设置为 0，这是在不影响网络训练的前提下获取除了网络正常输出层以外的其他输出时常用的方法。

6）mxnet.symbol.Group() 接口用于将几个输出合并在一起并返回。一般是通过 mxnet.symbol.Group() 接口组合多个损失函数，例如，设置 mxnet.symbol.Group([loss1, loss2]) 时，表示的是整个网络的损失函数是 loss1+loss2，二者之间的权重是一样的。这里是通过 mxnet.symbol.Group() 接口将 [cls_prob, loc_loss, cls_label, det] 合并在一起，但是，因为 cls_label 和 det 在构造时将 grad_scale 参数设置为 0，所以此处是不用回传损失值的，因此实际上还是只有分类和回归两部分损失函数。

Create_multi_loss() 函数的实现代码具体如下：

```
def create_multi_loss(label, loc_preds, cls_preds, anchors):
    loc_target,loc_target_mask,cls_target = mx.sym.contrib.MultiBoxTarget(
        anchor=anchors,
        label=label,
        cls_pred=cls_preds,
        overlap_threshold=0.5,
        ignore_label=-1,
        negative_mining_ratio=3,
        negative_mining_thresh=0.5,
        minimum_negative_samples=0,
        variances=(0.1, 0.1, 0.2, 0.2),
        name="multibox_target")

    cls_prob = mx.sym.SoftmaxOutput(data=cls_preds, label=cls_target,
                                    ignore_label=-1, use_ignore=True,
                                    multi_output=True,
                                    normalization='valid',
                                    name="cls_prob")
    loc_loss_ = mx.sym.smooth_l1(data=loc_target_mask*(loc_preds-loc_target),
                                 scalar=1.0,
                                 name="loc_loss_")
    loc_loss = mx.sym.MakeLoss(loc_loss_, normalization='valid',
```

```
                              name="loc_loss")
  cls_label = mx.sym.MakeLoss(data=cls_target, grad_scale=0, name="cls_label")
  det = mx.sym.contrib.MultiBoxDetection(cls_prob=cls_prob, loc_pred=loc_preds,
                                  anchor=anchors,
                                  nms_threshold=0.45,
                                  force_suppress=False,
                                  nms_topk=400,
                                  variances=(0.1,0.1,0.2,0.2),
                                  name="detection")
  det = mx.sym.MakeLoss(data=det, grad_scale=0, name="det_out")
  output = mx.sym.Group([cls_prob, loc_loss, cls_label, det])
  return output
```

9.2.4　数据读取

数据读取操作可通过 CustomDataIter() 类实现，该类的实现代码保存在 "~/chapter9-objectDetection/data/dataiter.py" 脚本中，该脚本的实现具体如下。该类的主要操作是对 MXNet 官方提供的检测数据读取接口 mxnet.io.ImageDetRecordIter() 做一定的封装，使其能够用于模型训练。具体而言，封装的过程是针对读取得到的标签来进行的，该类的内部函数 "_read_data()" 用于将读取到的每个批次数据中的原始标签（原始标签中包含一些标识位等信息，可以参看 ".lst" 文件）转换成维度为 [批次大小，标签数量，6] 的标签，这里的标签数量包括图像的真实目标数量和填充的标签数量，这样就能够保证每一张图像的标签数量都相等。

数据读取部分涉及比较多的数据增强操作，这些数据增强操作对模型的训练结果影响较大，接下来就来解读一下数据读取接口的内容，尤其是数据增强操作（下面的第 3 步到第 7 步都是数据增强的内容，依次是色彩变换、图像填充、随机裁剪、resize 和随机镜像操作，接口代码执行数据增强的顺序基本上也是这样的），接下来看看代码中参数的含义。

1）首先，path_imgrec、batch_size、data_shape、mean_r、mean_g、mean_b 这几个参数比较容易理解，因此这里不再赘述。

2）label_pad_width 参数表示标签填充的长度，因为在目标检测算法中，每一张输入图像中的目标数量不一定相同，但是训练过程中每个批次数据的维度要保持一致才能进行训练，因此就有了标签填充这个操作，默认填充值是 "–1"，这样就不会与真实的标签相混合，最终每张图像的标签长度都是一致的。

3）接下来，从 random_hue_prob 到 max_random_contrast 这 8 个参数都是色彩相关的数据增强操作，其中以 prob 结尾的参数表示的是使用该数据增强操作的概率，比如 random_hue_prob、random_saturation_prob、random_illumination_prob 和 random_contrast_prob，剩

下的 4 个参数是对应的色彩操作相关的参数。

4）rand_pad_prob、fill_value 与 max_pad_scale 这 3 个参数是用来填充边界的。假设输入图像大小是 $h*w$（暂不讨论通道），首先在 [1, max_pad_scale] 之间随机选择一个值，比如 2，那么这里会先初始化一个大小为 $2h*2w$，使用 fill_value 进行填充的背景图像，然后将输入图像随机贴在这个背景图像上，这样得到的图像将用于接下来的随机裁剪操作，而 rand_pad_prob 参数则表示随机执行这个填充操作的概率。

5）接下来从 rand_crop_prob 到 num_crop_sampler 这 13 个参数都是与随机裁剪相关的参数。首先，rand_crop_prob 参数表示执行随机裁剪操作的概率。num_crop_sampler 参数表示执行多少组不同参数配置的裁剪操作，该参数的值应与裁剪参数列表的长度相等，否则会报错，最终会从设定的 num_crop_sampler 个裁剪结果中随机选择一个输出。max_crop_aspect_ratios 和 min_crop_aspect_ratios 这 2 个参数表示裁剪时将图像的宽高比变化成这两个值之间的一个随机值，因此这 2 个参数会对输入图像做一定的形变。max_crop_overlaps 和 min_crop_overlaps 这 2 个参数表示裁剪后图像的标注框与原图像的标注框之间的 IoU 最小值要大于 min_crop_overlaps，同时小于 max_crop_overlaps，这是为了防止裁剪后图像的标注框缺失太多。max_crop_trials 参数表示在每组 max_crop_overlaps 和 min_crop_overlaps 参数下可执行的裁剪次数的上限，因为裁剪过程中可能需要裁剪多次才能保证原有的真实框不会被裁掉太多，而只要有某次裁剪结果符合这个 IoU 的上下限要求，就不再裁剪，转而进行下一组 max_crop_overlaps 和 min_crop_overlaps 参数的裁剪。

6）接下来是 resize 操作，对应的参数是 inter_method，其表示的是 resize 操作时的插值算法，这里选择的是随机插值，另外该操作需要的最终图像尺寸参数已经在 data_shape 参数中指定了。

7）最后是随机镜像操作，对应的参数是 rand_mirror_prob，常用的默认值是 0.5。

CustomData Iter() 函数的实现代码具体如下：

```
import mxnet as mx

class CustomDataIter(mx.io.DataIter):
    def __init__(self, args, is_trainData=False):
        self.args = args
        data_shape = (3, args.data_shape, args.data_shape)
        if is_trainData:
            self.data=mx.io.ImageDetRecordIter(
                path_imgrec=args.train_rec,
                batch_size=args.batch_size,
                data_shape=data_shape,
                mean_r=123.68,
                mean_g=116.779,
```

```
                    mean_b=103.939,
                    label_pad_width=420,
                    random_hue_prob=0.5,
                    max_random_hue=18,
                    random_saturation_prob=0.5,
                    max_random_saturation=32,
                    random_illumination_prob=0.5,
                    max_random_illumination=32,
                    random_contrast_prob=0.5,
                    max_random_contrast=0.5,
                    rand_pad_prob=0.5,
                    fill_value=127,
                    max_pad_scale=4,
                    rand_crop_prob=0.833333,
                    max_crop_aspect_ratios=[2.0, 2.0, 2.0, 2.0, 2.0],
                    max_crop_object_coverages=[1.0, 1.0, 1.0, 1.0, 1.0],
                    max_crop_overlaps=[1.0, 1.0, 1.0, 1.0, 1.0],
                    max_crop_sample_coverages=[1.0, 1.0, 1.0, 1.0, 1.0],
                    max_crop_scales=[1.0, 1.0, 1.0, 1.0, 1.0],
                    max_crop_trials=[25, 25, 25, 25, 25],
                    min_crop_aspect_ratios=[0.5, 0.5, 0.5, 0.5, 0.5],
                    min_crop_object_coverages=[0.0, 0.0, 0.0, 0.0, 0.0],
                    min_crop_overlaps=[0.1, 0.3, 0.5, 0.7, 0.9],
                    min_crop_sample_coverages=[0.0, 0.0, 0.0, 0.0, 0.0],
                    min_crop_scales=[0.3, 0.3, 0.3, 0.3, 0.3],
                    num_crop_sampler=5,
                    inter_method=10,
                    rand_mirror_prob=0.5,
                    shuffle=True
                )
        else:
            self.data=mx.io.ImageDetRecordIter(
                    path_imgrec=args.val_rec,
                    batch_size=args.batch_size,
                    data_shape=data_shape,
                    mean_r=123.68,
                    mean_g=116.779,
                    mean_b=103.939,
                    label_pad_width=420,
                    shuffle=False
                )
        self._read_data()
        self.reset()

    @property
```

```python
def provide_data(self):
    return self.data.provide_data

@property
def provide_label(self):
    return self.new_provide_label

def reset(self):
    self.data.reset()

def _read_data(self):
    self._data_batch = next(self.data)
    if self._data_batch is None:
        return False
    else:
        original_label = self._data_batch.label[0]
        original_label_length = original_label.shape[1]
        label_head_length = int(original_label[0][4].asscalar())
        object_label_length = int(original_label[0][5].asscalar())
        label_start_idx = 4+label_head_length
        label_num = (original_label_length-label_start_idx+1)//object_label_length
        self.new_label_shape = (self.args.batch_size, label_num, object_
            label_length)
        self.new_provide_label = [(self.args.label_name, self.new_label_shape)]
        new_label = original_label[:,label_start_idx:
                        object_label_length*label_num+label_start_idx]
        self._data_batch.label = [new_label.reshape((-1,label_num,
                                        object_label_length))]

    return True

def iter_next(self):
    return self._read_data()

def next(self):
    if self.iter_next():
        return self._data_batch
    else:
        raise StopIteration
```

9.2.5　定义训练评价指标

训练评价指标 MultiBoxMetric 类的实现保存在“~/chapter9-objectDetection/9.2-object-Detection/tools/custom_metric.py”脚本中。第 7 章的 7.2.5 节介绍了如何自定义评价指标，在 MXNet 中，一般是通过继承 mxnet.metric.EvalMetric 类并重写部分方法来实现评价指标

的自定义，本节关于训练阶段的评价指标的定义也是如此。在大多数目标检测算法中，分类支路采用的都是基于 softmax 的交叉熵损失函数，回归支路采用的都是 Smooth L1 损失函数，在 MultiBoxMetric 类中同时执行了这两个指标的计算。

MultiBoxMetric 类中主要涉及的方法包括初始化方法 __init__()、重置方法 reset()、指标更新方法 update() 和指标获取方法 get()。注意，在重置方法 reset() 中将 self.num_inst 和 self.num_metric 的长度都设置为 2，这一点正是与交叉熵及 Smooth L1 损失相对应。指标更新方法 update() 是这个类的核心，该方法有 2 个重要的输入，分别是标签 labels 和网络的预测输出 preds。在介绍 SSD 网络结构构造时（具体而言是 "~/chapter9-objectDetection/9.2-objectDetection/symbol/get_ssd.py" 脚本中的 create_multi_loss() 函数），在构造函数的最后，mxnet.symbol.Group() 接口会将 4 个输出值组合在一起，而这里的 preds 变量就是这 4 个输出值。因此可以看到 preds[0] 对应于 cls_prob，也就是目标的分类概率，维度是 $[B, C+1, N]$，其中 B 表示批次大小，C 表示目标类别数，对于 PASCAL VOC 数据集而言 $C=20$，N 表示 anchor 数量，对于 SSD 算法而言，默认是 8732。preds[1] 对应于 loc_loss，也就是回归支路的损失值，维度是 $[B, N*4]$，因此这部分就是这个类要输出的损失值之一：Smooth L1。preds[2] 对应于目标的真实标签，维度是 $[B, N]$，该变量是计算交叉熵损失值的重要输入之一。preds[3] 对应于预测框的坐标，维度是 $[B, N, 6]$，6 包括 1 个预测类别、4 个坐标信息和 1 个类别置信度，preds[3] 在这里暂时用不到。注意，update() 方法中有一个重要的操作 valid_count = np.sum(cls_label >= 0)，这一行是计算有效 anchor 的数量，该数量用于评价指标的计算。变量 mask 和 indices 用于筛选类别预测概率 cls_prob 中与有效 anchor 对应的真实类别的预测概率，得到这个概率之后就可以作为交叉熵函数的输入用于交叉熵值的计算。指标获取方法 get() 的内容相对比较简单，主要就是对 update() 方法中计算得到的变量 self.sum_metric 和 self.num_inst 执行除法操作，需要注意的是当除数为 0 时，这里设置为输出 'nan'。

MultiBoxMetric() 函数的实现代码如下：

```
import mxnet as mx
import numpy as np

class MultiBoxMetric(mx.metric.EvalMetric):
    def __init__(self, name):
        super(MultiBoxMetric, self).__init__('MultiBoxMetric')
        self.name = name
        self.eps = 1e-18
        self.reset()

    def reset(self):
        self.num = 2
```

```
        self.num_inst = [0] * self.num
        self.sum_metric = [0.0] * self.num

    def update(self, labels, preds):
        cls_prob = preds[0].asnumpy()
        loc_loss = preds[1].asnumpy()
        cls_label = preds[2].asnumpy()

        valid_count = np.sum(cls_label >= 0)
        label = cls_label.flatten()
        mask = np.where(label >= 0)[0]
        indices = np.int64(label[mask])
        prob = cls_prob.transpose((0, 2, 1)).reshape((-1, cls_prob.shape[1]))
        prob = prob[mask, indices]

        # CrossEntropy Loss
        self.sum_metric[0] += (-np.log(prob + self.eps)).sum()
        self.num_inst[0] += valid_count

        # SmoothL1 Loss
        self.sum_metric[1] += np.sum(loc_loss)
        self.num_inst[1] += valid_count

    def get(self):
        result = [sum / num if num != 0 else float('nan') for sum, num in zip(self.
            sum_metric, self.num_inst)]
        return (self.name, result)
```

在主函数中调用自定义的评价指标类时需要先导入对应类，然后通过 mxnet.metric_
CompositeEvalMetric() 接口得到评价指标管理对象 eval_metric，调用 eval_metric 的 add()
方法添加对应的评价指标类，比如这里的 MuleiBoxMetric 类，参数 name 的设定与训练过
程中的日志信息相关，最后将 eval_metric 作为 fit() 方法的参数输入即可，具体代码如下：

```
from tools.custom_metric import MultiBoxMetric
eval_metric = mx.metric.CompositeEvalMetric()
eval_metric.add(MultiBoxMetric(name=['CrossEntropy Loss',
                                     'SmoothL1 Loss']))
```

9.2.6 训练模型

讲解完训练代码的细节之后，接下来读者需要先按照本章项目代码的 README.MD 中
介绍的链接下载 VGG 预训练模型，并将下载得到的模型放在 " ~/chapter9-objectDete-
ction/9.2-objectDetection/model" 目录下，然后通过如下命令启动训练：

```
$ cd ~/chapter9-objectDetection/9.2-objectDetection
$ python train.py
```

成功启动训练后可以看到如图 9-15 所示的训练日志，同时训练日志也将保存在"~/chapter9-objectDetection/9.2-objectDetection/output/ssd_vgg/train.log"中。

对于 SSD 算法而言，数据增强操作、anchor 尺寸设计、预测层的选择等对算法的结果影响较大，读者可以尝试修改这几部分参数并对比模型训练的结果。

```
Epoch[0] Batch [20]      Speed: 67.75 samples/sec    CrossEntropy Loss=3.668690    SmoothL1 Loss=0.801421
Epoch[0] Batch [40]      Speed: 67.84 samples/sec    CrossEntropy Loss=2.308080    SmoothL1 Loss=0.732953
Epoch[0] Batch [60]      Speed: 69.78 samples/sec    CrossEntropy Loss=1.818007    SmoothL1 Loss=0.690960
Epoch[0] Batch [80]      Speed: 66.48 samples/sec    CrossEntropy Loss=1.485713    SmoothL1 Loss=0.665263
Epoch[0] Batch [100]     Speed: 68.32 samples/sec    CrossEntropy Loss=1.333656    SmoothL1 Loss=0.669597
Epoch[0] Batch [120]     Speed: 69.35 samples/sec    CrossEntropy Loss=1.288296    SmoothL1 Loss=0.644928
Epoch[0] Batch [140]     Speed: 70.93 samples/sec    CrossEntropy Loss=1.280649    SmoothL1 Loss=0.615671
Epoch[0] Batch [160]     Speed: 67.38 samples/sec    CrossEntropy Loss=1.248331    SmoothL1 Loss=0.598456
Epoch[0] Batch [180]     Speed: 67.85 samples/sec    CrossEntropy Loss=1.247127    SmoothL1 Loss=0.578629
Epoch[0] Batch [200]     Speed: 69.85 samples/sec    CrossEntropy Loss=1.203792    SmoothL1 Loss=0.602255
Epoch[0] Batch [220]     Speed: 69.01 samples/sec    CrossEntropy Loss=1.200203    SmoothL1 Loss=0.557018
Epoch[0] Batch [240]     Speed: 69.69 samples/sec    CrossEntropy Loss=1.222296    SmoothL1 Loss=0.556127
Epoch[0] Batch [260]     Speed: 72.66 samples/sec    CrossEntropy Loss=1.207219    SmoothL1 Loss=0.553120
Epoch[0] Batch [280]     Speed: 69.64 samples/sec    CrossEntropy Loss=1.188878    SmoothL1 Loss=0.553961
Epoch[0] Batch [300]     Speed: 69.89 samples/sec    CrossEntropy Loss=1.198334    SmoothL1 Loss=0.535199
Epoch[0] Batch [320]     Speed: 71.69 samples/sec    CrossEntropy Loss=1.205703    SmoothL1 Loss=0.532758
Epoch[0] Batch [340]     Speed: 72.63 samples/sec    CrossEntropy Loss=1.190107    SmoothL1 Loss=0.526166
Epoch[0] Batch [360]     Speed: 72.46 samples/sec    CrossEntropy Loss=1.180968    SmoothL1 Loss=0.513918
Epoch[0] Batch [380]     Speed: 74.88 samples/sec    CrossEntropy Loss=1.167091    SmoothL1 Loss=0.512179
Epoch[0] Batch [400]     Speed: 67.77 samples/sec    CrossEntropy Loss=1.152514    SmoothL1 Loss=0.516109
Epoch[0] Batch [420]     Speed: 68.68 samples/sec    CrossEntropy Loss=1.163103    SmoothL1 Loss=0.507338
Epoch[0] Batch [440]     Speed: 71.16 samples/sec    CrossEntropy Loss=1.158771    SmoothL1 Loss=0.517602
Epoch[0] Batch [460]     Speed: 70.77 samples/sec    CrossEntropy Loss=1.144355    SmoothL1 Loss=0.485870
Epoch[0] Batch [480]     Speed: 76.14 samples/sec    CrossEntropy Loss=1.142784    SmoothL1 Loss=0.520095
Epoch[0] Batch [500]     Speed: 74.97 samples/sec    CrossEntropy Loss=1.146773    SmoothL1 Loss=0.489613
Epoch[0] Train-CrossEntropy Loss=1.116498
Epoch[0] Train-SmoothL1 Loss=0.499018
Epoch[0] Time cost=239.892
Epoch[0] Validation-aeroplane=0.093995
Epoch[0] Validation- bicycle=0.000000
Epoch[0] Validation- bird=0.030303
Epoch[0] Validation- boat=0.001136
Epoch[0] Validation- bottle=0.000200
Epoch[0] Validation- bus=0.090909
Epoch[0] Validation- car=0.228051
Epoch[0] Validation- cat=0.105627
Epoch[0] Validation- chair=0.057811
Epoch[0] Validation- cow=0.000000
Epoch[0] Validation- diningtable=0.000000
Epoch[0] Validation- dog=0.163700
Epoch[0] Validation- horse=0.090909
Epoch[0] Validation- motorbike=0.000000
Epoch[0] Validation- person=0.356675
Epoch[0] Validation- pottedplant=0.000000
Epoch[0] Validation- sheep=0.045455
Epoch[0] Validation- sofa=0.000000
Epoch[0] Validation- train=0.120294
Epoch[0] Validation- tvmonitor=0.000000
Epoch[0] Validation-mAP=0.069253
```

图 9-15　训练日志

9.2.7　测试模型

训练得到模型之后，接下来就可以基于训练得到的模型进行测试，这部分代码保存在"~/chapter9-objectDetection/9.2-objectDetection/demo.py"脚本中，接下来是介绍测试代码的内容，首先导入必要的模块，代码如下：

```
import mxnet as mx
from symbol.get_ssd import get_ssd
import numpy as np
import random, os
import matplotlib.pyplot as plt
import matplotlib.patches as patches
```

接下来是主函数 main()，主函数部分主要执行了如下几个部分的内容。

1）调用 load_model() 函数导入模型，需要传入的参数包括模型保存路径 prefix、模型保存名称中的 index 和环境信息 context。

2）定义数据的预处理操作，比如通过 mxnet.image.CastAug() 接口将输入图像的数值类型转成 float32 类型，通过 mxnet.image.ForceResizeAug() 接口将输入图像缩放到指定尺寸，通过 mxnet.image.ColorNormalizeAug() 接口对输入图像的数值做归一化操作。

3）读取测试文件夹中的图像数据，读取进来的图像将先通过 transform() 函数进行第 2 步介绍的预处理操作，然后通过 mxnet.ndarray.transpose() 接口调整通道维度的顺序，再通过 mxnet.ndarray.expand_dims() 接口增加批次维度，最终数据将是维度为 [N, C, H, W] 的 4 维 NDArray 变量，这 4 个维度分别表示批次、通道、高和宽。

4）mxnet.io.DataBatch() 接口用于封装数据并作为 model 的 forward() 方法的输入进行前向计算。

5）调用 model 的 get_outputs() 方法得到输出，9.2.2 节在介绍模型训练时提到其构建 SSD 网络时最后有 4 个输出，其中第 4 个输出是通过 mxnet.symbol.contric.MultiBoxDetection() 接口实现的，该接口用于得到检测结果，并且对预测框也做了 NMS 操作，因此这个输出就是我们需要的检测结果，也就是 model.get_outputs()。

6）去掉检测结果中类别是 "–1" 的预测框，剩下的就是目标的预测框了，对应的变量是 det，最后调用 plot_pred() 函数将预测框画在测试图像上并保存在 "~/chapter9-objectDetection/9.2-objectDetection/detection_result" 文件夹下。

```
def main():
    model = load_model(prefix="output/ssd_vgg/ssd",
                       index=225,
                       context=mx.gpu(0))

    cast_aug = mx.image.CastAug()
    resize_aug = mx.image.ForceResizeAug(size=[300, 300])
    normalization = mx.image.ColorNormalizeAug(mx.nd.array([123, 117, 104]),
                                               mx.nd.array([1, 1, 1]))
    augmenters = [cast_aug, resize_aug, normalization]
```

```
    img_list = os.listdir('demo_img')
    for img_i in img_list:
        data = mx.image.imread('demo_img/'+img_i)
        det_data = transform(data, augmenters)
        det_data = mx.nd.transpose(det_data, axes=(2, 0, 1))
        det_data = mx.nd.expand_dims(det_data, axis=0)

        model.forward(mx.io.DataBatch((det_data,)))
        det_result = model.get_outputs()[3].asnumpy()
        det = det_result[np.where(det_result[:,:,0] >= 0)]
        plot_pred(det=det, data=data, img_i=img_i)

if __name__ == '__main__':
    main()
```

　　预测框的绘制代码与 9.1.1 节中显示图像的标注框类似，这里不再细讲，接下来简要介绍一下在主函数中调用的模型导入函数 load_model()。在 load_model() 函数中，先对图像尺寸、数据名、数据维度、标签名、标签维度做初始化；然后通过 mxnet.model.load_checkpoint() 接口导入训练好的模型，得到模型参数 arg_params 和 aux_params；接着调用 get_ssd() 函数构造 SSD 网络结构，这个函数在介绍训练代码的时候已经详细讲解过了。准备好这些内容之后就可以通过 mxnet.mod.Module() 接口初始化得到一个 Module 对象 model；然后调用 model 的 bind() 方法将数据信息和网络结构添加到执行器从而构成一个完整的能够运行的对象；最后调用 model 的 set_params() 方法用导入的模型参数初始化构建的 SSD 网络，这样就得到了最终的检测模型。

```
def load_model(prefix, index, context):
    batch_size = 1
    data_width, data_height = 300, 300
    data_names = ['data']
    data_shapes = [('data', (batch_size, 3, data_height, data_width))]
    label_names = ['label']
    label_shapes = [('label', (batch_size, 3, 6))]
    body, arg_params, aux_params = mx.model.load_checkpoint(prefix, index)
    symbol = get_ssd(num_classes=20)
    model = mx.mod.Module(symbol=symbol, context=context,
                          data_names=data_names,
                          label_names=label_names)
    model.bind(for_training=False,
               data_shapes=data_shapes,
               label_shapes=label_shapes)
    model.set_params(arg_params=arg_params, aux_params=aux_params,
                     allow_missing=True)
    return model
```

读者可以通过如下命令运行测试脚本:

```
$ cd ~/chapter9-objectDetection/9.2-objectDetection
$ python demo.py
```

我们可以在"~/chapter9-objectDetection/9.2-objectDetection/detection_result"文件夹下查看模型的检测效果,如图9-16所示。

图9-16 测试结果

9.4 本章小结

目标检测是计算机视觉算法中应用非常广泛的领域,是指任意给定一张图像,判断图像中是否存在指定类别的目标,如果存在,则返回目标的位置和类别置信度。目标检测算法与图像分类算法的差别在于图像分类算法一般都是单任务,而目标检测算法则是多任务,主要是目标分类和目标位置回归这2个任务。通用的目标检测算法习惯上可分为 one stage 和 two stage 两种类型,二者的主要区别在于前者是直接基于网络提取到的特征和预定义的框(anchor)进行目标预测,后者是先通过网络提取到的特征和预定义的框学习得到候选框(Region of Interest,RoI),然后基于候选框的特征进行目标检测。

本章以 one stage 类型目标检测算法中经典的 SSD 算法为例介绍了目标检测算法的实现过程。本章详细介绍了常见目标检测数据集的构成、SSD 算法的内容、anchor 的含义和生成细节、IoU 的计算公式及其在目标检测算法中的作用、SSD 算法的训练目标生成、NMS 操作的含义、目标检测算法常用评价指标 mAP 的计算等。最后通过实际训练代码和测试代码验证 SSD 算法在自定义数据集上的效果。

第 10 章

图 像 分 割

图像分割是图像领域的一个重要分支，是指任意给定一张图像，将图像中的指定目标分割出来的过程。从图像分割的定义可以看出，图像分割的过程其实是对输入图像中每个像素点做分类的过程，并最终得到一个与输入图像一样大小的 mask，这个 mask 使用不同的颜色表示目标的分割结果。

图像分类、目标检测和图像分割算法是图像领域应用非常广泛的 3 个分支，学习完第 8 章图像分类和第 9 张目标检测后，我们可以看出图像分类是对图像做分类，目标检测是对图像中的区域做分类，而本章要介绍的图像分割是对图像的像素点做分类，因此这 3 个分支的任务目标是逐步递进的，对输入图像的处理越来越精细。图像分割算法与图像分类算法非常类似，只不过图像分类算法是对图像做分类，而图像分割是对像素点做分类。

目前，在图像分割领域研究较为活跃的主要有语义分割（semantic segmentation）和实例分割（instance segmentation）。语义分割是指将图像中指定类别的目标分割出来，不区分相同类别的目标，实例分割也是将图像中指定类别的目标分割出来，不过与语义分割不同的是，实例分割能够区分相同类别的目标。

图像分割在实际生活中的应用非常广泛，比如自动驾驶、自动抠图、卫星图分割等。在自动驾驶领域，车辆会先通过各种方式获取前方道路的图像，然后对图像中的目标进行分割和识别，比如行人、车道线、红绿灯等，基于分割结果判断目标的位置和类型，从而指导车辆做下一步决策。在许多图像或视频类软件中，自动抠图的功能非常常见，用户可以选定某个目标，然后实现该目标与背景信息的分割，从而得到该目标的抠图结果，得到抠图结果后用户可以将抠图随机贴到其他背景图像上，稍加修饰的话就能达到偷梁换柱的效果。卫星图分割也是图像分割的重要应用，比如对卫星图中的道路、房屋、田地等做分割，从而可服务于城市建设。

10.1 图像分割

图像分割是指任意给定一张图像，将图像中指定类别的目标分割出来的过程。随着深度学习算法在计算机视觉各个领域的不断发展，图像分割领域也逐渐引入了深度学习算法，目前图像分割领域研究比较活跃的 2 个分支是语义分割和实例分割，这 2 个分支既有紧密联系，又有显著区别。

语义分割是指将图像中指定类别的目标分割出来，不区分相同类别的目标，如图 10-1 所示。在图 10-1 中，对输入图像中的人和车进行分割，输出一个 mask，这个 mask 将图像中的 5 个人用同一种颜色表示，将图像中的 2 辆车用同一种颜色表示，因此可以看出语义分割是针对类别的，而不会区分相同类别的目标。

图 10-1　语义分割示意图

实例分割也是将图像中指定类别的目标分割出来，不过与语义分割不同的是，实例分割区分相同类别的目标，如图 10-2 所示。在图 10-2 中，对输入图像中的人和车进行分割，输出一个 mask，这个 mask 使用了 5 种不同的颜色表示图像中的 5 个人，并使用了 2 种不同颜色表示图像中的 2 辆车，可以看出，实例分割会将属于同一个类别的目标用不同的颜色进行标识，而语义分割则不会。

图 10-2 实例分割示意图

10.1.1 数据集

目前语义分割领域常用的公开数据集有 PASCAL VOC [⊖]和 ADE20K [⊜]。PASCAL VOC 数据集不仅在目标检测领域应用广泛，而且在语义分割领域也是常用的公开数据集，目前在语义分割领域使用的主要是 PASCAL VOC2012，该数据集中的训练样本有 1464 张，验证样本有 1449 张，测试样本有 1456 张，目标类别数为 20 类，这 20 类与用于目标检测的类别相同，另外还有 1 个背景类。ADE20K 数据集中的训练样本有 20 000 张，验证样本有 2000 张，测试样本有 3000 张，目标类别数为 150 类。实例分割领域常用的公开数据集是 Cityscapes [⊜]和 COCO ®。Cityscapes 数据集中的训练样本有 2975 张，验证样本有 500 张，测试样本有 1525 张，目标类别数为 8 类。COCO 数据集中常用样本数量为 80 000 的训练集和样本数量为 35 000 的验证子集构成训练数据集（论文中一般用 trainval35k 表示），用剩余的 5000 验证子集作为验证集（论文中一般用 minival 表示），另外测试数据集有 20 000 个样本，目标类别数是 80 类。

本章的实战内容是语义分割算法，因此实验数据集采用 PASCAL VOC2012 ^⑤。PASCAL VOC 数据集在第 9 章介绍目标检测（object detection）算法时已经介绍过了，其是一个非常经典的可用于多种图像任务的公开数据集。读者可以通过如下命令下载数据：

```
$ wget http://host.robots.ox.ac.uk/pascal/VOC/voc2012/VOCtrainval_11-May-2012.tar
```

下载成功后会得到一个名为 VOCtrainval_11-May-2012.tar 的压缩文件，接下来可用如下命令解压数据：

```
$ tar xvf VOCtrainval_11-May-2012.tar
```

解压成功后会得到一个名为 VOCdevkit 的文件夹，该文件夹下是一个名为 VOC2012 的文件夹，该文件夹下有如图 10-3 所示的 5 个文件夹。

图 10-3　PASCAL VOC2012 数据集内容

这 5 个文件夹中，Annotations 中存放的是用于目标检测算法的标签文件。ImageSets 中的 Main 文件夹存放的是用于目标检测算法的图像列表文件，ImageSets 中的 Segmentation 文件夹存放的是用于图像分割的图像列表文件，包括 train.txt、val.txt 和 trainval.txt 三个文本文件，其中 train.txt 和 val.txt 中分别包含了 1464 和 1449 行图像名，可用来表示模型训练和验证时的数据信息，trainval.txt 是 train.txt 和 val.txt 文件合并后的结果，因此一共包含了 2913 行图像名。JPEGImages 文件夹存放的是图像文件，一共包含了 17 125 张图像，这些图像一部分用于目标检测，一部分用于图像分割，还有一部分用于其他图像任务，具体用于哪些图像都是通过 ImageSets 文件夹中对应任务文件夹的训练或验证集文本文件来维护的。SegmentationClass 文件夹存放的是用于语义分割的标签图像，一共包含 2913 张标签图像，与训练验证集 trainval.txt 中的图像名一一对应，如图 10-4 所示。

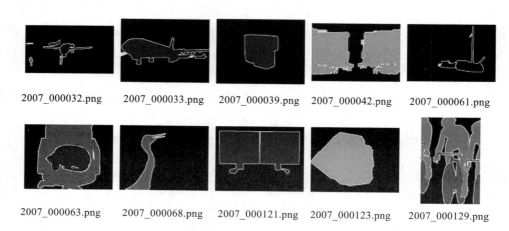

图 10-4　语义分割的标签图像

SegmentationObject 文件夹存放的是用于实例分割的标签图像，一共包含 2913 张标签图像，与训练验证集 trainval.txt 中的图像名一一对应，如图 10-5 所示。

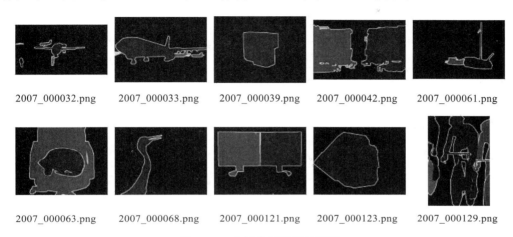

2007_000032.png   2007_000033.png   2007_000039.png   2007_000042.png   2007_000061.png

2007_000063.png   2007_000068.png   2007_000121.png   2007_000123.png   2007_000129.png

图 10-5   实例分割的标签图像

从图 10-4 和图 10-5 的标签图像可以看出，语义分割和实例分割的标签图像非常相似，都是用不同的颜色将图像中的目标显示出来，只不过实例分割会区分相同类别中的不同目标。

10.1.2   评价指标

语义分割的评价指标主要有像素准确率（pixel accuracy）和 Mean IoU（Mean of class-wise Intersection over Union），目前最为常用的是 Mean IoU。

因为语义分割是对输入图像中的每个像素点做分类，因此假设现在有 $k+1$ 个类（包括一个背景类别），用 C_{ij} 表示真实标签是第 i 类但是预测为第 j 类的像素点数量，那么像素准确率（Pixel Accuracy，PA）的计算公式就如下所示：

$$PA = \frac{\sum_{i=0}^{k} C_{ii}}{\sum_{i=0}^{k} \sum_{j=0}^{k} C_{ij}}$$

从像素准确率的计算公式可以看出，分子是分类正确的像素点数量，分母是所有像素点的数量，因此该评价指标与图像分类算法中的准确率计算一样，只不过这里是基于像素点进行计算，而图像分类算法则是基于图像进行计算的。

在图像分类算法中，除了准确率这个指标之外，我们经常用到的还有 recall 和 precision 这两个指标，比如我们要计算类别 A 的 recall 和 precision，那么 recall 就是用预测为 A 且预测对的图像数量除以真实标签为 A 的图像数量，precision 是用预测为 A 且预测对的图像数量除以预测为 A 的图像数量。Mean IoU 可以看作是在像素精确度的基础上引入 recall 和 precision 的思想，具体而言就是，Mean IoU 的计算过程是先计算每个类别的 IoU，然后累加每个类别的 IoU 并除以类别数得到最终的 Mean IoU，因此 Mean IoU 中的 Mean 表示的就是类别 IoU 的均值。对每个类别求 IoU 的过程与目标检测算法中对 2 个框求 IoU 的过程类似，都是用 2 个输入的交集除以并集。但是在语义分割中对 2 个输入的交集和并集的定义略有不同，Mean IoU 公式如下：

$$\text{Mean IoU} = \frac{1}{k+1} \sum_{i=0}^{k} \frac{C_{ii}}{\sum_{j=0}^{k} C_{ij} + \sum_{j=0}^{k} C_{ji} - C_{ii}}$$

10.1.3　语义分割算法

目前语义分割算法研究十分活跃，比较著名的主要有 FCN[一]、DeepLab[二] 系列、PSPNet[三] 算法等，在本章中我们采用 FCN 算法进行语义分割。FCN 是语义分割领域非常经典的算法，该算法通过全卷积网络实现语义分割，网络结构如图 10-6 所示。

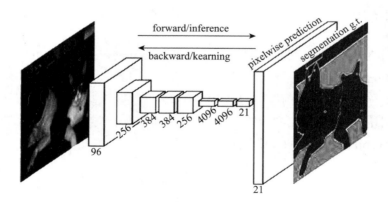

图 10-6　FCN 算法结构

FCN 算法是在 VGG 网络的基础上进行一定的修改并增加反卷积层使得模型最终输出

[一]　https://arxiv.org/abs/1411.4038。
[二]　https://arxiv.org/abs/1606.00915。
[三]　https://arxiv.org/abs/1612.01105。

的特征图大小与输入图像大小相同，从而实现对输入图像中的每个点进行分类的目的。从图 10-6 的输出特征图维度可以看出，除了宽、高这两个维度与输入图像相同之外，还有一个维度大小为 21，这个数字是与分割数据集挂钩的，因为 FCN 算法主要是在 PASCAL VOC 数据集上进行的，PASCAL VOC 数据集一共包含 20 个目标类别和 1 个背景类别，因此加起来就是 21 类。

　　FCN 算法在网络结构上主要有 3 种类型，如图 10-7 所示，这三种类型分别命名为 FCN32s、FCN16s 和 FCN8s，其中 FCN32s 类似于图 10-6，中间不涉及特征融合操作。FCN16s 在 FCN32s 的基础上增加了一个特征融合操作，具体而言就是将 conv7 层的输出特征图经过反卷积操作后放大为原来的 2 倍，然后与 pool4 层的输出特征图相融合，这两个特征图的宽高相同，并通过特征图对应点相加实现融合，最后基于融合后的特征图进行预测。FCN8s 也是类似的道理，只不过相比 FCN16s 其多了一个特征融合操作，具体而言就是，在 FCN16s 的基础上再融合 pool3 层的输出，最后基于融合后的特征图进行预测。特征融合的原因在于网络浅层的细节信息更多，因此这样做对于分割结果而言，细节部分会处理得更好一些，论文的实验结果也证明了这种操作对模型效果的提升有很大帮助。

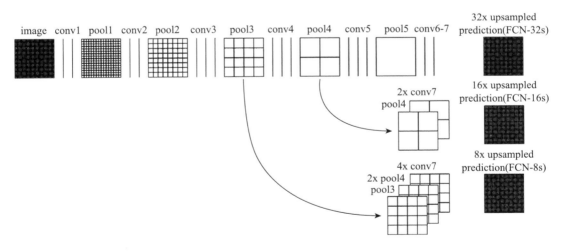

图 10-7　FCN 算法的 3 种网络结构

10.2　语义分割实战

　　本节以 FCN 算法为例实现语义分割，关于 FCN 算法的介绍可以参考 10.1.3 节。本节介绍的语义分割代码参考了 MXNet 官方提供的 FCN 算法代码⊖，我在这份代码的基础上做了一定的修改，并借鉴 GluonCV 库相关的接口代码实现评价指标，以方便读者学习该算法内容，同时对于算法复现感兴趣的读者可以参考 GluonCV 库关于语义分割算法的复现脚本⊖。

需要说明的是，这份训练代码设置为单卡训练，且批次大小为 1，因此在数据读取过程中没有做数据裁剪等操作，换句话说，训练过程都是基于原图像进行的，所以如果读者观察模型训练过程中显卡的显存使用情况，会发现显存占用量是波动的，因此需要读者的 GPU 单卡显存上限为 12GB 及以上才能保证在这份数据集上顺利训练模型。

在 10.1.3 节中，我介绍过 FCN 算法有 3 种网络结构，分别是 FCN32s、FCN16s 和 FCN8s，一般在训练 FCN32s 时采用 VGG 预训练模型进行参数初始化，在训练 FCN16s 时采用训练好的 FCN32s 模型进行参数初始化，在训练 FCN8s 时采用训练好的 FCN16s 模型进行参数初始化，详细内容将在 10.2.6 节中具体介绍。

10.2.1　数据准备

本章以 PASCAL VOC2012 数据集为例介绍如何实战语义分割算法，读者可以按照 10.1.1 节介绍的数据下载方式下载 PASCAL VOC2012 数据集，下载成功后将文件夹 VOC2012 放在"~/chapter10-segmentation/data"目录下。

接下来基于训练集列表 train.txt 和验证集列表 val.txt 得到对应的".lst"文件，可以通过如下命令来实现：

```
$ cd ~/chapter10-segmentation/data
$ python create_lst.py
```

得到的 train.lst 和 val.lst 默认保存在"~/chapter10-segmentation/data/VOC2012"目录下，train.lst 的内容如图 10-8 所示，第一列是 index，第二列是图像路径，第三列是标签路径，列与列之间使用 tab 键分割。除了使用".lst"文件之外，也可以使用 txt 文件，因为数据读取接口是自定义的，因此只需要能够读取文件内容且文件内建立了图像和标签的对应关系即可，这里使用".lst"文件是为了与其他图像任务统一。

⊖　https://github.com/apache/incubator-mxnet/tree/master/example/fcn-xs。

⊖　https://gluon-cv.mxnet.io/model_zoo/segmentation.html#semantic-segmentation。

```
1     JPEGImages/2007_000032.jpg        SegmentationClass/2007_000032.png
2     JPEGImages/2007_000039.jpg        SegmentationClass/2007_000039.png
3     JPEGImages/2007_000063.jpg        SegmentationClass/2007_000063.png
4     JPEGImages/2007_000068.jpg        SegmentationClass/2007_000068.png
5     JPEGImages/2007_000121.jpg        SegmentationClass/2007_000121.png
6     JPEGImages/2007_000170.jpg        SegmentationClass/2007_000170.png
7     JPEGImages/2007_000241.jpg        SegmentationClass/2007_000241.png
8     JPEGImages/2007_000243.jpg        SegmentationClass/2007_000243.png
9     JPEGImages/2007_000250.jpg        SegmentationClass/2007_000250.png
10    JPEGImages/2007_000256.jpg        SegmentationClass/2007_000256.png
11    JPEGImages/2007_000333.jpg        SegmentationClass/2007_000333.png
12    JPEGImages/2007_000363.jpg        SegmentationClass/2007_000363.png
13    JPEGImages/2007_000364.jpg        SegmentationClass/2007_000364.png
14    JPEGImages/2007_000392.jpg        SegmentationClass/2007_000392.png
15    JPEGImages/2007_000480.jpg        SegmentationClass/2007_000480.png
16    JPEGImages/2007_000504.jpg        SegmentationClass/2007_000504.png
17    JPEGImages/2007_000515.jpg        SegmentationClass/2007_000515.png
```

图 10-8   train.lst 内容示例

10.2.2　训练参数及配置

模型训练的启动代码保存在 "~/chapter10-segmentation/train.py" 脚本中，train.py 脚本中主要包含模块导入、命令行参数解析函数 parse_arguments()、反卷积层参数初始化函数 init_deconv() 和主函数 main()。首先是导入必要的模块，比如用于读取数据的 VocSegData 类，用于计算 Mean IoU 的 MeanIoU 类，用于计算像素精确度的 PixelAccuracy 类，用于计算像素交叉熵的 PixelCrossEntropy 类等，具体如下：

```
import argparse
import os
import numpy as np
import logging
from data.voc import VocSegData
from symbol.FCN import *
from utils.mean_IoU import MeanIoU
from utils.pixel_accuracy import PixelAccuracy
from utils.pixel_ce import PixelCrossEntropy
```

其次是主函数 main()，主函数部分主要执行了如下几个操作。

1）调用命令行参数解析函数 parse_arguments() 得到参数对象 args。

2）创建模型保存路径 args.save_result。

3）通过 logging 模块创建记录器 logger，同时设定日志信息的终端显示和文件保存，最后调用记录器 logger 的 info() 方法显示配置的参数信息 args。

4）设定模型训练的环境，在这份代码中，默认使用 0 号 GPU 进行训练。

5）判断 args.model 参数的值以决定导入的模型结构，例如当 args.model 设定为 "fcn32s"

时，则调用 symbol_fcn32s() 函数构造网络结构。

6）mxnet.model.load_checkpoint() 接口用于导入预训练模型，这里导入的是 VGG 网络。

7）调用 init_deconv() 函数用于初始化反卷积层的参数。

8）调用 VocSegData 类用于读取训练数据及验证数据，输入内容包括数据路径 data_dir、列表文件的名称 lst_name 和均值列表 rgb_mean。

9）调用 mxnet.lr_scheduler.MultiFactorScheduler() 接口，用于设定学习率变化策略，其中，step 参数表示执行多少个批次时修改学习率，factor 参数表示要修改学习率时，将当前学习率乘以 factor 以得到新的学习率。

10）构造优化相关的字典 optimizer_params，该字典包括初始学习率、动量参数、权重衰减参数和学习率变化策略。

11）mxnet.initializer.Xavier() 接口用于设定 FCN 中部分网络层的参数初始化方式。

12）mxnet.module.Module() 接口用于初始化一个 Module 对象 model。

13）mxnet.callback.Speedometer() 接口用于设置训练过程中显示训练相关信息的批次间隔；mxnet.callback.do_checkpoint() 接口用于设置训练结果的保存路径和保存间隔。

14）mxnet.metric.CompositeEvalMetric() 接口用于初始化训练评价指标管理对象 eval_metric 和验证评价指标管理对象 val_metric。调用 eval_metric 的 add() 方法用于添加训练评价指标，这里添加的是自定义的像素值交叉熵指标 PixelCrossEntropy()。调用 val_metric 的 add() 方法用于添加验证评价指标，这里添加的是自定义的像素准确率指标 PixelAccuracy() 和 MeanIoU 指标 MeanIoU()。

15）调用 model 的 fit() 方法启动训练。

主函数 main 的实现代码具体如下：

```
def main():
    args = parse_arguments()
    if not os.path.exists(args.save_result):
        os.makedirs(args.save_result)

    logger = logging.getLogger()
    logger.setLevel(logging.INFO)

    stream_handler = logging.StreamHandler()
    logger.addHandler(stream_handler)
    file_handler = logging.FileHandler(args.save_result + 'train.log')
    logger.addHandler(file_handler)
    logger.info(args)

    if args.gpus == '':
        ctx = mx.cpu()
```

```
else:
    ctx = [mx.gpu(int(i)) for i in args.gpus.split(',')]

if args.model == "fcn32s":
    fcn = symbol_fcn32s(num_classes=args.num_classes)
elif args.model == "fcn16s":
    fcn = symbol_fcn16s(num_classes=args.num_classes)
elif args.model == "fcn8s":
    fcn = symbol_fcn8s(num_classes=args.num_classes)
else:
    print("Please set model as fcn32s or fcn16s or fcn8s.")
_, arg_params, aux_params = mx.model.load_checkpoint(args.prefix,
                                                args.pretrain_epoch)
arg_params = init_deconv(args, fcn, arg_params)

train_data = VocSegData(data_dir=args.data_dir,
                        lst_name="train.lst",
                        rgb_mean=args.rgb_mean)
val_data = VocSegData(data_dir=args.data_dir,
                      lst_name="val.lst",
                      rgb_mean=args.rgb_mean)

epoch_size = max(int(args.num_examples / args.batch_size), 1)
step = [int(step_i.strip()) for step_i in args.step.split(",")]
step_bs = [epoch_size * (x - args.begin_epoch) for x in step
           if x - args.begin_epoch > 0]
if step_bs:
    lr_scheduler = mx.lr_scheduler.MultiFactorScheduler(step=step_bs,
                                                factor=args.factor)
else:
    lr_scheduler = None

optimizer_params = {'learning_rate': args.lr,
                    'momentum': args.mom,
                    'wd': args.wd,
                    'lr_scheduler': lr_scheduler}

initializer = mx.init.Xavier(rnd_type='gaussian',
                             factor_type="in",
                             magnitude=2)
model = mx.mod.Module(context=ctx, symbol=fcn)

batch_callback = mx.callback.Speedometer(args.batch_size, 500)
epoch_callback = mx.callback.do_checkpoint(args.save_result + args.model,
                                        period=2)
eval_metric = mx.metric.CompositeEvalMetric()
```

```
eval_metric.add(PixelCrossEntropy())
val_metric = mx.metric.CompositeEvalMetric()
val_metric.add(PixelAccuracy())
val_metric.add(MeanIoU())

model.fit(train_data=train_data,
          eval_data=val_data,
          begin_epoch=args.begin_epoch,
          num_epoch=args.num_epoch,
          eval_metric=eval_metric,
          validation_metric=val_metric,
          optimizer='sgd',
          optimizer_params=optimizer_params,
          arg_params=arg_params,
          aux_params=aux_params,
          initializer=initializer,
          allow_missing=True,
          batch_end_callback=batch_callback,
          epoch_end_callback=epoch_callback)

if __name__ == '__main__':
main()
```

最后是反卷积层参数初始化函数 init_deconv()，该函数的实现参考了 MXNet 官方提供的 FCN 算法代码⊖并在此基础上做了简化修改，函数实现具体如下。在训练 FCN 模型时，参数的初始化来源主要有如下 3 个。

1）通过预训练模型的参数进行初始化，比如在训练 FCN32s 时，采用预训练的 VGG 网络参数进行大部分网络层的初始化，在训练 FCN16s 时，采用训练好的 FCN32s 网络参数进行大部分网络层的初始化。

2）用 0 值进行初始化，对部分层采用 0 值初始化是为了使模型训练能够更好地收敛，这份训练代码是通过在构造网络结构时对部分层设定指定初始化值来实现的，详细内容将在 10.2.4 节关于网络结构构建中进行具体介绍。

3）用反卷积层的参数初始化方式进行初始化，这也是 init_deconv() 函数的主要内容，具体而言就是调用 init_deconv() 函数中最后的循环函数计算得到初始化值，该过程需要基于反卷积层的卷积核大小、输入和输出通道数大小进行计算，然后用这些值初始化对应的反卷积层。而在循环函数之前的代码则主要是设置计算过程中用到的参数，比如根据训练模型的不同指定待初始化的层和设置计算初始化值时用到的参数。

init_deconv() 函数的实现代码具体如下：

⊖ https://github.com/apache/incubator-mxnet/blob/master/example/fcn-xs/init_fcnxs.py。

```
def init_deconv(args, fcnxs, fcnxs_args):
    arr_name = fcnxs.list_arguments()
    shape_dic = {}
    if args.model == 'fcn32s':
        bigscore_kernel_size = 64
        init_layer = ["bigscore_weight"]
    elif args.model == 'fcn16s':
        bigscore_kernel_size = 32
        init_layer = ["bigscore_weight", "score2_weight"]
    else:
        bigscore_kernel_size = 16
        init_layer = ["bigscore_weight", "score4_weight"]
    shape_dic["bigscore_weight"] = {"in_channels": 21, "out_channels": 21,
                                    "kernel_size": bigscore_kernel_size}
    shape_dic["score2_weight"] = {"in_channels": 21, "out_channels": 21,
                                  "kernel_size": 4}
    shape_dic["score4_weight"] = {"in_channels": 21, "out_channels": 21,
                                  "kernel_size": 4}
    for arr in arr_name:
        if arr in init_layer:
            kernel_size = shape_dic[arr]["kernel_size"]
            in_channels = shape_dic[arr]["in_channels"]
            out_channels = shape_dic[arr]["out_channels"]
            factor = (kernel_size + 1) // 2
            if kernel_size % 2 == 1:
                center = factor - 1
            else:
                center = factor - 0.5
            og = np.ogrid[:kernel_size, :kernel_size]
            filt = (1-abs(og[0]-center)/factor)*(1-abs(og[1]-center)/factor)
            weight = np.zeros(shape=(in_channels, out_channels,
                                     kernel_size, kernel_size),
                              dtype='float32')
            weight[range(in_channels), range(out_channels), :, :] = filt
            fcnxs_args[arr] = mx.nd.array(weight, dtype='float32')
    return fcnxs_args
```

10.2.3 数据读取

在第 5 章中，我们介绍过图像数据的几种读取方式，由于分割算法的标签也是图像，因此与图像分类算法及目标检测算法的数据读取存在一些差异，在本节中，我将通过自定义数据读取类的方式来读取数据，详细内容请查看 "~/chapter10-segmentation/data/voc.py"。

在 MXNet 框架中，数据读取的基础类是 mxnet.io.DataIter()，因此自定义数据读取类时

需要继承该基础类的实现，比如我们在第 5 章介绍的图像读取接口 mxnet.image.ImageIter()
也是通过继承 mxnet.io.DataIter() 类来实现的。自定义数据读取类在许多特殊的图像任务中
都有应用，可以让用户灵活处理输入数据，"~/chapter10-segmentation/data/voc.py"中定义
了一个名为 VocSegData 的类可用于读取 PASCAL VOC 的分割数据集，具体实现如下所示，
接下来介绍该类中主要涉及的方法。

- ❑ __init__() 方法，这是 Python 中定义类时所用的初始化方法，主要用于实现输入参
  数的赋值操作、重置操作等。例如在 VocSegData 类的 __init__() 方法中，将几个输
  入参数赋值给类对象本身，这样在其他方法中使用这些参数时就会比较方便。

- ❑ reset() 方法，一般数据读取类都要自定义一个重置方法，而且在执行初始化操作
  时都会执行一次重置方法，以保证变量都处于初始状态。比如在 VocSegData 类的
  reset() 方法中，将计数器 self.cursor 恢复到初始值，同时重新打开列表文件。

- ❑ next() 方法，不管是自定义的数据读取接口还是官方提供的数据读取接口，实际上
  都是为了得到一个数据迭代器，使得用户可以通过调用 next() 方法或者循环语句等
  方式迭代读取下一个数据，因此这个 next() 方法就是迭代读取数据的重点。除了
  自定义的 next() 方法之外，还有一个 mxnet.io.DataIter() 类自带的 __next__() 方法，
  其实迭代读取数据时真正的入口是这个 __next__() 方法，这个 __next__() 方法仅有
  一行代码，那就是调用 next() 方法，因此一般习惯在 next() 方法中书写自定义的读
  取内容。在 VocSegData 类的 next() 方法中，首先要有一个判断语句，这个判断语
  句是判断计数器是否读取到数据列表的最后一个数据，如果还未读取到数据列表的
  最后，那么就执行读取操作，否则就抛出异常，抛出的这个异常在训练代码中会被
  捕获到，从而执行下一个 epoch 的训练。读取操作主要执行了 2 个操作，一个是数
  据读取，这部分是通过 _getdata() 方法实现的，因为 _getdata() 方法不需要对外暴
  露，因此通常在方法名前加了下划线，表示该方法只是用来实现某一操作的中间步
  骤，这是 Python 语言的一种习惯写法；另一个是数据封装，这部分是通过 mxnet.
  io.DataBatch() 类实现的。

- ❑ _getdata() 方法，这个方法可用来对数据读取结果做简单的封装，核心内容是通过
  调用 _read_image() 方法读取数据和标签，并将数据和标签内容以列表的形式返回。

- ❑ _read_image() 方法，这个方法是读取数据的基础方法，在 VocSegData 类的 _read_
  image() 方法中，首先通过 Pillow 库的 Image 模块读取数据，然后将读取到的数据
  封装成 MXNet 的官方数据格式 NDArray，并做一定的数据预处理和维度变换操作，
  最终返回的是由数据名和数据内容组成的数据列表以及由标签名和标签内容组成的
  标签列表。这里对标签图像中值为 255 的像素点做了数值替换操作，将 255 替换成
  "–1"，因为 255 在标签图像中表示背景和目标之间的过渡区域，如图 10-1 的标签

　　图像中的白色轮廓所示，这些区域的点不参与后续的损失计算和梯度更新，因此这里将其替换成"−1"以用于后续过滤掉这样的像素点。

　　另外还有 2 个重要的属性 provide_data 和 provide_label，注意，在定义这两个方法的上面都有 @property，表示定义的方法可以通过调用属性的方式进行调用。

　　VocSegData() 函数的实现代码具体如下：

```python
import mxnet as mx
from PIL import Image
import os
import numpy as np

class VocSegData(mx.io.DataIter):
    def __init__(self, data_dir, lst_name, rgb_mean,
                 batch_size=1):
        super(VocSegData, self).__init__()
        self.data_dir = data_dir
        self.lst_name = lst_name
        self.rgb_mean = rgb_mean
        self.batch_size = batch_size
        self.data_name = 'data'
        self.label_name = 'softmax_label'
        self.cursor = -self.batch_size
        lst_path = os.path.join(data_dir, lst_name)
        self.num_data = len(open(lst_path, 'r').readlines())
        self.data_file = open(lst_path, 'r')
        self.data, self.label = self._read_image()
        self.reset()

    def _read_image(self):
        sample = self.data_file.readline().strip()
        index, img_path, label_path = sample.split("\t")
        img = Image.open(os.path.join(self.data_dir, img_path))
        mask = Image.open(os.path.join(self.data_dir, label_path))

        data = mx.nd.array(img, dtype='float32')
        data = data - mx.nd.array(self.rgb_mean).reshape((1, 1, 3))
        data = mx.nd.transpose(data, axes=(2, 0, 1))
        data = mx.nd.expand_dims(data, axis=0)

        target = np.array(mask).astype('int32')
        target[target == 255] = -1
        target = mx.nd.expand_dims(mx.nd.array(target), axis=0)
        return [list([(self.data_name, data)]),
                list([(self.label_name, target)])]
```

```
    @property
    def provide_data(self):
        return [mx.io.DataDesc(k, tuple([self.batch_size] + list(v.shape[1:])),
                               v.dtype)
                for k, v in self.data]


    @property
    def provide_label(self):
        return [mx.io.DataDesc(k, tuple([self.batch_size] + list(v.shape[1:])),
                               v.dtype)
                for k, v in self.label]

def reset(self):
    self.cursor = -self.batch_size
    self.data_file.close()
    self.data_file = open(os.path.join(self.data_dir, self.lst_name), 'r')

def iter_next(self):
    self.cursor += self.batch_size
    return self.cursor < self.num_data

def next(self):
    if self.iter_next():
        data, label = self._getdata()
        return mx.io.DataBatch(data=data,
                               label=label,
                               pad=self.getpad(),
                               index=None,
                               provide_data=self.provide_data,
                               provide_label=self.provide_label)
    else:
        raise StopIteration

def _getdata(self):
    if self.cursor+self.batch_size <= self.num_data:
        self.data, self.label = self._read_image()
        return [x[1] for x in self.data], [x[1] for x in self.label]

def gepad(self):
    return 0
```

10.2.4　网络结构搭建

网络结构搭建部分参考了 MXNet 官方代码中关于 FCN 算法的网络结构构建代码⊖，详

⊖　https://github.com/apache/incubator-mxnet/blob/master/example/fcn-xs/symbol_fcnxs.py。

细内容请参见 " ~/chapter10-segmentation/symbol/FCN.py",代码实现如下所示。因为 FCN 算法是在 VGG16 算法的基础上进行修改的,所以可以事先定义 VGG16 的网络结构,另外,为了便于后续做反卷积,这里定义 VGG16 的网络结构时将所有层的定义都展开来写,并将 VGG16 网络结构分成 3 个函数,如代码中的 vgg16_pool3() 函数、vgg16_pool4() 函数和 vgg16_score() 函数所示。这里定义的 VGG16 网络和图像分类算法中的 VGG16 网络的主要不同点在于:在图像分类算法 VGG16 中,最后有 3 个全连接层 fc6、fc7 和 fc8;而在 vgg16_score() 函数中,原本通过全连接层实现的 fc6 和 fc7 层换成了通过卷积层实现。这是因为全连接层会将 4 维的输入特征图处理成 2 维的输出,这在图像分类算法中没有问题,但是在图像分割中,由于要对每个像素点做分类,所以要求输出还是 4 维的特征图。同时将 fc8 层替换成卷积核数量为分割类别数的卷积层,用于得到预测的分割结果。

网络结构搭建的实现代码具体如下:

```
import mxnet as mx

def vgg16_pool3(input):
    conv1_1 = mx.sym.Convolution(data=input, kernel=(3,3), pad=(100,100),
                                 num_filter=64, name="conv1_1")
    relu1_1 = mx.sym.Activation(data=conv1_1, act_type="relu",
                                name="relu1_1")
    conv1_2 = mx.sym.Convolution(data=relu1_1, kernel=(3,3), pad=(1,1),
                                 num_filter=64, name="conv1_2")
    relu1_2 = mx.sym.Activation(data=conv1_2, act_type="relu",
                                name="relu1_2")
    pool1 = mx.sym.Pooling(data=relu1_2, pool_type="max", kernel=(2,2),
                           stride=(2,2), name="pool1")

    conv2_1 = mx.sym.Convolution(data=pool1, kernel=(3,3), pad=(1,1),
                                 num_filter=128, name="conv2_1")
    relu2_1 = mx.sym.Activation(data=conv2_1, act_type="relu",
                                name="relu2_1")
    conv2_2 = mx.sym.Convolution(data=relu2_1, kernel=(3,3), pad=(1,1),
                                 num_filter=128, name="conv2_2")
    relu2_2 = mx.sym.Activation(data=conv2_2, act_type="relu",
                                name="relu2_2")
    pool2 = mx.sym.Pooling(data=relu2_2, pool_type="max", kernel=(2,2),
                           stride=(2,2), name="pool2")

    conv3_1 = mx.sym.Convolution(data=pool2, kernel=(3,3), pad=(1,1),
                                 num_filter=256, name="conv3_1")
    relu3_1 = mx.sym.Activation(data=conv3_1, act_type="relu",
                                name="relu3_1")
    conv3_2 = mx.sym.Convolution(data=relu3_1, kernel=(3,3), pad=(1,1),
```

```
                                   num_filter=256, name="conv3_2")
        relu3_2 = mx.sym.Activation(data=conv3_2, act_type="relu",
                                    name="relu3_2")
        conv3_3 = mx.sym.Convolution(data=relu3_2, kernel=(3,3), pad=(1,1),
                                   num_filter=256, name="conv3_3")
        relu3_3 = mx.sym.Activation(data=conv3_3, act_type="relu",
                                    name="relu3_3")
        pool3 = mx.sym.Pooling(data=relu3_3, pool_type="max", kernel=(2,2),
                               stride=(2,2), name="pool3")
        return pool3


    def vgg16_pool4(input):
        conv4_1 = mx.sym.Convolution(data=input, kernel=(3,3), pad=(1,1),
                                   num_filter=512, name="conv4_1")
        relu4_1 = mx.sym.Activation(data=conv4_1, act_type="relu",
                                    name="relu4_1")
        conv4_2 = mx.sym.Convolution(data=relu4_1, kernel=(3,3), pad=(1,1),
                                   num_filter=512, name="conv4_2")
        relu4_2 = mx.sym.Activation(data=conv4_2, act_type="relu",
                                    name="relu4_2")
        conv4_3 = mx.sym.Convolution(data=relu4_2, kernel=(3,3), pad=(1,1),
                                   num_filter=512, name="conv4_3")
        relu4_3 = mx.sym.Activation(data=conv4_3, act_type="relu",
                                    name="relu4_3")
        pool4 = mx.sym.Pooling(data=relu4_3, pool_type="max", kernel=(2,2),
                               stride=(2,2), name="pool4")
        return pool4


    def vgg16_score(input, num_classes):
        conv5_1 = mx.sym.Convolution(data=input, kernel=(3,3), pad=(1,1),
                                   num_filter=512, name="conv5_1")
        relu5_1 = mx.sym.Activation(data=conv5_1, act_type="relu",
                                    name="relu5_1")
        conv5_2 = mx.sym.Convolution(data=relu5_1, kernel=(3,3), pad=(1,1),
                                   num_filter=512, name="conv5_2")
        relu5_2 = mx.sym.Activation(data=conv5_2, act_type="relu",
                                    name="relu5_2")
        conv5_3 = mx.sym.Convolution(data=relu5_2, kernel=(3,3), pad=(1,1),
                                   num_filter=512, name="conv5_3")
        relu5_3 = mx.sym.Activation(data=conv5_3, act_type="relu",
                                    name="relu5_3")
        pool5 = mx.sym.Pooling(data=relu5_3, pool_type="max", kernel=(2,2),
                               stride=(2,2), name="pool5")

        fc6 = mx.sym.Convolution(data=pool5, kernel=(7,7), num_filter=4096,
                                 name="fc6")
```

```
relu6 = mx.sym.Activation(data=fc6, act_type="relu", name="relu6")
drop6 = mx.sym.Dropout(data=relu6, p=0.5, name="drop6")

fc7 = mx.sym.Convolution(data=drop6, kernel=(1,1), num_filter=4096,
                         name="fc7")
relu7 = mx.sym.Activation(data=fc7, act_type="relu", name="relu7")
drop7 = mx.sym.Dropout(data=relu7, p=0.5, name="drop7")

weight_score = mx.sym.Variable(name="score_weight",
                               init=mx.init.Constant(0))
score = mx.sym.Convolution(data=drop7, kernel=(1,1), weight=weight_score,
                           num_filter=num_classes, name="score")
return score
```

　　接下来就可以构建 FCN 结构中的反卷积操作了。正如前面所述，VGG16 网络的池化层将输入图像的维度不断缩减，最终得到的特征图尺寸只有输入图像的 1/32，既然图像分割算法最终要输出与输入图像大小相同的 mask，那么就要在 VGG16 网络的最后添加一个能将特征图大小恢复到输入图像大小的操作，这个操作就是反卷积（deconvolution）。在反卷积操作中，设置的主要参数是滑动步长（stride）和卷积核大小（kernel），滑动步长要设置成输入特征图相对于输入图像的缩小倍数。在反卷积层之后还要做一个裁剪操作，这是因为反卷积操作无法保证输出大小与输入图像严格一样。裁剪操作可通过 mxnet.symbol.Crop() 接口来实现，传入该接口的第一个参数是 "*[bigscore, crop]"，表示将 binscore 对象裁剪成与 crop 对象相同的尺寸，同时 offset 参数表示执行裁剪操作时裁剪起始位置的偏移量，其可以用来确定具体裁剪时的起始位置，因此，有了裁剪尺寸和裁剪起始位置后就能得到唯一的裁剪结果了。最后是损失函数层，依然采用图像分类算法中最常用的基于 softmax 的交叉熵损失函数，需要注意的是在损失函数层中设置了 use_ignore 参数为 True 和 ignore_label 参数为 –1，表示标签中为 –1 的像素点不参与损失计算，而从 10.2.3 节关于数据读取的介绍可以看出标签为 –1 的像素点就是标签图像中背景和目标之间的过渡区域，10.2.3 节正是将这些过渡区域（值为 255）替换为 –1，所以这里设置的忽略标签是 –1。

　　构建 FCN 结构的反卷积操作的实现代码具体如下：

```
def fcnxs_score(input, crop, offset, kernel, stride, num_classes):
    bigscore = mx.sym.Deconvolution(data=input, kernel=kernel, stride=stride,
                                    adj=(stride[0]-1, stride[1]-1),
                                    num_filter=num_classes, name="bigscore")
    upscore = mx.sym.Crop(*[bigscore, crop], offset=offset, name="upscore")
    softmax = mx.sym.SoftmaxOutput(data=upscore, multi_output=True,
                                   use_ignore=True, ignore_label=-1,
                                   name="softmax", normalization="valid")
    return softmax
```

准备好 VGG16 网络构建的 3 个函数以及反卷积函数之后，接下来就可以基于这 4 个函数构建 FCN 结构了。前面我们介绍过 FCN 算法的网络结构主要包含 3 种类型 FCN32s、FCN16s 和 FCN8s，FCN16s 和 FCN8s 中分别做了不同程度的特征融合，效果也越来越好。因此在网络结构构建中也提供了这 3 种选择，比如定义了如下代码所示的获取 FCN32s 结构的函数：

```python
def symbol_fcn32s(num_classes=21):
    data = mx.sym.Variable(name="data")
    pool3 = vgg16_pool3(data)
    pool4 = vgg16_pool4(pool3)
    score = vgg16_score(pool4, num_classes)
    softmax = fcnxs_score(score, data, offset=(19,19), kernel=(64,64),
                          stride=(32,32), num_classes=num_classes)
    return softmax
```

FCN16s 的网络结构构建是通过 symbol_fcn16s() 函数实现的，具体实现如下所示，首先对输出的 score 做反卷积操作，将 score 的尺寸变化成与 pool4 相同的尺寸。然后对输出的 pool4 执行不改变特征图尺寸的卷积操作，这一步的目的主要是调整特征图的通道数，为接下来的特征融合做准备。需要注意，这里通过 mxnet.symbol.Variable() 接口对该卷积层的参数进行了初始化，初始化成全 0 参数。接着将调整通道后得到的 score_pool4 和反卷积后得到的 score2 做融合，融合是通过相加来实现的。最后再通过 fcnxs_score() 函数将融合后的特征图反卷积成与输入图像尺寸相等的特征图并加上损失函数层，这就构成了完整的 FCN16s 网络结构。

FCN165 网络结构构建的实现代码具体如下：

```python
def symbol_fcn16s(num_classes=21):
    data = mx.sym.Variable(name="data")
    pool3 = vgg16_pool3(data)
    pool4 = vgg16_pool4(pool3)
    score = vgg16_score(pool4, num_classes)

    score2 = mx.sym.Deconvolution(data=score, kernel=(4,4),
                                  stride=(2,2), num_filter=num_classes,
                                  adj=(1,1), name="score2")
    weight_score_pool4 = mx.sym.Variable(name="score_pool4_weight",
                                         init=mx.init.Constant(0))
    score_pool4 = mx.sym.Convolution(data=pool4, kernel=(1,1),
                                     weight=weight_score_pool4,
                                     num_filter=num_classes,
                                     name="score_pool4")
    score_pool4c = mx.sym.Crop(*[score_pool4, score2], offset=(5,5),
                               name="score_pool4c")
    score_fused = score2 + score_pool4c
    softmax = fcnxs_score(score_fused, data, offset=(27,27), kernel=(32,32),
```

```
                          stride=(16,16), num_classes=num_classes)
    return softmax
```

FCN8s 的网络结构构建过程与 FCN16s 类似，只不过要多做一次融合，函数内容如下：

```
def symbol_fcn8s(num_classes=21):
    data = mx.sym.Variable(name="data")
    pool3 = vgg16_pool3(data)
    pool4 = vgg16_pool4(pool3)
    score = vgg16_score(pool4, num_classes)

    score2 = mx.sym.Deconvolution(data=score, kernel=(4,4),
                                  stride=(2,2), num_filter=num_classes,
                                  adj=(1,1), name="score2")
    weight_score_pool4 = mx.sym.Variable(name="score_pool4_weight",
                                         init=mx.init.Constant(0))
    score_pool4 = mx.sym.Convolution(data=pool4, kernel=(1,1),
                                     weight=weight_score_pool4,
                                     num_filter=num_classes,
                                     name="score_pool4")
    score_pool4c = mx.sym.Crop(*[score_pool4, score2], offset=(5,5),
                               name="score_pool4c")
    score_fused = score2 + score_pool4c

    score4 = mx.sym.Deconvolution(data=score_fused, kernel=(4,4),
                                  stride=(2,2), num_filter=num_classes,
                                  adj=(1,1), name="score4")
    weight_score_pool3 = mx.sym.Variable(name="score_pool3_weight",
                                         init=mx.init.Constant(0))
    score_pool3 = mx.sym.Convolution(data=pool3, kernel=(1,1),
                                     weight=weight_score_pool3,
                                     num_filter=num_classes,
                                     name="score_pool3")
    score_pool3c = mx.sym.Crop(*[score_pool3, score4], offset=(9,9),
                               name="score_pool3c")
    score_final = score4 + score_pool3c
    softmax = fcnxs_score(score_final, data, offset=(31,31), kernel=(16,16),
                          stride=(8,8), num_classes=num_classes)
    return softmax
```

10.2.5　定义评价指标

在 10.1.2 节中，我介绍了语义分割算法常用的评价指标有像素准确率（pixel accuracy）和 Mean IoU，在模型测试阶段，我将采用这 2 个指标验证模型的训练结果，在模型训练阶段，我将采用像素交叉熵损失值评价模型的训练过程，接下来就依次介绍这几个评价指标的代码。

首先是关于像素准确率的计算，实现过程如下，代码保存在"~/chapter10-segment-ation/utils/pixel_accuracy.py"中，部分代码参考了 GluonCV 库关于像素准确率评价指标的实现⊖。PixelAccuracy 类整体上还是通过继承 mxnet.metric.EvalMetric 类进行实现，主要方法是 update() 和 get()，前者用于更新计算评价指标值，后者用于获取更新结果。在 update() 方法中，与分类算法常用的准确率指标计算过程不同的是，这里需要对标签做过滤操作。在 10.2.3 节介绍数据读取操作时，我们将分割目标的标签设置为对应的类别，将背景标签设置为 0，将目标与背景之间的过渡区域的标签设置为 –1，而在定义网络结构时，这些过渡区域是不参与损失传递和评价指标计算的，因此这里在计算准确率时会将标签为 –1 的像素点过滤掉，对应的 pixel_valid 变量就是参与计算的有效像素点数量。

计算像素准确率的实现代码具体如下：

```python
import mxnet as mx
import numpy as np

class PixelAccuracy(mx.metric.EvalMetric):
    def __init__(self, name='Pixel Acc'):
        super(PixelAccuracy, self).__init__(name)
        self.name = name
        self.reset()

    def reset(self):
        self.num_inst = 0
        self.sum_metric = 0.0

    def update(self, labels, preds):
        mx.metric.check_label_shapes(labels, preds)

        for label, pred in zip(labels, preds):
            pred = np.argmax(pred.asnumpy(), axis=1).astype('int32') + 1
            label = label.asnumpy().astype('int32') + 1

            pixel_valid = np.sum(label > 0)
            pixel_correct = np.sum((pred == label) * (label > 0))

            self.sum_metric += pixel_correct
            self.num_inst += pixel_valid

    def get(self):
        if self.num_inst == 0:
            return (self.name, float('nan'))
        else:
```

⊖ https://github.com/dmlc/gluon-cv/blob/master/gluoncv/utils/metrics/segmentation.py。

```
                  return (self.name, self.sum_metric / self.num_inst)
```

其次是关于 Mean IoU 的计算，具体实现如下，代码保存在"~/chapter10-segmentation/utils/mean_IoU.py"脚本中，这部分代码参考了 GluonCV 库关于 Mean IoU 的实现⊖。在评价指标更新方法 update() 中，首先也是将标签中值为 –1 的标签过滤掉，因为这部分数据是不参与评价指标计算的。另外，update() 方法的核心内容是 area_inter、area_pred 和 area_lab 的计算，这 3 个变量分别对应于 10.1.2 节介绍的 Mean IoU 计算公式中的 C_{ii}、C_{ji} 和 C_{ij}，数据类型都是列表（list），列表中的每个元素表示对应类别的值，因此后续可以通过执行类别维度的累加和求均值操作得到 Mean IoU 值。

计算 Mean IoU 的实现代码具体如下：

```
import mxnet as mx
import numpy as np

class MeanIoU(mx.metric.EvalMetric):
    def __init__(self, eps=1e-12, name='Mean IoU', num_classes=21):
        super(MeanIoU, self).__init__(name, eps=eps)
        self.eps = eps
        self.name = name
        self.num_classes = num_classes
        self.reset()

    def reset(self):
        self.num_inst = 0
        self.sum_metric = 0.0

    def update(self, labels, preds):
        mx.metric.check_label_shapes(labels, preds)

        for label, pred in zip(labels, preds):
            pred = np.argmax(pred.asnumpy(), 1).astype('int32') + 1
            label = label.asnumpy().astype('int32') + 1
            pred = pred * (label > 0).astype(pred.dtype)
            mx.metric.check_label_shapes(label, pred)

            mini = 1
            maxi = self.num_classes
            nbins = self.num_classes
            intersection = pred * (pred == label)
            # areas of intersection and union
            area_inter, _ = np.histogram(intersection, bins=nbins,
                                         range=(mini, maxi))
            area_pred, _ = np.histogram(pred, bins=nbins, range=(mini, maxi))
```

⊖　https://github.com/dmlc/gluon-cv/blob/master/gluoncv/utils/metrics/segmentation.py。

```
                area_lab, _ = np.histogram(label, bins=nbins, range=(mini, maxi))
                area_union = area_pred + area_lab - area_inter
            self.sum_metric += area_inter
            self.num_inst += area_union

    def get(self):
        if len(self.num_inst) == 0:
            return (self.name, float('nan'))
        else:
            IoU = 1.0 * self.sum_metric / (np.spacing(1) + self.num_inst)
            mIoU = IoU.mean()
            return (self.name, mIoU)
```

　　最后是关于训练阶段采用的交叉熵损失值计算，因为语义分割算法是基于像素点计算交叉熵损失值，因此其与分类算法中基于图像计算交叉熵损失值有点不一样，具体实现如下，代码保存在" ~/chapter10-segmentation/utils/pixel_ce.py"脚本中，这部分代码参考了 MXNet 官方的交叉熵损失函数代码[⊖]。指标更新方法 update() 中首先将预测输出（也就是pred）的维度顺序从 [N, C, H, W] 调整为 [N, H, W, C]，接着再变换成 [N*H*W, C]，然后就可以从 pred 变量中选择与真实类别对应的预测概率（也就是 prob）计算交叉熵值了。同样，这里要将标签为 –1 的点过滤掉，这里是通过将与这些标签为 –1 的点对应的预测概率设置为 1 来实现过滤，这样在通过 log() 函数计算损失值时这些点的损失就是 0。
　　计算交叉熵损失值的实现代码具体如下：

```
import mxnet as mx
import numpy as np


class PixelCrossEntropy(mx.metric.EvalMetric):
    def __init__(self, eps=1e-12, name='pixel-cross-entropy'):
        super(PixelCrossEntropy, self).__init__(name, eps=eps)
        self.eps = eps
        self.name = name
        self.reset()

    def reset(self):
        self.num_inst = 0
        self.sum_metric = 0.0

    def update(self, labels, preds):
        mx.metric.check_label_shapes(labels, preds)

        for label, pred in zip(labels, preds):
            num_class = pred.shape[1]
            label = label.asnumpy()
```

⊖ https://github.com/apache/incubator-mxnet/blob/master/python/mxnet/metric.py。

```
pred = pred.transpose((0, 2, 3, 1)).reshape((-1, num_class))
pred = pred.asnumpy()

label = label.ravel()
assert label.shape[0] == pred.shape[0]

prob = pred[np.arange(label.shape[0]), np.int64(label)]
invalid_label_idx = np.where(label == -1)
# equal to set loss=0
prob[invalid_label_idx] = 1
valid_label_num = label.shape[0] - len(invalid_label_idx[0])
self.sum_metric += (-np.log(prob + self.eps)).sum()
self.num_inst += valid_label_num
```

10.2.6 训练模型

讲解完训练代码细节，接下来读者需要先按照本章项目代码的 README.MD 中介绍的链接下载 VGG 预训练模型，并将下载得到的模型放在 "~/chapter10-segmentation/model" 目录下，然后通过如下命令启动训练：

```
$ cd ~/chapter10-segmentation
$ python train.py --model fcn32s --save-result output/FCN32s/
```

成功启动训练后可以看到如图 10-9 所示的训练日志，同时训练日志也将保存在 "~/chapter10-segmentation/output/FCN32s/train.log" 中。

假如要训练 FCN16s，那么可以在训练完 FCN32s 后得到的 FCN32s 模型的基础上进行微调，此时需要指定预训练模型的路径，对应 --prefix 参数和 --pretrain-epoch 参数；同时采用更小的学习率，对应 --lr 参数，最后通过如下命令训练 FCN16s 模型：

```
$ cd ~/chapter10-segmentation
$ python train.py --model fcn16s --save-result output/FCN16s/ \
  --prefix output/FCN32s/fcn32s --pretrain-epoch 50 --lr 0.00001
```

成功启动训练后可以看到如图 10-10 所示的训练日志，同时训练日志也将保存在 "~/chapter10-segmentation/output/FCN16s/train.log" 中。

同样，训练 FCN8s 模型可以在训练完 FCN16s 后得到的 FCN16s 模型的基础上进行微调，需要指定预训练模型的路径，对应 --prefix 参数和 --pretrain-epoch 参数；同时采用更小的学习率，对应 --lr 参数，最后通过如下命令训练 FCN8s 模型：

```
$ cd ~/chapter10-segmentation
$ python train.py --model fcn8s --save-result output/FCN8s/ \
  --prefix output/FCN16s/fcn16s --pretrain-epoch 50 --lr 0.000001
```

```
Epoch[0] Batch [500]     Speed: 2.13 samples/sec pixel-cross-entropy=0.958039
Epoch[0] Batch [1000]    Speed: 3.13 samples/sec pixel-cross-entropy=0.711815
Epoch[0] Train-pixel-cross-entropy=0.821459
Epoch[0] Time cost=513.167
Epoch[0] Validation-Pixel Acc=0.833796
Epoch[0] Validation-Mean IOU=0.374348
Epoch[1] Batch [500]     Speed: 7.86 samples/sec pixel-cross-entropy=0.556399
Epoch[1] Batch [1000]    Speed: 7.83 samples/sec pixel-cross-entropy=0.482371
Epoch[1] Train-pixel-cross-entropy=0.569510
Epoch[1] Time cost=187.771
Saved checkpoint to "output/FCN32s/fcn32s-0002.params"
Epoch[1] Validation-Pixel Acc=0.857204
Epoch[1] Validation-Mean IOU=0.465680
Epoch[2] Batch [500]     Speed: 7.90 samples/sec pixel-cross-entropy=0.433868
Epoch[2] Batch [1000]    Speed: 7.94 samples/sec pixel-cross-entropy=0.377353
Epoch[2] Train-pixel-cross-entropy=0.442322
Epoch[2] Time cost=184.782
Epoch[2] Validation-Pixel Acc=0.856825
Epoch[2] Validation-Mean IOU=0.481806
Epoch[3] Batch [500]     Speed: 7.65 samples/sec pixel-cross-entropy=0.370096
Epoch[3] Batch [1000]    Speed: 7.71 samples/sec pixel-cross-entropy=0.317939
Epoch[3] Train-pixel-cross-entropy=0.369902
Epoch[3] Time cost=190.544
Saved checkpoint to "output/FCN32s/fcn32s-0004.params"
Epoch[3] Validation-Pixel Acc=0.861327
Epoch[3] Validation-Mean IOU=0.501739
Epoch[4] Batch [500]     Speed: 7.89 samples/sec pixel-cross-entropy=0.324099
Epoch[4] Batch [1000]    Speed: 7.74 samples/sec pixel-cross-entropy=0.287074
Epoch[4] Train-pixel-cross-entropy=0.328373
Epoch[4] Time cost=187.907
Epoch[4] Validation-Pixel Acc=0.859069
Epoch[4] Validation-Mean IOU=0.516076
```

图 10-9　FCN32s 训练日志信息

```
Epoch[0] Batch [500]     Speed: 2.09 samples/sec pixel-cross-entropy=0.858156
Epoch[0] Batch [1000]    Speed: 3.04 samples/sec pixel-cross-entropy=0.191814
Epoch[0] Train-pixel-cross-entropy=0.203573
Epoch[0] Time cost=525.883
Epoch[0] Validation-Pixel Acc=0.883803
Epoch[0] Validation-Mean IOU=0.526389
Epoch[1] Batch [500]     Speed: 7.78 samples/sec pixel-cross-entropy=0.125623
Epoch[1] Batch [1000]    Speed: 7.69 samples/sec pixel-cross-entropy=0.094835
Epoch[1] Train-pixel-cross-entropy=0.111314
Epoch[1] Time cost=189.425
Saved checkpoint to "output/FCN16s/fcn16s-0002.params"
Epoch[1] Validation-Pixel Acc=0.891738
Epoch[1] Validation-Mean IOU=0.570622
Epoch[2] Batch [500]     Speed: 8.00 samples/sec pixel-cross-entropy=0.096963
Epoch[2] Batch [1000]    Speed: 7.99 samples/sec pixel-cross-entropy=0.080351
Epoch[2] Train-pixel-cross-entropy=0.094037
Epoch[2] Time cost=182.955
Epoch[2] Validation-Pixel Acc=0.893029
Epoch[2] Validation-Mean IOU=0.579695
Epoch[3] Batch [500]     Speed: 8.02 samples/sec pixel-cross-entropy=0.086347
Epoch[3] Batch [1000]    Speed: 8.01 samples/sec pixel-cross-entropy=0.071130
Epoch[3] Train-pixel-cross-entropy=0.085251
Epoch[3] Time cost=185.735
Saved checkpoint to "output/FCN16s/fcn16s-0004.params"
Epoch[3] Validation-Pixel Acc=0.891931
Epoch[3] Validation-Mean IOU=0.582483
Epoch[4] Batch [500]     Speed: 7.90 samples/sec pixel-cross-entropy=0.082856
Epoch[4] Batch [1000]    Speed: 7.97 samples/sec pixel-cross-entropy=0.068033
Epoch[4] Train-pixel-cross-entropy=0.085290
Epoch[4] Time cost=183.686
Epoch[4] Validation-Pixel Acc=0.894070
Epoch[4] Validation-Mean IOU=0.585574
```

图 10-10　FCN16s 训练日志信息

成功启动训练后可以看到如图 10-11 所示的训练日志，同时训练日志也将保存在"~/chapter10-segmentation/output/FCN8s/train.log"中。

```
Epoch[0] Batch [500]      Speed: 2.34 samples/sec pixel-cross-entropy=2.215754
Epoch[0] Batch [1000]     Speed: 3.39 samples/sec pixel-cross-entropy=0.842776
Epoch[0] Train-pixel-cross-entropy=1.113874
Epoch[0] Time cost=471.094
Epoch[0] Validation-Pixel Acc=0.853079
Epoch[0] Validation-Mean IOU=0.444621
Epoch[1] Batch [500]      Speed: 8.04 samples/sec pixel-cross-entropy=0.522668
Epoch[1] Batch [1000]     Speed: 8.02 samples/sec pixel-cross-entropy=0.239784
Epoch[1] Train-pixel-cross-entropy=0.250324
Epoch[1] Time cost=181.771
Saved checkpoint to "output/FCN8s/fcn8s-0002.params"
Epoch[1] Validation-Pixel Acc=0.890699
Epoch[1] Validation-Mean IOU=0.572291
Epoch[2] Batch [500]      Speed: 7.89 samples/sec pixel-cross-entropy=0.184702
Epoch[2] Batch [1000]     Speed: 8.03 samples/sec pixel-cross-entropy=0.250069
Epoch[2] Train-pixel-cross-entropy=0.184136
Epoch[2] Time cost=182.284
Epoch[2] Validation-Pixel Acc=0.895369
Epoch[2] Validation-Mean IOU=0.580521
Epoch[3] Batch [500]      Speed: 8.24 samples/sec pixel-cross-entropy=0.149288
Epoch[3] Batch [1000]     Speed: 8.16 samples/sec pixel-cross-entropy=0.258525
Epoch[3] Train-pixel-cross-entropy=0.165168
Epoch[3] Time cost=178.719
Saved checkpoint to "output/FCN8s/fcn8s-0004.params"
Epoch[3] Validation-Pixel Acc=0.893333
Epoch[3] Validation-Mean IOU=0.575549
Epoch[4] Batch [500]      Speed: 7.85 samples/sec pixel-cross-entropy=0.127952
Epoch[4] Batch [1000]     Speed: 8.10 samples/sec pixel-cross-entropy=0.178164
Epoch[4] Train-pixel-cross-entropy=0.120430
Epoch[4] Time cost=183.166
Epoch[4] Validation-Pixel Acc=0.892964
Epoch[4] Validation-Mean IOU=0.571083
```

图 10-11   FCN8s 训练日志信息

10.2.7　测试模型效果

训练得到模型之后，接下来就可以基于训练得到的模型进行测试，这部分代码保存在"~/chapter10-segmentation/demo.py"脚本中，首先介绍测试代码的内容，具体实现如下所示，其整体上包含了如下几个函数。

1）get_data() 函数，该函数用于读取测试图像并对测试图像做一些数据预处理操作和维度变换操作，这部分与图像分类算法及目标检测算法类似。

2）load_model() 函数，该函数可实现模型的导入、Module 对象的初始化和参数初始化操作。

3）get_output() 函数，该函数用于实现模型的前向计算和对模型输出的处理。

从前面的介绍可以看出，最终模型的分割结果图像会采用不同的颜色表示不同类别目标的像素点，因此 get_output() 函数通过定义色彩列表 VOC_COLORMAP 来显示最终的分割结果，该列表长度为 21，与 VOC 数据集的类别相匹配，列表中的每个值均是一个长度为 3 的列表，用来表示 RGB 三通道的值，这样 VOC_COLORMAP 就维护了 21 个类别颜色。举个例子，假设模型预测某个像素点的类别是 0，那么就取 VOC_COLORMAP 列表中的第 0 个值 [0, 0, 0] 表示这个像素点的颜色。

测试模型效果的实现代码具体如下：

```python
import mxnet as mx
from PIL import Image
import numpy as np

VOC_COLORMAP = [[0, 0, 0], [128, 0, 0], [0, 128, 0], [128, 128, 0],
                [0, 0, 128], [128, 0, 128], [0, 128, 128], [128, 128, 128],
                [64, 0, 0], [192, 0, 0], [64, 128, 0], [192, 128, 0],
                [64, 0, 128], [192, 0, 128], [64, 128, 128], [192, 128, 128],
                [0, 64, 0], [128, 64, 0], [0, 192, 0], [128, 192, 0],
                [0, 64, 128]]

def get_data(img_path, rgb_mean):
    img = Image.open(img_path)
    data = mx.nd.array(img, dtype='float32')
    data = data - mx.nd.array(rgb_mean).reshape((1, 1, 3))
    data = mx.nd.transpose(data, axes=(2, 0, 1))
    data = mx.nd.expand_dims(data, axis=0)
    data_shapes = [(('data'), data.shape)]
    label_shapes = [(('softmax_label'), (1,) + data.shape[2:])]
    data = mx.io.DataBatch([data])
    return data, data_shapes, label_shapes

def load_model(model_prefix, index, context, data_shapes, label_shapes):
    sym, arg_params, aux_params = mx.model.load_checkpoint(model_prefix,
                                                           index)
    model = mx.mod.Module(symbol=sym, context=context)
    model.bind(for_training=False,
               data_shapes=data_shapes,
               label_shapes=label_shapes)
    model.set_params(arg_params=arg_params,
                     aux_params=aux_params,
                     allow_missing=True)
    return model

def get_output(model, data, result_save):
    model.forward(data)
    cla_prob = model.get_outputs()[0].asnumpy()
    colormap = mx.nd.array(VOC_COLORMAP, dtype='uint8')
out_mask = colormap[np.uint8(np.squeeze(cla_prob.argmax(axis=1)))]
```

```
    out_mask = Image.fromarray(out_mask.asnumpy())
    out_mask.save(result_save)

if __name__ == '__main__':
    model_prefix = "output/FCN32s/fcn32s"
    index = 50
    context = mx.gpu(0)

    img_path = 'demo_img/2007_003910.jpg'
    rgb_mean = (123.68, 116.779, 103.939)
    data, data_shapes, label_shapes = get_data(img_path, rgb_mean)

    model = load_model(model_prefix, index, context, data_shapes, label_shapes)
    result_save = img_path[:-4] + "_seg" + ".png"
    get_output(model, data, result_save)
```

读者可以通过如下命令测试模型的分割效果，在运行之前还要保证有训练好的模型：

```
$ cd ~/chapter10-segmentation
$ python demo.py
```

执行完成后生成的分割结果保存在“~/chapter10-segmentation/demo_img”目录下，图 10-12 展示的是模型的分割结果，从左至右分别是输入图像、真实标签图像、模型分割结果。

图 10-12　输入图像、真实标签图像、模型分割结果示意图

10.3　本章小结

图像分割是图像任务中应用十分广泛的领域，与图像分类及目标检测算法有一定的异同点。图像分类是对图像做分类，目标检测可以看作是对图像中的区域做分类，图像分割则是对图像的像素点做分类，可以看到这 3 个分支的任务目标是逐步递进的。图像分割领域目前研究比较活跃的有语义分割和实例分割，语义分割是指将图像中指定类别的目标分

割出来，不区分相同类别的目标；实例分割也是将图像中指定类别的目标分割出来，不过与语义分割不同的是，实例分割会区分相同类别的目标。

在语义分割领域，FCN 算法是非常经典的作品，该算法通过全卷积网络实现分割，同时通过不同程度的特征融合达到更好的分割结果。语义分割算法常用的评价指标包括像素准确率和 Mean IoU，二者均可以用来评价分割结果的准确与否。本章基于 PASCAL VOC 数据集介绍如何通过 MXNet 实现 FCN 算法的训练和测试，另外还涉及自定义数据读取、自定义评价指标等内容，希望对读者理解该算法能有所帮助。

第 11 章

Gluon

这里暂且回到第 1 章，介绍深度学习框架时，我们曾提到过目前主流的深度学习框架主要有命令式编程和符号式编程两种，MXNet 整体而言融合了命令式编程和符号式编程，而本书前面 10 章的内容基本上都是在介绍 MXNet 的符号式编程，符号式编程的优点在于高效，比较适合用于模型部署。符号式编程的缺点在第 1 章中也介绍过了，主要就是不够灵活，这点对于新手在定义网络结构和调试代码方面都有一定的难度，而学术界在进行算法创新时需要不断试错，如果某个框架在灵活性方面的体验较差，显然就不太适合，这是学术界和工业界较大的区别，前者更注重灵活，后者更注重高效，于是 MXNet 在 2017 年下半年推出了 Gluon。Gluon 是 MXNet 推出的命令式编程接口，Gluon 的优势在于其提供了非常方便和易于理解的调用接口，可以让用户通过动态图的方式灵活定义网络结构，同时还不会影响网络的训练速度。相信很多用过 Gluon 和 PyTorch 框架的读者会发现二者之间是非常相似的，PyTorch 框架目前在深度学习领域非常受欢迎，主要原因就在于该框架灵活方便，这对于用户设计算法结构和调试代码而言都是非常有利的，MXNet 推出的 Gluon 接口也具有类似的作用。Gluon 在动态图和静态图之间的转化做得非常好，用户可以通过命令式接口定义网络结构，这就相当于是构建了一个动态图，在这个过程中可以不断进行试错和优化操作，等到网络结构基本确定之后就可以将动态图转化成静态图，这样运行效率就比动态图高，因此最终也就实现了灵活和高效的共赢。

MXNet 官方推出的 Gluon 文档和教程非常丰富，下面笔者重点推荐如下两个教程。

1）快速上手的官方教程：https://gluon-crash-course.mxnet.io/。这个教程非常适合深度学习新手来学习 Gluon，其中内容包括 MXNet 的基础知识、如何构建一个网络结构、如何训练和测试模型、如何使用 GPU 等，可谓是麻雀虽小五脏俱全，而且教程的整体风格也是深入浅出，基本上跟着教程的思路走就能掌握。

2）动手学深度学习：https://zh.gluon.ai/。这是一个非常棒的以 Gluon 为工具的深度学习中文教程，由 MXNet 官方的工程师提供并维护，后期应该会以此出版相关书籍，有需要的读者可以关注下。这个教程的内容非常丰富，包括对深度学习基础知识、卷积神经网络、循环神经网络、常用的计算机视觉算法的介绍等，既适合初学者入门，也适合中高级学者完善知识体系，我也从这个教程中获益匪浅。

在本章中，我一方面介绍 Gluon 的基础知识，主要是接口模块的内容，比如数据的读取、模型的导入、网络结构的设计等；另一方面以图像分类算法为例介绍如何通过 Gluon 接口实现模型训练。本章的代码参考了前面介绍的关于 Gluon 接口的两个教程，读者既可以跟随官方教程进行学习，也可以跟随本章的步伐进行学习，希望读者能够感受到 Gluon 接口的灵活与高效。

11.1 Gluon 基础

Gluon 是 MXNet 推出的命令式编程接口，用户可以通过该接口以动态图的方式灵活定义网络结构，同时在训练或测试算法时可以将动态图网络结构转换成静态图形式，从而保证模型训练或测试的效率。

Gluon 接口主要由如下几个模块组成。

- ❏ data 模块，该模块提供了多种数据读取接口和数据增强操作，非常便于用户执行数据相关的操作。
- ❏ nn 模块，该模块提供了用于定义网络结构的层接口。
- ❏ model zoo 模块，该模块提供了非常丰富的网络结构定义，以及在 ImageNet 数据集上的预训练模型，不管用户是直接使用定义好的网络结构还是修改已有的网络结构都非常方便。

11.1.1 data 模块

Gluon 的 data 模块提供了非常常用的数据下载和数据增强操作，用户可以通过调用对应接口下载数据或者执行数据增强操作。本节将首先介绍 data 模块中在图像算法领域应用广泛的 vision 模块，vision 模块中包含用于数据读取的 datasets 模块和用于数据增强的 transforms 模块；然后介绍 data 模块中用于生成数据迭代器的数据封装接口，得到的数据迭代器可以直接用于模型训练。

　　Gluon 的 data 模块内提供了一个名为 vision 的模块，该模块提供了图像算法领域常用的公开数据集下载和数据增强接口。首先来看一下如何下载公开数据集，公开数据集下载接口维护在 vision 模块的 datasets 模块中，通过 datasets 模块，用户可以非常方便地下载图像领域常用的公开数据集，比如 MNIST、FashionMNIST、CIFAR10 等，接下来我们通过指定接口下载 CIFAR10 数据集并显示部分图像样例，具体实现如下，代码保存在" ~/chapter11-Gluon/11.1-GluonBasis/11.1.1-data-API/data_vision_datasets.py"脚本中。定义的 label_text 列表是 CIFAR10 数据集的标签名，mxnet.gluon.data.vision.datasets.CIFAR10() 是读取 CIFAR10 数据集的接口，其中 root 参数表示下载数据所保存的路径，这里设置为脚本所在目录下的 data 文件夹，train 参数设置为 True 表示读取的是训练集数据。

　　下载 CIFAR10 数据并显示部分图样的实现代码具体如下：

```
from mxnet.gluon.data import vision
import matplotlib.pyplot as plt

label_text = ['airplane', 'automobile', 'bird', 'cat', 'deer',
              'dog', 'frog', 'horse', 'ship', 'truck']

cifar10 = vision.datasets.CIFAR10(root='data/',train=True)
fig = plt.figure()
img_num = 6
for i in range(img_num):
    fig.add_subplot(2,3,i+1)
    img, label = cifar10[i]
    plt.imshow(img.asnumpy())
    plt.title(label_text[label])
plt.savefig('cifar_10_img_sample.png')
```

　　图 11-1 是 CIFAR10 数据集的图像样例，对应的标签在图像上方，该数据集的图像都是大小为 32*32 的彩色图，因此看起来会有些模糊。

　　除了提供常用公开数据集下载的 datasets 模块之外，vision 模块还提供了常用的数据增强模块 transforms，接下来介绍该模块中常用的几种数据增强接口，具体实现如下，代码保存在" ~/chapter11-Gluon/11.1-GluonBasis/11.1.1-data-API/data_vision_transforms.py"脚本中。首先要介绍的是 mxnet.gluon.data.vision.transforms.ToTensor() 接口，该接口可以用来对输入图像数据做 2 个操作，一个操作是将输入图像的通道顺序从 (H, W, C) 调整为 (C, H, W)，另一个操作是将输入图像的像素值映射到 [0, 1] 范围，接下来可以通过实际代码来看看这个接口的操作。首先是初始化输入数据并输出数据内容，具体代码如下：

```
import mxnet as mx
from mxnet.gluon.data import vision
```

```
input_data = mx.nd.random.uniform(0,255,shape=(2,4,3)).astype('uint8')
print(input_data)
```

图 11-1　CIFAR10 数据集样例

输出结果如下，可以将输出结果看作是一个 *H* 为 2，*W* 为 4，*C* 为 3 的图像：

```
[[[139 151 182]
  [215 153 218]
  [138 216 108]
  [159 164  98]]

 [[111  75 227]
  [ 14 245  69]
  [ 97 121 201]
  [207 134 122]]]
<NDArray 2x4x3 @cpu(0)>
```

接下来，实例化一个 Tensor 对象，然后处理输入数据得到输出数据，最后打印输出数据：

```
transformer_tensor = vision.transforms.ToTensor()
tensor_data = transformer_tensor(input_data)
print(tensor_data)
```

输出结果如下，可以看到维度顺序从（*H, W, C*）调整为（*C, H, W*），并且数值映射到 [0, 1] 范围：

```
[[[ 0.54509807  0.84313726  0.5411765   0.62352943]
  [ 0.43529412  0.05490196  0.38039216  0.81176472]]
```

```
[[ 0.59215689  0.60000002  0.84705883  0.64313728]
 [ 0.29411766  0.96078432  0.47450981  0.52549022]]

[[ 0.71372551  0.85490197  0.42352942  0.38431373]
 [ 0.89019608  0.27058825  0.78823531  0.47843137]]]
<NDArray 3x2x4 @cpu(0)>
```

另外一个常用的数据增强接口是 mxnet.gluon.data.vision.transforms.Normalize()，该接口用于对输入数据做 normalization，简单而言就是，减去指定均值后除以指定标准差，接下来继续对前面得到的 Tensor 数据做处理，代码如下：

```
transformer_normalize = vision.transforms.Normalize(mean=0.13, std=0.31)
normal_data = transformer_normalize(tensor_data)
print(normal_data)
```

输出结果如下：

```
[[[ 1.33902597  2.3004427   1.32637584  1.59203041]
  [ 0.98481977 -0.24225174  0.80771667  2.19924092]]

 [[ 1.49082863  1.51612914  2.31309295  1.65528154]
  [ 0.52941179  2.67994928  1.11132193  1.27577496]]

 [[ 1.88298547  2.33839345  0.94686908  0.82036686]
  [ 2.45224547  0.45351049  2.12333965  1.12397218]]]
<NDArray 3x2x4 @cpu(0)>
```

Gluon 的数据增强模块 transforms 中还有 crop、resize、镜像、亮度、对比度、饱和度等设置接口，因为这些内容在第 5 章中已经介绍过了，功能都类似，所以这里就不再详细介绍了。

介绍完 data 模块的 vision 模块之后，接下来看看 data 模块的数据封装接口 mxnet.gluon.data.DataLoader()。我们知道在 MXNet 框架中，数据读取的过程一般是先通过一个接口读取数据，得到 NDArray 格式的数据，然后通过各种数据增强操作对输入数据做数值层面的处理和空间维度上的处理，最后通过一个数据封装接口封装成指定批次大小的数据迭代器用于模型训练，Gluon 中的 mxnet.gluon.data.DataLoader() 接口就是用于实现上述的最后步骤。接下来还是以读取 CIFAR10 数据集为例介绍如何得到可用的数据迭代器，具体实现如下，代码保存在 "~/chapter11-Gluon/11.1-GluonBasis/11.1.1-data-API/data_dataloader.py" 脚本中。首先是读取 CIFAR10 数据集和执行数据增强操作，然后通过 mxnet.gluon.data.DataLoader() 接口封装数据，这里设置的参数主要包括如下几项。

❑ dataset 参数，该参数用于指定输入数据，一般使用的是数据增强后的数据。

❑ batch_size 参数，该参数用于设定批次大小，这样就能每次从数据迭代器中读取指定批次大小的数据了。

- ❑ shuffle 参数，该参数用于设定是否对数据做随机排序操作，一般是将训练数据设置为 True。

- ❑ num_workers 参数，该参数用于设定数据读取的进程数，这里设置为 0 表示不开启额外进程读取数据，而是采用主进程读取数据，如果设置为 *N*，则表示开启 *N* 个进程读取数据，这样可以加快数据读取的速度。最后打印每次数据迭代器读取到的数据和标签变量的维度，代码如下：

```
from mxnet.gluon.data import DataLoader
from mxnet.gluon.data.vision import transforms, datasets

transformer = transforms.Compose([transforms.ToTensor(),
                                   transforms.Normalize(mean=0.13, std=0.31)])
cifar10_train = datasets.CIFAR10(root='data/',
                                 train=True).transform_first(transformer)
train_data = DataLoader(dataset=cifar10_train,
                        batch_size=8,
                        shuffle=True,
                        num_workers=0)
for data, label in train_data:
    print("Shape of data: {}".format(data.shape))
    print("Shape of label: {}".format(label.shape))
    break
```

输出结果如下：

```
Shape of data: (8, 3, 32, 32)
Shape of label: (8,)
```

11.1.2　nn 模块

Gluon 的 nn 模块提供了构建网络结构所需的网络层，用户可以通过该模块调用所需的网络层以构建自己的网络结构。接下来通过实际数据介绍该模块的使用，具体实现如下，代码保存在 "~/chapter11-Gluon/11.1-GluonBasis/11.1.2-nn-API/nn_sequential.py" 脚本中。首先构建一个输出节点为 2 的全连接层，初始化该全连接层的参数（其实这个时候全连接层的参数并未真正初始化，因为全连接层的参数维度还取决于输入数据，因此需要该层执行前向计算时才会初始化全连接层的参数），接着随机初始化输入数据，维度设置为 (4, 3)。nn 模块的实现代码具体如下：

```
import mxnet as mx
from mxnet.gluon import nn
```

```
fc = nn.Dense(2)
fc.initialize()
data = mx.nd.random.uniform(1,5,(4,3))
print(data)
```

输出结果如下:

```
[[ 3.19525409 3.37137842 3.86075735]
 [ 4.3770628  3.41105342 4.43178272]
 [ 3.17953277 4.38900661 2.69461918]
 [ 3.49425483 3.58357644 2.53752685]]
<NDArray 4x3 @cpu(0)>
```

然后，基于输入数据执行前向计算得到该层的输出结果:

```
output = fc(data)
print(output)
```

输出结果如下，长度为 4 的维度与对应输入数据的维度相等:

```
[[ 0.08827395 -0.10233313]
 [ 0.10814267 -0.19127564]
 [-0.0043941   0.0018156 ]
 [ 0.00706974 -0.06499887]]
<NDArray 4x2 @cpu(0)>
```

因为已经根据输入数据执行了网络层的前向计算，因此现在可以打印全连接层的参数:

```
print(fc.weight.data())
```

输出结果如下，长度为 3 的维度与对应输入数据的维度相等:

```
[[-0.00873779 -0.02834515 0.05484822]
 [-0.06206018 0.06491279 -0.03182812]]
<NDArray 2x3 @cpu(0)>
```

Gluon 的 nn 模块除了提供常用的网络层之外，还提供了一些方便用于构建网络的接口，尤其是在构建复杂的深层网络时帮助很大，比如 mxnet.gluon.nn.Sequential()。mxnet.gluon.nn.Sequential() 可以看作是用于顺序搭建网络结构的接口，其与网络层的关系类似于 Python 语言中列表和元素的关系，只不过 mxnet.gluon.nn.Sequential() 接口中网络层的堆叠顺序就是网络前向计算的顺序。接下来以搭建第 4 章的 LeNet 为例介绍 mxnet.gluon.nn.Sequential() 接口的使用，具体代码如下:

```
import mxnet as mx
from mxnet.gluon import nn
```

```
net = nn.Sequential()
net.add(nn.Conv2D(channels=6, kernel_size=5, activation='relu'),
        nn.MaxPool2D(pool_size=2, strides=2),
        nn.Conv2D(channels=16, kernel_size=3, activation='relu'),
        nn.MaxPool2D(pool_size=2, strides=2),
        nn.Flatten(),
        nn.Dense(120, activation='relu'),
        nn.Dense(84, activation='relu'),
        nn.Dense(10))
net.initialize()
data = mx.nd.random.uniform(1,5,shape=(2,1,28,28))
output = net(data)
```

通过 mxnet.gluon.nn.Sequential() 接口，用户可以像搭积木一样构建网络结构，需要注意的是，正如该接口的命名一样（sequential 翻译过来是连续的），通过 mxnet.gluon.nn.Sequential() 接口搭建的网络结构在运行时是按照网络层的搭建顺序从第一层执行到最后一层，就像火车车厢一样，没有办法灵活控制网络层的执行顺序。如今随着网络结构的不断优化，网络层之间的连接也变得更加复杂，比如 GoogleNet 中 Inception 结构是多分支结构，ResNet 中的跳接结构等，这就需要更加灵活的网络结构搭建接口，使得用户能够自定义网络的前向计算过程，而不仅仅是从第一层顺序执行到最后一层。接下来要介绍的 mxnet.gluon.nn.Block() 就能够解决上述问题。mxnet.gluon.nn.Block() 类是 Gluon 中关于网络层的基础类，Gluon 中的网络层定义都是通过直接或间接继承 mxnet.gluon.nn.Block() 类来实现的，比如前面介绍的 mxnet.gluon.nn.Sequential() 类就是直接继承 mxnet.gluon.nn.Block() 类且重写了前向计算方法实现顺序执行的过程。

因此，我们可以通过继承 mxnet.gluon.nn.Block() 类构造网络结构并且定义网络的前向计算以实现网络结构的构建，接下来以构建 ResNet 网络的 block 结构构建为例介绍如何通过 mxnet.gluon.nn.Block() 实现网络结构的搭建。具体实现如下，代码保存在 "~/chapter11-Gluon/11.1-GluonBasis/11.1.2-nn-API/nn_block.py" 脚本中，具体代码如下：

```
import mxnet as mx
from mxnet.gluon import nn

class Bottleneck(nn.Block):
    def __init__(self, **kwargs):
        super(Bottleneck, self).__init__(**kwargs)
        self.body = nn.Sequential()
        self.body.add(nn.Conv2D(channels=64, kernel_size=1),
                      nn.BatchNorm(),
                      nn.Activation(activation='relu'),
                      nn.Conv2D(channels=64, kernel_size=3, padding=1),
                      nn.BatchNorm(),
```

```
                    nn.Activation(activation='relu'),
                    nn.Conv2D(channels=256, kernel_size=1),
                    nn.BatchNorm())
        self.relu = nn.Activation(activation='relu')

    def forward(self, x):
        residual = x
        x = self.body(x)
        x = self.relu(x + residual)
        return x
```

上面这份代码中定义了一个名为 Bottleneck 的类，该类中主要包含 2 个方法，具体说明如下。

1）__init__() 方法是初始化方法，用于执行各网络层的设置操作，这里仍然需要用到前面介绍的 mxnet.gluon.nn.Sequential() 接口，将需要顺序执行的网络层依次添加到该对象中，这在网络结构本身存在一些重复计算的顺序结构时很有帮助。

2）forward() 方法是前向计算方法，该方法可用于定义网络层的计算顺序，因为 ResNet 的 block 结构中包含了跳接结构，而跳接结构在 mxnet.gluon.nn.Sequential() 中难以实现，但是在 mxnet.gluon.nn.Block() 中，forward() 方法可以轻松实现跳接结构。

在定义好网络结构类之后，接下来就可以通过如下代码初始化网络参数，并基于输入数据执行网络的前向计算以得到最终的输出结果。具体代码如下：

```
net = Bottleneck()
net.initialize()
data = mx.nd.random.uniform(1,5,shape=(2,256,224,224))
output = net(data)
```

通过 Gluon 接口，用户可以采用动态图的方式构建网络结构，调试模型时可以直接在网络结构类的初始化方法或前向计算方法中设置断点，以方便查看网络结构设计是否存在问题，这样做对于代码调试而言非常有帮助。动态图的劣势在于模型的执行效率不如静态图，因此 Gluon 的开发人员在 Gluon 中结合了动态图和静态图各自的优势，使得用户通过动态图构建的网络，可以通过一个简单的方法调用转换成静态图，后续的模型训练或者测试都将基于静态图进行，从而实现混合编程。

在 MXNet 中，可以通过继承 mxnet.gluon.HybridBlock() 类构造网络结构，然后调用 hybridize() 方法实现静态图和动态图之间的转换，mxnet.gluon.HybridBlock() 类是继承 mxnet.gluon.Block() 类实现的，因此前者的大部分方法都与后者的类似。mxnet.gluon.HybridBlock() 类在 Gluon 中的应用非常广泛，11.1.3 节中即将介绍的几乎所有常用的网络结构都是通过继承该类实现的。接下来仍以构建 ResNet 的 block 结构为例介绍 mxnet.gluon.

HybridBlock() 类，实现如下，代码保存在 "~/chapter11-Gluon/11.1-GluonBasis/11.1.2-nn-API/ nn_hybridblock.py" 脚本中，具体代码如下：

```python
import mxnet as mx
from mxnet.gluon import nn
import time

class Bottleneck(nn.HybridBlock):
    def __init__(self, **kwargs):
        super(Bottleneck, self).__init__(**kwargs)
        self.body = nn.HybridSequential()
        self.body.add(nn.Conv2D(channels=64, kernel_size=1),
                    nn.BatchNorm(),
                    nn.Activation(activation='relu'),
                    nn.Conv2D(channels=64, kernel_size=3, padding=1),
                    nn.BatchNorm(),
                    nn.Activation(activation='relu'),
                    nn.Conv2D(channels=256, kernel_size=1),
                    nn.BatchNorm())

    def hybrid_forward(self, F, x):
        residual = x
        x = self.body(x)
        x = F.Activation(x+residual, act_type='relu')
        return x
```

上面的代码中定义了一个名为 Bottleneck 的类，只不过其继承的是 mxnet.gluon.nn. HybridBlock() 类，同时采用 mxnet.gluon.nn.HybridSequential() 接口添加顺序执行的层，最后在前向计算方法中采用名为 hybrid_forward() 的方法。

构建好网络结构之后，接下来就可以通过初始化网络结构参数并执行前向计算得到输出，这里我们记录下模型执行前向计算的时间。具体实现代码如下：

```python
data = mx.nd.random.uniform(1,5,shape=(2,256,224,224), ctx=mx.gpu(0))
net1 = Bottleneck()
net1.initialize(ctx=mx.gpu(0))
t1 = time.time()
output = net1(data)
t2 = time.time()
print("Dynamic graph forward time: {:.4f}ms".format((t2-t1)*1000))
```

输出结果如下：

```
Dynamic graph forward time: 6.7103ms
```

接下来，调用 net 对象的 hybridize() 方法将构造的动态图转换为静态图，对转换之后得到的 net 对象执行前向计算会更加高效，因为执行器知道整个网络的设计，因此在显存和速度上都能做优化，在测试阶段就能够感觉到模型的前向计算速度加快了。实现代码具体如下：

```
net2 = Bottleneck()
net2.initialize(ctx=mx.gpu(0))
net2.hybridize()
t3 = time.time()
output = net2(data)
t4 = time.time()
print("Static graph forward time: {:.4f}ms".format((t4-t3)*1000))
```

输出结果如下：

```
Static graph forward time: 5.5947ms
```

从上述输出结果可以看出，静态图的前向计算时间稍低于动态图，如果观察显存占用的话还会发现在显存方面也存在一些差异。本节的例子中，网络结构和数据都较为简单，因此对速度和显存的感知不会太明显，读者可以尝试对比更加复杂的网络结构在静态图和动态图之间的速度和显存占用对比。

11.1.3 model zoo 模块

Gluon 的 model_zoo 模块提供了非常丰富的网络结构，以及在 ImageNet 数据集上的预训练模型，用户可以直接通过对应网络接口的调用读取构建好的网络结构及预训练模型参数。目前，model_zoo 模块内主要包含了一个名为 vision 的模块，vision 模块内提供了图像算法领域常用的网络模型，比如 VGG、ResNet、DenseNet、MobileNet 等。假如用户要导入一个 18 层的 ResNet v1 网络，那么可以通过如下代码实现：

```
import mxnet as mx
from mxnet.gluon import nn
from mxnet.gluon.model_zoo import vision

resnet18_v1 = vision.resnet18_v1(pretrained=False)
```

得到的 resnet18_v1 是构建好的网络结构，因此不需要用户从头开始设计。不过通过上面代码得到的网络结构只是一个空架子，其中网络层的参数还未初始化，例如我们可以打印导入的网络结构的输出层参数：

```
print(resnet18_v1.output.weight._data)
```

输出结果是 None，说明导入的只是一个定义好的网络结构，还没包含可用的参数：

```
None
```

没有参数的网络结构是不能执行前向计算的，而 model zoo 模块除了提供构建好的网络结构之外，还提供了可用的预训练模型，而且获取预训练模型的操作也非常简单，只需要在导入网络结构时将 pretrained 参数设置为 True 即可，具体实现代码如下所示：

```
resnet18_v1 = vision.resnet18_v1(pretrained=True)
print(resnet18_v1.output.weight._data)
```

输出结果如下，这就是全连接层的参数：

```
[
[[ 0.24593122 -0.0297793   0.12288223 ..., -0.03548443  0.03302337 -0.04425126]
 [-0.0335638   0.03988764 -0.07145842 ..., -0.00938224 -0.09523773 -0.04756463]
 [-0.00028833 -0.01128654  0.02091774 ..., -0.04109598 -0.01397465 -0.02828123]
 ...,
 [-0.00422596 -0.0203045  -0.00431073 ..., -0.04385514  0.00727676 0.02906621]
 [-0.08742396  0.00567622  0.06711435 ...,  0.02005871 -0.03208012 0.10250382]
 [-0.07587604  0.06447732 -0.07361051 ..., -0.0072133 -0.00860472 -0.00101481]]
<NDArray 1000x512 @cpu(0)>]
```

这样得到的 resnet18_v1 就是在 ImageNet 数据集上训练得到的模型，其不仅有完整的网络结构，还包含了训练好的参数，用户可以基于得到的模型执行前向计算或者做其他修改。接下来，我们随机初始化一个输入数据并将该数据作为模型的输入进行模型的前向计算并打印输出的维度信息：

```
data = mx.nd.random.uniform(0,1,(1,3,224,224))
output = resnet18_v1.forward(data)
print("Shape of output is: {}".format(output.shape))
```

输出结果如下，第 0 维的 1 表示输入图像数量，第 1 维的 1000 表示 ImageNet 数据集的 1000 类，也就是说，ResNet18 网络的最后一个全连接层输出节点是 1000。

```
Shape of output is: (1, 1000)
```

修改导入的网络结构也非常方便，比如可以通过如下代码将最后一个输出节点为 1000 的全连接层换成输出节点为 5 的全连接层，替换之后需要为新的全连接层初始化参数，这样才能执行模型的前向计算，最后打印输出的维度信息。修改网络结构的代码如下：

```
resnet18_v1.output = nn.Dense(5)
resnet18_v1.output.initialize()
output = resnet18_v1(data)
print("Shape of output is: {}".format(output.shape))
```

输出结果如下，可以看到第 2 维已经从原来的 1000 变成了 5，全连接层替换成功：

```
Shape of output is: (1, 5)
```

11.2　CIFAR10 数据集分类

在 11.1 节中，我们介绍了 Gluon 接口的几个重要模块，相信你对 Gluon 已经有了初步的了解，接下来，我将以 CIFAR10 数据集为例介绍如何通过 Gluon 接口实现图像分类模型的训练和测试，本节的代码内容参考 MXNet 官方推出的 Gluon 教程：https://gluon-crash-course.mxnet.io/index.html。

CIFAR10 ⊖ 数据集是一个轻量级的公开数据集，主要用来做图像分类。该数据集一共包含 60 000 张大小为 32*32 的彩色图像数据，一共有 10 个类别，每个类别都有 6000 张图像，如图 11-2 所示。其中训练数据有 50 000 张，验证数据有 10 000 张。

图 11-2　CIFAR10 数据集样例

11.2.1　基于 CPU 的训练代码

训练代码保存在 "~/chapter11-Gluon/11.2-classification/train_cpu.py" 脚本中，该脚本指定训练过程在 CPU 上进行，用户可以通过以下命令启动训练：

⊖　https://www.cs.toronto.edu/~kriz/cifar.html。

```
$ cd ~/chapter11-Gluon/11.2-classification
$ python train_cpu.py
```

模型成功启动训练后会看到如图 11-3 所示的训练日志信息，可以看到训练一个 epoch 数据平均需要 700 秒左右。

```
Epoch 0: Loss 1.6901, Train accuracy 0.4025,          Val accuracy 0.4711, Time 624.9129sec
Epoch 1: Loss 1.2444, Train accuracy 0.5551,          Val accuracy 0.5542, Time 646.4140sec
Epoch 2: Loss 1.0159, Train accuracy 0.6370,          Val accuracy 0.6092, Time 641.2704sec
Epoch 3: Loss 0.8655, Train accuracy 0.6911,          Val accuracy 0.5538, Time 694.9699sec
save model to output/ResNet18-4.params
Epoch 4: Loss 0.7228, Train accuracy 0.7443,          Val accuracy 0.6394, Time 722.7925sec
Epoch 5: Loss 0.5996, Train accuracy 0.7889,          Val accuracy 0.6197, Time 738.2653sec
Epoch 6: Loss 0.4837, Train accuracy 0.8289,          Val accuracy 0.6207, Time 775.3075sec
Epoch 7: Loss 0.3775, Train accuracy 0.8686,          Val accuracy 0.6619, Time 768.8026sec
Epoch 8: Loss 0.2880, Train accuracy 0.9003,          Val accuracy 0.6476, Time 768.9770sec
save model to output/ResNet18-9.params
Epoch 9: Loss 0.2096, Train accuracy 0.9290,          Val accuracy 0.6526, Time 785.2531sec
```

图 11-3   CPU 版本的训练日志

因为在 CPU 上训练模型速度较慢，因此如果用户有 GPU，那么可以运行 GPU 版本的训练代码，代码保存在 "~/chapter11-Gluon/11.2-classification/train_gpu.py" 脚本中，且默认是在 0 号 GPU 上训练代码。运行 GPU 版本的训练代码具体如下：

```
$ cd ~/chapter11-Gluon/11.2-classification
$ python train_gpu.py
```

模型成功启动训练后会看到如图 11-4 所示的输出日志，可以看到平均训练一个 epoch 数据所需要的时间大大减少，平均只需用 7 秒时间即可。

```
Epoch 0: Loss 1.6881, Train accuracy 0.4847,          Val accuracy 0.4944, Time 9.5227sec
Epoch 1: Loss 1.2272, Train accuracy 0.6482,          Val accuracy 0.5533, Time 7.3705sec
Epoch 2: Loss 1.0156, Train accuracy 0.7211,          Val accuracy 0.5604, Time 7.1554sec
Epoch 3: Loss 0.8463, Train accuracy 0.7837,          Val accuracy 0.6379, Time 7.2209sec
save model to output/ResNet18-4.params
Epoch 4: Loss 0.7098, Train accuracy 0.8330,          Val accuracy 0.6071, Time 7.3531sec
Epoch 5: Loss 0.5841, Train accuracy 0.8832,          Val accuracy 0.6378, Time 7.3682sec
Epoch 6: Loss 0.4659, Train accuracy 0.9250,          Val accuracy 0.6458, Time 7.4197sec
Epoch 7: Loss 0.3630, Train accuracy 0.9379,          Val accuracy 0.6344, Time 7.3247sec
Epoch 8: Loss 0.2705, Train accuracy 0.9644,          Val accuracy 0.6557, Time 7.2255sec
save model to output/ResNet18-9.params
Epoch 9: Loss 0.1975, Train accuracy 0.9710,          Val accuracy 0.6425, Time 7.5072sec
```

图 11-4   GPU 版本的训练日志

注意，上面的时间统计在不同的 CPU 和 GPU 上可能会有些差异，这里只需感受下 CPU 和 GPU 的训练速度差异即可。假如用户想要在多块 GPU 上训练模型，那么可以通过如下命令实现多 GPU 训练模型，--gpus 参数中使用逗号连接多个 GPU，如下所示：

```
$ cd ~/chapter11-Gluon/11.2-classification
$ python train_gpu.py --gpus 0,1
```

接下来，我们来详细看看训练代码的内容，因为 GPU 版本代码可以通过在 CPU 版本代码上做简单修改来得到，因此下面先来看看 CPU 版本代码，按照代码运行的顺序来做介绍，首先是导入的库：

```
import argparse
from time import time
import logging
from mxnet import gluon, autograd
from mxnet.gluon import nn
from mxnet.gluon.data.vision import datasets, transforms
from mxnet.gluon import model_zoo
```

接下来是主函数 main()，主函数是代码运行的入口，其中主要执行了如下几个操作。

1）调用参数解析函数 parse_arguments() 得到参数的配置信息。

2）调用数据读取函数 cifar10Data() 得到训练及验证数据。

3）读取构造好的网络结构并替换最后的全连接层，最后随机初始化整个网络。

4）设置训练日志的显示及保存。

5）调用模型训练函数 train() 训练模型。

主函数 main() 的实现代码具体如下：

```
def main():
    args = parse_arguments()
    train_data, val_data = cifar10Data(args.batch_size, args.num_workers)
    net = model_zoo.vision.resnet18_v1()
    net.output = nn.Dense(10)
    net.initialize()
    if args.use_hybrid == True:
        net.hybridize()

    logger = logging.getLogger()
    logger.setLevel(logging.INFO)
    stream_handler = logging.StreamHandler()
    logger.addHandler(stream_handler)
    file_handler = logging.FileHandler('output/train.log')
    logger.addHandler(file_handler)
    logger.info(args)

    train(args, train_data, val_data, net)
```

参数解析函数 parse_arguments() 的实现代码如下，其中，'--save-step' 参数用来设置每隔多少个 epoch 保存一次训练结果，默认设置为每个 epoch 的训练结果都要保存；'--use-hybrid' 参数用来设置是否将基于动态图构建的网络转换成静态图。实现代码具体如下：

```
def parse_arguments():
    parser = argparse.ArgumentParser()
    parser.add_argument('--batch-size', type=int,
                        help='batch size for train', default=256)
    parser.add_argument('--num-epoch', type=int,
                    help="number of training epoch", default=10)
    parser.add_argument('--num-workers', type=int,
                    help="number of workers for data reading", default=8)
    parser.add_argument('--save-prefix', type=str,
                    help="path to save model", default="output/ResNet18")
    parser.add_argument('--save-step', type=int,
                    help="step of epoch to save model", default=5)
    parser.add_argument('--use-hybrid', type=bool,
                    help="use hybrid or not", default=False)
    args = parser.parse_args()
    return args
```

数据读取函数 cifar10Data() 的实现过程如下，首先通过 mxnet.gluon.data.vision.datasets.
CIFAR10() 接口读取 CIFAR10 的训练及验证数据集，然后调用数据预处理函数 transform()
完成数据预处理操作，最后通过 mxnet.gluon.data.DataLoader() 接口生成指定批次大小的数据迭代器。数据读取函数的实现代码具体如下：

```
def cifar10Data(batch_size, num_workers):
cifar10_train = datasets.CIFAR10(root='data/',train=True
                                 ).transform_first(transform())
    train_data = gluon.data.DataLoader(cifar10_train,
                                    batch_size=batch_size,
                                    shuffle=True,
                                    num_workers=num_workers)
cifar10_val = datasets.CIFAR10(root='data/',train=False
                               ).transform_first(transform())
    val_data = gluon.data.DataLoader(cifar10_val,
                                  batch_size=batch_size,
                                  num_workers=num_workers)
    return train_data, val_data
```

数据预处理函数 transform() 代码如下，主要包括转 tensor 操作和数值层面的归一化处理：

```
def transform():
    transformer = transforms.Compose([transforms.ToTensor(),
                                    transforms.Normalize(0.13, 0.31)])
    return transformer
```

训练相关的代码基本上都保存在 train() 函数中，主要包含如下几个部分。

1）mxnet.gluon.Trainer() 接口用于初始化一个训练器对象，后期会调用该训练器对象来更新网络参数，因此在初始化该训练器对象时需要传入当前网络的参数，参数可以通过调用网络对象的 collect_params() 方法来得到；其次是将优化函数设置为随机梯度下降：'sgd'，优化参数方面是将学习率设置为 0.05，其他优化参数采用默认值即可。

2）损失函数采用基于 softmax 的交叉熵损失函数。

3）epoch 训练过程主要包括基于训练数据训练模型和基于验证数据测试模型效果两部分，在模型训练过程中，output = net(data) 这一行代码表示的是执行模型的前向计算，然后计算损失值，loss.backward() 这一行代码表示的是回传损失值，回传的目的是计算每一层的参数梯度值，最后通过 trainer.step(args.batch_size) 这一行代码更新网络参数，这样就完成了一个批次数据的训练。验证部分只需要执行网络的前向计算得到输出，然后基于输出和真实标签计算评价指标即可。

train() 函数的实现代码具体如下：

```
def train(args, train_data, val_data, net):
    trainer = gluon.Trainer(params=net.collect_params(),
                            optimizer='sgd',
                            optimizer_params={'learning_rate': 0.05})
    softmax_cross_entropy = gluon.loss.SoftmaxCrossEntropyLoss()
    epoch_index = 0
    for epoch in range(args.num_epoch):
        train_loss = 0.0
        train_acc = 0.0
        val_acc = 0.0
        tic = time()
        for data, label in train_data:
            with autograd.record():
                output = net(data)
                loss = softmax_cross_entropy(output, label)
            loss.backward()
            train_loss += loss.mean().asscalar()
            trainer.step(args.batch_size)
            train_acc += acc(output, label)
        for data, label in val_data:
            val_acc += acc(net(data), label)
        epoch_index += 1
        if epoch_index % args.save_step == 0:
            net.save_parameters("{}-{}.params".format(args.save_prefix, epoch))
            print("save model to {}-{}.params".format(args.save_prefix, epoch))
        print("Epoch {}: Loss {:.4f}, Train accuracy {:.4f}, \
                Val accuracy {:.4f}, Time {:.4f}sec".format(epoch,
                    train_loss/len(train_data), train_acc/(len(train_data)),
                    val_acc/(len(val_data)),
                    time()-tic))
```

评价指标方面采用的是图像分类算法中常用的准确率计算，具体实现如下，首先计算出输出概率的最大值对应的类别 pre_label，然后计算预测类别与真实类别相同的样本占验证样本的比例，该比例就是准确率。

```
def acc(output, label):
    pre_label = output.argmax(axis=1)
    return (pre_label == label.astype('float32')).mean().asscalar()
```

11.2.2 基于 GPU 的训练代码

由于在 CPU 上训练速度较慢，因此在有 GPU 资源的情况下，建议使用 GPU 训练模型。在 GPU 上通过 Gluon 接口训练模型非常方便，简单而言就是将模型参数和数据都搬运到 GPU 上即可实现。接下来我们在 11.2.1 节的基础上做出一些修改，首先是模型参数方面，在主函数中，初始化网络参数时需要将环境信息设置为 GPU 环境，例如设置在 0 号 GPU 上训练模型，代码如下：

```
net.initialize(ctx=mx.gpu(0))
```

如果要在多个 GPU 上训练模型，那么可以使用列表进行维护，比如在 0 和 1 号 GPU 上训练模型：

```
net.initialize(ctx=[mx.gpu(0), mx.gpu(1)])
```

完成了网络参数在 GPU 上的初始化之后，接下来就是将数据搬运到 GPU 上，这部分是在 train() 函数中对训练数据及验证数据进行迭代时做修改，首先看看 CPU 版本是怎么做的，具体实现代码如下：

```
for data, label in train_data:
    with autograd.record():
        output = net(data)
        loss = softmax_cross_entropy(output, label)
    loss.backward()
    train_loss += loss.mean().asscalar()
    trainer.step(args.batch_size)
    train_acc += acc(output, label)
for data, label in val_data:
    val_acc += acc(net(data), label)
```

再来看看下面这个 GPU 版本上的代码，在循环读取数据迭代器中的数据之后，需要调用 mxnet.gluon.utils.split_and_load() 接口将数据集搬运到指定 GPU 上，如果训练过程在不止一块 GPU 上进行，那么就要将数据拆分给每一块 GPU，实现数据并行，同时，模型前向计算和损失函数计算也需要在每个 GPU 上分别进行。具体实现代码如下所示：

```
ctx = [mx.gpu(int(i)) for i in args.gpus.split(',')]
for data, label in train_data:
    data_part = gluon.utils.split_and_load(data, ctx)
    label_part = gluon.utils.split_and_load(label, ctx)
    with autograd.record():
        losses = [softmax_cross_entropy(net(data), label) for data, label in
                    zip(data_part, label_part)]
    for loss_i in losses:
        loss_i.backward()
        train_loss += loss_i.mean().asscalar()
    trainer.step(args.batch_size)
    train_acc += sum([acc(net(data), label) for data, label in
                    zip(data_part, label_part)])
for data, label in val_data:
    data_part = gluon.utils.split_and_load(data, ctx)
    label_part = gluon.utils.split_and_load(label, ctx)
    val_acc += sum([acc(net(data), label) for data, label in
                    zip(data_part, label_part)])
```

因此，使用 Gluon 接口在 GPU 上训练模型时不仅需要将网络结构参数初始化在 GPU 上，还需要将数据搬运到 GPU 上，才能实现模型训练。

前面我们提到过，Gluon 接口可以将基于命令式编程的动态图转换成静态图，从而提高模型训练的速度和减少显存占用，接下来我们以 GPU 版本代码为例来查看一下动态图与静态图的运行效率与显存使用情况，若采用动态图方式则使用如下命令启动训练：

```
$ cd ~/chapter11-Gluon/11.2-classification
$ python train_gpu.py
```

此时的训练速度可以参考 11.2.1 节的图 11-4，平均训练一个 epoch 数据要 7.3 秒左右。在命令行输入如下命令即可动态查看显存的使用情况：

```
$ watch nvidia-smi
```

显示结果如图 11-5 所示，此时我采用的是 0 号 GPU 进行训练，显存占用在 1000MB 左右。

接下来，我们通过如下代码实现基于静态图训练的模型，将参数 --use-hybrid 设置为 True 时，训练代码中会调用网络结构对象的 hyubridize() 方法将动态图转为静态图，然后进行训练。

使用静态图训练的代码如下：

```
$ cd ~/chapter11-Gluon/11.2-classification
$ python train_gpu.py --use-hybrid True
```

此时的训练速度大致如图 11-6 所示，平均训练一个 epoch 数据需要 6.9 秒左右，一般而言在数据集和图像大小更大、模型更加复杂的情况下，这种差距会更加明显。

```
+-----------------------------------------------------------------------------+
| NVIDIA-SMI 384.130                       Driver Version: 384.130            |
|-------------------------------+----------------------+----------------------+
| GPU  Name        Persistence-M| Bus-Id        Disp.A | Volatile Uncorr. ECC |
| Fan  Temp  Perf  Pwr:Usage/Cap| Memory-Usage         | GPU-Util  Compute M. |
|===============================+======================+======================|
|   0  GeForce GTX 108...  Off  | 00000000:01:00.0 Off |                  N/A |
| 45%   66C    P2   228W / 300W |   1031MiB / 11170MiB |      56%     Default |
+-------------------------------+----------------------+----------------------+
|   1  GeForce GTX 108...  Off  | 00000000:02:00.0 Off |                  N/A |
|  0%   34C    P8    20W / 250W |     10MiB / 11172MiB |       0%     Default |
+-------------------------------+----------------------+----------------------+

+-----------------------------------------------------------------------------+
| Processes:                                                       GPU Memory |
|  GPU       PID   Type   Process name                             Usage      |
|=============================================================================|
|    0      3963      C   /usr/bin/python3.5                          1021MiB |
+-----------------------------------------------------------------------------+
```

图 11-5　使用动态图训练时的显存使用情况

```
Epoch 0: Loss 1.6843, Train accuracy 0.4836,            Val accuracy 0.4843, Time 8.4710sec
Epoch 1: Loss 1.2502, Train accuracy 0.6437,            Val accuracy 0.5517, Time 6.8766sec
Epoch 2: Loss 1.0272, Train accuracy 0.7218,            Val accuracy 0.6155, Time 7.0570sec
Epoch 3: Loss 0.8624, Train accuracy 0.7889,            Val accuracy 0.6026, Time 6.8350sec
save model to output/ResNet18-4.params
Epoch 4: Loss 0.7253, Train accuracy 0.8506,            Val accuracy 0.6254, Time 7.1428sec
Epoch 5: Loss 0.5972, Train accuracy 0.8899,            Val accuracy 0.6065, Time 7.0213sec
Epoch 6: Loss 0.4857, Train accuracy 0.9230,            Val accuracy 0.6498, Time 6.8825sec
Epoch 7: Loss 0.3767, Train accuracy 0.9446,            Val accuracy 0.6216, Time 6.9358sec
Epoch 8: Loss 0.2836, Train accuracy 0.9610,            Val accuracy 0.6643, Time 6.9887sec
save model to output/ResNet18-9.params
Epoch 9: Loss 0.2042, Train accuracy 0.9743,            Val accuracy 0.6048, Time 7.0897sec
```

图 11-6　GPU 版本基于静态图的训练日志

同样，这里也可以动态查看显存的使用情况，显示结果如图 11-7 所示，显存占用只有770MB 左右，显存占用减少量还是比较明显的，需要注意的是，这份代码中用的网络是比较浅的，一般而言模型越复杂，可优化的显存就越多，此时动态图和静态图的显存占用差异也就越大。

```
+-----------------------------------------------------------------------------+
| NVIDIA-SMI 384.130                       Driver Version: 384.130            |
|-------------------------------+----------------------+----------------------+
| GPU  Name        Persistence-M| Bus-Id        Disp.A | Volatile Uncorr. ECC |
| Fan  Temp  Perf  Pwr:Usage/Cap| Memory-Usage         | GPU-Util  Compute M. |
|===============================+======================+======================|
|   0  GeForce GTX 108...  Off  | 00000000:01:00.0 Off |                  N/A |
| 47%   68C    P2   217W / 300W |    779MiB / 11170MiB |      78%     Default |
+-------------------------------+----------------------+----------------------+
|   1  GeForce GTX 108...  Off  | 00000000:02:00.0 Off |                  N/A |
|  0%   33C    P8    19W / 250W |     10MiB / 11172MiB |       0%     Default |
+-------------------------------+----------------------+----------------------+

+-----------------------------------------------------------------------------+
| Processes:                                                       GPU Memory |
|  GPU       PID   Type   Process name                             Usage      |
|=============================================================================|
|    0      6202      C   /usr/bin/python3.5                           769MiB |
+-----------------------------------------------------------------------------+
```

图 11-7　使用静态图训练时的显存使用情况

11.2.3   测试代码

本节将介绍测试代码，代码保存在"~/chapter11-Gluon/11.2-classification/demo.py"脚本中，用户可以在命令行通过如下代码执行测试操作：

```
$ python demo.py
```

模型输出如下，从输出结果可以看出，一共测试了 6 张图像，都预测对了：

```
Predict label is: cat, Ground truth is: cat
Predict label is: ship, Ground truth is: ship
Predict label is: ship, Ground truth is: ship
Predict label is: airplane, Ground truth is: airplane
Predict label is: frog, Ground truth is: frog
Predict label is: frog, Ground truth is: frog
```

测试的 6 张图像如图 11-8 所示。

接下来看看 demo.py 脚本的内容，整体上 demo.py 脚本包括如下几个部分。

❏ 标签的信息列表，保存在列表 label_text 中，与 CIFAR10 数据集的 10 个类别一一对应。

❏ 模型导入部分，先通过 mxnet.gluon.model_zoo 的 vision 模块导入网络结构，然后调用 block 对象的 load_parameters() 方法实现参数的导入和初始化。

❏ 测试数据读取，mxnet.gluon.data.vision 的 datasets 模块可用于读取 CIFAR10 的验证数据集并做一定的数据预处理操作，以得到能够作为模型前向计算的数据。

❏ 模型预测，执行模型的前向计算以得到预测概率，从而得到预测类别。

图 11-8   测试图像样例

demo.py 脚本的内容具体如下：

```python
from mxnet.gluon import model_zoo
from mxnet.gluon import nn
from mxnet.gluon.data.vision import transforms, datasets
import matplotlib.pyplot as plt

label_text = ['airplane', 'automobile', 'bird', 'cat', 'deer',
              'dog', 'frog', 'horse', 'ship', 'truck']

net = model_zoo.vision.resnet18_v1()
net.output = nn.Dense(10)
net.load_parameters(filename="output/ResNet18-4.params")

transformer = transforms.Compose([transforms.ToTensor(),
                                  transforms.Normalize(0.13, 0.31)])

cifar10_val = datasets.CIFAR10(root='data/', train=False)
plt.figure()
for i in range(6):
    img, label = cifar10_val[i]
    data = transformer(img).expand_dims(axis=0)
    output = net.forward(data)
    pre_label = output.argmax(axis=1).astype("int32").asscalar()
print("Predict label is: {}, Ground truth is: {}".format(
    label_text[pre_label], label_text[label]))

    plt.subplot(2,3,i+1)
    plt.axis('off')
    plt.imshow(img.asnumpy())
    plt.title("Predict: " + label_text[pre_label] + "\n" + "Truth: " + label_text[label])
    plt.savefig("Prediction result.png")
```

11.3   本章小结

Gluon 是 MXNet 推出的命令式编程接口，用户可以通过该接口以动态图的方式灵活定义网络结构，这对于网络结构的修改以及代码的调试而言都是非常方便的；同时在训练或测试算法时可以将动态图网络结构转换成静态图形式，这样不仅能够加快模型训练或测试的速度，而且还能够减少显存的使用。Gluon 的这种混合编程特点使其不管在算法研究还是线上部署方面都能扬长避短，实现深度学习框架在灵活性和高效性方面的双赢。

　　Gluon 具有非常详细的接口文档和教程，非常适合于新手学习，我从这些教程中也学到了很多，本章部分内容也借鉴了这些教程。Gluon 的接口文档中主要提供了用于常用公开数据集读取和数据增强操作的 data 模块、用于构建网络结构的 nn 模块、用于读取常用网络结构和预训练模型的 model zoo 模块等。这些接口的实现大大方便了用户对数据和网络结构的操作，使得用户能够将更多时间投入到算法创新上。

第 12 章

GluonCV

工业界侧重算法的落地，学术界侧重算法的创新，二者之间虽然不是矛盾的，但也不完全一致。工业界落地算法时常常需要借助学术界开源的算法模型，利用迁移学习将开源模型应用到实际生产数据是最为常见的落地方式，一般而言数据任务越相似，开源模型的效果就会越好，那么迁移学习的效果也就越好。学术界开源代码的习惯让越来越多优秀的算法得到了更为广泛的研究，官方的开源代码一般都是基于某一深度学习框架来实现，这对于习惯于使用特定框架的用户而言，有时候找不到对应框架的开源代码是一件比较头疼的事情。虽然目前 GitHub 上常有第三方复现论文算法，但是在实现过程中往往很难复现原论文的实验结果，这样的复现模型在迁移效果上相比原论文模型会差一些。GluonCV 是 MXNet 官方推出的复现目前计算机视觉领域前沿算法的深度学习工具库，用户可以通过该工具库调用已复现的模型，这对于算法的落地非常有帮助；另外 GluonCV 官方文档也提供了具体的复现代码和训练日志，以方便有需要的用户深入了解论文复现的细节，同时还提供了多种常用的公开数据集调用接口，以助于算法研究人员今后的算法创新。GluonCV 的官方代码地址是 https://github.com/dmlc/gluon-cv，GluonCV 的官方文档请参考 https://gluon-cv.mxnet.io，该文档提供了非常详细的接口介绍、接口源码、复现模型的下载和教学例子，既适合新手入门，也适合中高级玩家加深对算法的理解，本章的代码部分参考了该文档的内容，包括其中的教学例子。

GluonCV 中提供了多种计算机视觉任务常用的公开数据集和算法模型，包括图像分类、目标检测、图像分割等领域。在图像分类领域，GluonCV 提供了常用的公开数据集 ImageNet $^{\ominus}$ 的调用接口；在目标检测领域，GluonCV 提供了常用的公开数据集 Pascal

---

$\ominus$　http://www.image-net.org/。

VOC ⊖、COCO ⊜的调用接口；在图像分割领域，GluonCV 提供了常用的公开数据集 Pascal
VOC、COCO、ADE20K ⊜的调用接口。这些数据接口的实现大大降低了用户入门深度学
习的门槛，减少了在数据下载、格式处理上耗费的时间，让用户能够将更多的精力放在算
法创新上。除了提供常用的公开数据集的调用接口之外，GluonCV 中还复现了图像分类、
目标检测和图像分割领域的前沿算法。在图像分类领域，GluonCV 复现了目前广泛应用的
VGG、ResNet、DenseNet、SENet、MobileNet 等算法；在目标检测领域，GluonCV 复现了
one stage 类型的 SSD、YOLO v3 算法和 two stage 类型的 Faster RCNN 算法；在图像分割
领域，GluonCV 复现了 FCN、PSPNet、deeplab 等语义分割算法和 Mask RCNN 等实例分割
算法。这些常用算法的复现和详细的训练代码将大大加快工业界的算法落地和学术界的算
法创新速度，相信越来越多的深度学习爱好者能够感受到 GluonCV 的魅力。

环境配置方面，目前 GluonCV 推出了 0.4.0 版，笔者使用的也是 0.4.0 版本，另外，MXNet
版本也需要升级到更高级版本才能更好地支持 GluonCV（根据官方文档的介绍，MXNet 至少
需要是 1.3.0 及以上版本），笔者使用的是 1.3.1 版本。可以通过如下命令安装 GluonCV
和 MXNet：

```
$ sudo pip3 install gluoncv==0.4.0b20181115
$ sudo pip3 install mxnet-cu80==1.3.1
```

版本号后面的数字表示版本的更新时间，因为写作时 GluonCV 还未推出最终稳定的
0.4.0 版本，因此这里就采用目前的最新版本。

本章一方面以 GluonCV 官方的教学例子及接口文档为例介绍 GluonCV 这个库的使用，
让读者在使用 MXNet 框架训练深度学习模型时能够多一个选择，另一方面则是从论文复现
的角度出发，以 GluonCV 提供的论文复现代码为例介绍论文复现的细节，希望对广大读者
能有所帮助。

12.1　GluonCV 基础

GluonCV 是为计算机视觉任务专门打造的深度学习工具库，该工具库提供了包括图像
分类、目标检测、图像分割等领域的前沿算法复现结果，部分复现结果甚至要优于原论文。
除了提供复现模型之外，GluonCV 还提供了具体的复现代码和训练日志，用户可以直接使

⊖　http://host.robots.ox.ac.uk/pascal/VOC/。

⊜　http://cocodataset.org/#home。

⊜　http://sceneparsing.csail.mit.edu/。

用复现的模型作为预训练模型实现迁移学习，同时详细的复现代码也为其他想要深入了解复现细节的用户提供了参考。另外，GluonCV 还提供了丰富的公开数据集读取接口和可视化接口，以方便用户读取和查看数据。

本节中，我将介绍 GluonCV 库的几个重要模块，包括用于数据读取的 data 模块、用于模型读取的 model zoo 模块、提供辅助功能的 utils 模块等。

12.1.1 data 模块

GluonCV 提供了图像分类、目标检测、图像分割等计算机视觉领域常用的公开数据集读取接口和下载脚本，用户可以通过这些工具非常方便地下载和读取数据，这些数据读取接口都维护在 GluonCV 库的 data 模块中。

在图像分类领域，ImageNet 数据集是应用非常广泛的大型数据集，接下来以 ImageNet 数据集为例介绍如何通过 GluonCV 库的 data 模块导入数据。首先你需要从 ImageNet 官网（http://www.image-net.org/download-images）下载 2 个数据压缩文件 ILSVRC2012_img_train.tar 和 ILSVRC2012_img_val.tar，下载之前需要注册相关信息。

下载成功后，GluonCV 官方提供的脚本[⊖]imagenet.py 可用于解压数据到指定目录，命令如下：

```
$ cd ~/chapter12-GluonCV/12.1-GluonCVBasis/12.1.1-data-API
$ python imagenet.py --download-dir /path/to/tar --target-dir data/ILSVRC2012
```

上述命令主要涉及 2 个参数，参数及说明具体如下。

❑ --download-dir，表示你从 ImageNet 官网上下载的 2 个压缩文件所存放的路径。

❑ --target-dir，表示解压后数据的存放路径，这里设置为当前脚本所在目录下的 data/ILSVRC2012 文件夹。

执行完该命令后，就能得到可用的 ImageNet 数据集了，接下来是使用 GluonCV 提供的 gluoncv.data.ImageNet() 接口读取数据，实现代码保存在 "~/chapter12-GluonCV/12.1-GluonCVBasis/12.1.1-data-API/gluoncv_data_imagenet.py" 脚本中，下面来看看该脚本的内容：

```
from gluoncv import data, utils
import matplotlib.pyplot as plt
train_data = data.ImageNet(root='data/ILSVRC2012',
                           train=True)
val_data = data.ImageNet(root='data/ILSVRC2012',
                         train=False)
```

⊖ https://gluon-cv.mxnet.io/build/examples_datasets/imagenet.html。

由上述代码可以看出，gluoncv.data.ImageNet() 接口读取数据的操作非常简单，主要涉及如下 2 个参数。

❑ root，该参数用来指定 ImageNet 数据集的路径。

❑ train，该参数是个布尔值，设置为 True 时表示读取的是训练数据，设置为 False 时表示读取的是验证数据集。接下来可以通过如下命令打印训练数据集和验证数据集的样本数量：

```
print("Number of train data: {}".format(len(train_data)))
print("Number of validation data: {}".format(len(val_data)))
```

输出结果如下：

```
Number of train data: 1281167
Number of validation data: 50000
```

接下来从训练数据集中选择一个图像，打印该图像的尺寸并通过 GluonCV 的可视化接口显示图像内容：

```
image, ground_truth = train_data[0]
print("Shape of image: {}".format(image.shape))
utils.viz.plot_image(img=image)
plt.savefig('imagenet.png')
```

输出结果如下，可以看出这张图像的宽和高都是 250，通道数是 3：

```
Shape of image: (250, 250, 3)
```

可视化结果如图 12-1 所示。

图 12-1　训练数据样例

在目标检测领域，Pascal VOC 数据集是应用非常广泛的公开数据集，接下来以 Pascal VOC 数据集为例介绍如何通过 GluonCV 库的 data 模块读取数据。目前 Pascal VOC 常用 2007 和 2012 两个版本，首先需要用户手动下载 Pascal VOC 数据集，也可以通过官方提供的脚本⊖pascal_voc.py 进行下载，命令如下：

```
$ cd ~/chapter12-GluonCV/12.1-GluonCVBasis/12.1.1-data-API
$ python pascal_voc.py --download-dir data/VOCdevkit
```

参数 --download-dir 用于设置下载数据的保存地址，这里设置为将数据下载在当前目录的 data/VOCdevkit 文件夹下。接下来，gluoncv.data.VOCDetection() 接口将读取 Pascal VOC 以用于目标检测的数据集，代码保存在 " ~/chapter12-GluonCV/12.1-GluonCVBasis/12.1.1-data-API/gluoncv_data_vocdetection.py" 脚本中，脚本代码如下：

```
from matplotlib import pyplot as plt
from gluoncv import data, utils

train_data = data.VOCDetection(root='data/VOCdevkit',
                               splits=[(2007, 'trainval'),(2012,'trainval')])
val_data = data.VOCDetection(root='data/VOCdevkit',
                             splits=[(2007, 'test')])
```

gluoncv.data.VOCDetection() 接口中主要涉及如下 2 个参数。

❏ root，该参数用来指定 Pascal VOC 数据集的路径。

❏ splits，该参数用来指定训练数据集和验证数据集的划分，一般常用 Pascal VOC2007 的 trainval.txt 和 Pascal VOC2012 的 trainval.txt 作为训练数据，用 Pascal VOC2007 的 test 作为验证数据。

接下来看看 Pascal VOC 如何检测数据集的类别信息，具体实现代码如下：

```
class_names = train_data.classes
print("Class names of Pascal VOC Detection: {}".format(class_names))
```

输出结果如下，可以看到数据集中一共包含 20 个类别：

```
Class names of Pascal VOC: ('aeroplane', 'bicycle', 'bird', 'boat',
    'bottle', 'bus', 'car', 'cat', 'chair', 'cow', 'diningtable', 'dog',
    'horse', 'motorbike', 'person', 'pottedplant', 'sheep', 'sofa',
    'train', 'tvmonitor')
```

接下来再看看训练和验证数据集的样本数量，具体实现代码如下：

```
print("Number of train data: {}".format(len(train_data)))
```

⊖ https://gluon-cv.mxnet.io/build/examples_datasets/pascal_voc.html。

```
print("Number of validation data: {}".format(len(val_data)))
```

输出结果如下：

```
Number of train data: 16551
Number of validation data: 4952
```

接下来从训练数据集中选取一个样本来看看图像内容和标签内容，标签内容主要包括目标框的坐标和框的类别，实现代码具体如下：

```
image, ground_truth = train_data[0]
bbox = ground_truth[:,0:4]
label = ground_truth[:,4:5]
print("Shape of image: {}".format(image.shape))
print("Bounding box: {}".format(bbox))
print("Label of bbox: {}".format(label))
print("Label name of bbox: {}".format([class_names[int(i)] for i in label]))
```

输出结果如下，图像的 3 个尺寸数字分别表示图像的高为 375、宽为 500、通道数为 3，标注信息中一共有 5 个框，每个框都包含 4 个坐标信息和 1 个类别信息，4 个坐标分别表示 [xmin ymin xmax ymax]，其中 (xmin, ymin) 是框的左上角点坐标，(xmax, ymax) 是框的右下角点坐标，类别信息中 5 个框的类别都是 8，打印 class_names 变量中对应下标的值可以看到类别名，从输出信息中可以看出，5 个框的类别都是 chair，也就是椅子：

```
Shape of image: (375, 500, 3)
Bounding box: [[ 262. 210. 323. 338.]
               [ 164. 263. 252. 371.]
               [   4. 243.  66. 373.]
               [ 240. 193. 294. 298.]
               [ 276. 185. 311. 219.]]
Label of bbox: [[ 8.]
               [ 8.]
               [ 8.]
               [ 8.]
               [ 8.]]
Label name of bbox: ['chair', 'chair', 'chair', 'chair', 'chair']
```

GluonCV 提供了可视化图像的接口，用户可以通过调用 gluoncv.utils 模块的指定接口实现图像或者标签信息的可视化，如下代码可用于显示图像和目标检测的标注框信息：

```
utils.viz.plot_bbox(img=image,
                bboxes=bbox,
                labels=label,
                class_names=class_names)
plt.savefig('object_detection_gt.png')
```

显示的图像如图 12-2 所示，可以看到其中包含了 5 个类别为 chair 的检测框。

对于图像分割领域（这里以语义分割为例），下面仍然以 Pascal VOC 数据集为例介绍通过 GluonCV 接口读取数据的方法，代码保存在 " ~/chapter12-GluonCV/12.1-GluonCVBasis/-12.1.1-data-API/gluoncv_data_vocdetection.py" 脚本中。首先通过 GluonCV 提供的数据读取接口来读取数据，代码具体如下。

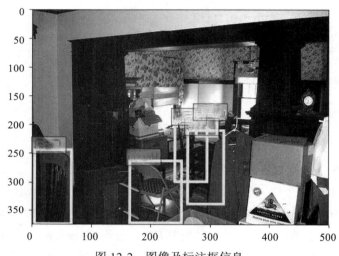

图 12-2　图像及标注框信息

```python
from matplotlib import pyplot as plt
from gluoncv import data, utils
import numpy as np

train_data = data.VOCSegmentation(root='data/VOCdevkit',
                                  split='train')
val_data = data.VOCSegmentation(root='data/VOCdevkit',
                                split='val')
```

在上面的代码中，gluoncv.data.VOCSegmentation() 接口默认读取的是 Pascal VOC2012 数据集，因此不需要在接口中设置 2007 或 2012。读取到数据之后，下面调用数据对象的 classes 属性查看 Pascal VOC 分割数据集的类别：

```python
class_names = train_data.classes
print("Class names of Pascal VOC Segmentation: {}".format(class_names))
```

输出结果如下所示：

```
Class names of Pascal VOC Segmentation: ('background', 'airplane', 'bicycle',
    'bird', 'boat', 'bottle', 'bus', 'car', 'cat', 'chair', 'cow',
    'diningtable', 'dog', 'horse', 'motorcycle', 'person', 'potted-plant',
```

```
'sheep', 'sofa', 'train', 'tv')
```

需要注意的是，类别数比 Pascal VOC 目标检测数据集多 1 个类 background，这个类是背景类别。接下来我们看一下训练数据和验证数据的样本数量，代码如下：

```
print("Number of train data: {}".format(len(train_data)))
print("Number of validation data: {}".format(len(val_data)))
```

输出结果如下，因为默认的训练数据样本包含 train 和 val，所以总数是 2913，而 val 的数量是 1449：

```
Number of train data: 2913
Number of validation data: 1449
```

接下来我们选取训练数据集中的一个样本，该样本包括图像数据和标签数据，其中，标签数据是宽、高和图像数据相等的二维矩阵，矩阵中的每个值均是图像中对应像素点的类别，因此可以通过 gluoncv.utils.viz.get_color_pallete() 接口得到色彩标签矩阵，该接口中设置的 dataset 参数可用来指定类别和颜色的对应关系，不同的分割数据集具有不同的对应关系，因为这里采用的是 Pascal VOC 数据集，所以该参数设置为 'pascal_voc'。实现代码具体如下：

```
image, ground_truth = train_data[0]
fig = plt.figure("segmentation")
fig.add_subplot(1,2,1)
plt.imshow(image.asnumpy().astype(np.uint8))
mask = utils.viz.get_color_pallete(npimg=ground_truth.asnumpy(),
                                   dataset='pascal_voc')
fig.add_subplot(1,2,2)
plt.imshow(mask)
plt.savefig('segmentation_gt.png')
```

最后得到如图 12-3 所示的训练图像和标签图像，因为 gluoncv.data.VOCSegmentation() 接口读取的是语义分割的数据，所以从图 12-3 所示的标签图像中可以看出 2 架飞机的标注颜色是一样的。

12.1.2　model zoo 模块

GluonCV 为用户提供了计算机视觉领域常用的算法模型调用接口，包括在公开数据集上已训练好的模型，部分算法的复现效果甚至要优于原论文的算法效果，这些接口都维护在 model_zoo 模块中，用户既可以通过 gluoncv.model_zoo.get_model() 接口调用指定算法模型，也可以通过 model_zoo 模块的具体算法接口调用算法模型，结果都是一样的，因为 gluoncv.model_zoo.get_model() 接口本身提供的是更加通用的接口。model_zoo 模块中主要包含图像分类、目标检测和图像分割等领域的算法模型，接下来我们依次介绍。

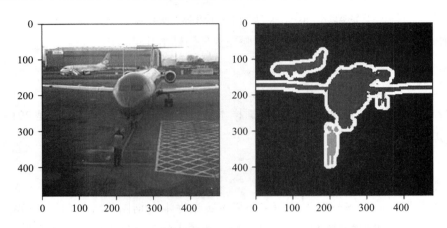

图 12-3　Pascal VOC 数据集语义分割图像和对应的标签图像

在图像分类领域，GluonCV 提供了包括 VGG、ResNet、DenseNet、MobileNet 等常用算法的多种版本调用接口。接下来我们以导入 ResNet50 模型为例介绍如何使用 model_zoo 模块，代码保存在 "~/chapter12-GluonCV/12.1-GluonCVBasis/12.1.2-model-zoo-API/gluoncv_modelzoo_resnet.py" 脚本中，首先调用 gluoncv.model_zoo.get_model() 接口导入训练好的模型：

```
import mxnet as mx
from gluoncv import model_zoo, data
from mxnet.gluon.data.vision import transforms
import matplotlib.pyplot as plt

resnet50 = model_zoo.get_model('resnet50_v2',pretrained=True)
```

接下来调用 mxnet.image.imread() 接口读取一张测试图像，并打印测试图像的尺寸信息：

```
img = mx.image.imread(filename="demo_img/ILSVRC2012_val_00003559.JPEG")
print("Shape of original image: {}".format(img.shape))
```

输出结果如下：

```
Shape of original image: (375, 500, 3)
```

测试图像如图 12-4 所示。

接下来对输入图像做一定的预处理操作，比如基于 ImageNet 数据集训练图像分类模型时图像的宽高一般设置为 224*224，因此这里先将输入图像的短边缩放到 256，然后从中央区域裁剪出大小为 224*224 的图像，具体代码如下：

```
transform_size = transforms.Compose([transforms.Resize(256, keep_ratio=True),
                                      transforms.CenterCrop(224)])
img = transform_size(img)
plt.imshow(img.asnumpy())
plt.savefig('transform_result.png')
```

图 12-4   测试图像

上述操作得到的图像如图 12-5 所示。

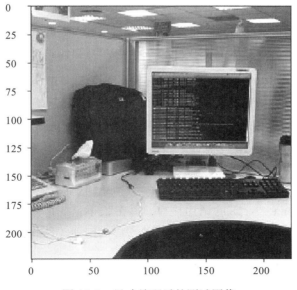

图 12-5   尺寸处理后的测试图像

接着，执行通道顺序的变换操作并对数值做归一化处理，最后再增加批次维度构成 4

维输入数据,实现代码具体如下:

```
mean=(0.485, 0.456, 0.406)
std=(0.229, 0.224, 0.225)
transform_fn = transforms.Compose([transforms.ToTensor(),
                                    transforms.Normalize(mean=mean,
                                                         std=std)])
data = transform_fn(img).expand_dims(0)
print("Shape of transform image: {}".format(data.shape))
```

输出结果如下:

```
Shape of transform image: (1, 3, 224, 224)
```

准备好模型和测试数据之后,接下来就可以执行模型的前向计算了。ImageNet 数据集中常用的评价指标除了常见的准确率之外,还有 top-5 准确率,表示模型预测概率最高的前 5 个类别,这里是将预测概率最高的 5 个类别都打印出来。实现代码具体如下:

```
output = resnet50.forward(data)
top5_index = mx.nd.topk(output, k=5)[0].astype('int')
print("Prediction label for input image is:")
for index_i in top5_index:
    pre_label = resnet50.classes[index_i.asscalar()]
    print(pre_label)
```

从以下的输出结果中可以看到,模型认为输入图像是 desk(办公桌)的概率最大,其次是 desktop computer(台式电脑),另外判为 mouse(鼠标)、monitor(显示器)、screen(屏幕)的概率也比较高,这些类别基本上符合输入图像的内容信息。输出结果具体如下:

```
Prediction label for input image is:
desk
desktop computer
mouse
monitor
screen
```

在目标检测领域,GluonCV 提供了包括 one stage 代表算法(SSD 和 YOLO v3)、two stage 代表算法(Faster RCNN)的调用接口,并提供了这 3 个模型在 Pascal VOC、COCO 数据集上的训练结果及训练脚本,用户既可以直接调用训练好的模型进行使用,也可以迁移到自己的数据集上进行训练。

接下来以在 Pascal VOC 数据集上训练的 SSD 模型为例,介绍如何使用 model zoo 库调用模型,代码保存在 " ~/chapter12-GluonCV/12.1-GluonCVBasis/12.1.2-model-zoo-API/gluoncv_modelzoo_ssd.py" 脚本中,代码内容具体如下:

```
from gluoncv import model_zoo, data, utils
import matplotlib.pyplot as plt
import mxnet as mx

ssd = model_zoo.get_model('ssd_300_vgg16_atrous_voc', pretrained=True)
```

在上述调用代码中，参数 pretrained 设置为 True 表示同时下载和导入在 Pascal VOC 数据集上训练好的模型参数，这样就可以直接测试该模型对指定输入图像的输出了。接下来，我们通过 mxnet.image.imread() 接口读取一张图像，并打印图像的尺寸信息，实现代码具体如下：

```
img_path = "demo_img/2007_001311.jpg"
img = mx.image.imread(filename=img_path).asnumpy().astype('uint8')
print("Shape of original image: {}".format(img.shape))
```

输出结果如下，可以看到输入图像的高和宽分别是 319 和 500，通道数为 3：

```
Shape of original image: (319, 500, 3)
```

因为导入的模型是基于尺寸为 300 的图像进行训练的，所以接下来需要对输入图像做尺寸上的修改，GluonCV 针对 SSD 模型提供了专门的测试图像处理接口：

```
data, img = data.transforms.presets.ssd.load_test(filenames=img_path,
                                                  short=300)
print("Shape of resize image: {}".format(img.shape))
print("Shape of transform image: {}".format(data.shape))
```

输出结果如下：

```
Shape of resize image: (300, 470, 3)
Shape of transform image: (1, 3, 300, 470)
```

该接口需要设定待处理图像的路径和处理的尺寸，然后将输入图像的短边缩放到指定尺寸。该接口返回 2 个变量，变量及说明具体如下。

- ❑ img，这个变量是对读入图像做短边缩放到指定尺寸后的结果，从打印出来的尺寸可以看出，短边从 319 缩小到了 300，长边相应地从 500 缩小到了 470。
- ❑ data，这个变量可作为模型前向计算时的输入，其是在对短边进行了缩放操作之后还做了归一化处理、增加批次维度、调整维度顺序等操作后的结果，因此 data 是 4 维的 NDArray 变量。

准备好数据之后，接下来就可以执行模型的前向计算并得到预测结果了：

```
labels,scores,bboxes = ssd(data)
print("Shape of predict labels: {}".format(labels.shape))
```

```
print("Shape of predict scores: {}".format(scores.shape))
print("Shape of predict bboxes: {}".format(bboxes.shape))
```

输出结果如下，目标检测模型的预测结果包括预测框的类别 labels、预测框的置信度 scores、预测框的坐标值 bboxes，其中，labels 和 scores 的维度都是（B, N, 1），B 表示测试样本数量，N 表示预测框的数量，而 bboxes 的维度是（B, N, 4），4 表示每个预测框的 4 个坐标值的信息：

```
Shape of predict labels: (1, 100, 1)
Shape of predict scores: (1, 100, 1)
Shape of predict bboxes: (1, 100, 4)
```

最后可以调用 GluonCV 的可视化接口显示预测框，实现代码具体如下：

```
utils.viz.plot_bbox(img=img,
                    bboxes=bboxes[0],
                    scores=scores[0],
                    labels=labels[0],
                    class_names=ssd.classes)
plt.savefig('object_detection_result.png')
```

得到的预测结果如图 12-6 所示。

图 12-6   目标检测结果图

在图像分割领域，GluonCV 提供了语义分割和实例分割的相关算法模型。在语义分割领域，GluonCV 提供了在 Pascal VOC 和 COCO 等常用公开数据集上的算法模型，比如 FCN、PSPNet、DeepLabV3 等；在实例分割领域，GluonCV 提供了在 COCO 数据集上的算法模型，比如 Mask RCNN 等。用户既可以直接调用训练好的模型进行使用，也可以迁移到自己的数据集上进行训练。

接下来以调用在 Pascal VOC 数据集上训练的 FCN 模型为例，介绍通过 model zoo 库调用模型的方法，代码保存在"~/chapter12-GluonCV/12.1-GluonCVBasis/12.1.2-model-zoo-API/gluoncv_modelzoo_fcn.py"脚本中，代码内容具体如下：

```
from gluoncv import model_zoo, data, utils
import matplotlib.pyplot as plt
import mxnet as mx

fcn = model_zoo.get_model('fcn_resnet101_voc', pretrained=True)
```

在上述调用代码中，参数 pretrained 设置为 True 表示同时下载和导入在 Pascal VOC 数据集上训练好的模型参数，这样就可以直接测试该模型对指定输入图像的输出了。接下来，我们通过 mxnet.image.imread() 接口读取一张图像，并打印图像的尺寸信息，实现代码具体如下：

```
img = mx.image.imread(filename="demo_img/2007_001311.jpg")
print("Shape of original image: {}".format(img.shape))
fig = plt.figure("segmentation")
fig.add_subplot(1,2,1)
plt.imshow(img.asnumpy().astype('uint8'))
```

输出结果如下，可以看到输入图像的高和宽分别是 319 和 500，通道数为 3：

```
Shape of original image: (319, 500, 3)
```

接下来对输入图像做一定的预处理操作，主要包括调整维度顺序、数值的归一化和增加批次维度等，最后打印预处理后图像的尺寸信息，实现代码如下：

```
data = mx.nd.image.to_tensor(img)
data = mx.nd.image.normalize(data,
                             mean=[0.485, 0.456, 0.406],
                             std=[0.229, 0.224, 0.225])
data = data.expand_dims(0)
print("Shape of transform image: {}".format(data.shape))
```

从以下输出结果中可以看到，图像大小没有变化，但是增加了批次维度，并且将通道维度往前挪了。输出结果具体如下：

```
Shape of transform image: (1, 3, 319, 500)
```

准备好模型和数据之后就可以开始执行模型的前向计算以得到预测结果了，得到的 output 变量是与输入数据维度一样的概率图，下面在类别维度上求与概率最大值对应的类别就可以得到每个像素点的分割类别，最后通过 gluoncv.utils.viz.get_color_pallete() 接口为分割图中不同类别的点配置 Pascal VOC 数据集使用的色彩图，以得到最终的分割结果。实现代码具体如下：

```
output = fcn.demo(data)
mask = mx.nd.squeeze(mx.nd.argmax(output, 1)).asnumpy()
mask = utils.viz.get_color_pallete(npimg=mask,
                                    dataset='pascal_voc')
fig.add_subplot(1,2,2)
plt.imshow(mask)
plt.savefig('segmentation_result.png')
```

最终的输入图像和分割结果如图 12-7 所示。

图 12-7　输入图像及语义分割结果

12.1.3　utils 模块

GluonCV 提供了一些非常常用的辅助计算接口，比如，在目标检测算法中需要计算 2 个输入框的 IoU，在 GluonCV 中可以通过 gluoncv.utils.bbox_iou() 接口进行计算，代码保存在 "~/chapter12-GluonCV/12.1-GluonCVBasis/12.1.3-utils-API/gluoncv_utils_bboxiou.py" 脚本中，代码内容如下所示：

```
import numpy as np
import gluoncv
bbox_a = np.array([[0,0,0.8,0.8]])
bbox_b = np.array([[0.4,0.4,1,1]])
iou = gluoncv.utils.bbox_iou(bbox_a, bbox_b)
print("IoU of bbox_a and bbox_b is: {}".format(iou[0][0]))
```

输出结果如下，IoU 的计算公式是用 2 个框相交的面积除以 2 个框并起来的面积，读者可以计算一下看是否正确：

```
IoU of bbox_a and bbox_b is: 0.190476190476
```

其次，GluonCV 的 utils 模块还提供了许多可视化接口，这些接口都维护在 utils 的 viz 模块中，比如，可视化目标检测的标注框时可以使用 gluoncv.utils.viz.plot_bbox() 接口，图像分割中与特定数据集类别对应的颜色可以通过 gluoncv.utils.viz.get_color_pallete() 接口实现等，这几个接口在前面介绍 data 模块和 model zoo 模块时已经用到了。

此外，GluonCV 还提供了图像任务中常用的评价指标计算接口，例如，目标检测算法中常用的评价指标是 mAP，GluonCV 中提供了针对 Pascal VOC 数据集使用的计算接口 gluoncv.utils.metrics.VOC07MApMetric() 和针对 COCO 数据集使用的计算接口 gluoncv.utils.metrics.COCODetectionMetric()，在语义分割算法中，常用的评价指标是像素精确度和 Mean IoU，GluonCV 中提供的相应的计算接口为 gluoncv.utils.metrics. SegmentationMetric()。

目前，GluonCV 库还在快速发展壮大中，相信随着 GluonCV 的不断完善，这些辅助接口将为用户提供更多便利。

12.2　解读 ResNet 复现代码

GluonCV 库最大的优点在于其复现了目前计算机视觉算法领域的多种算法结果，而且复现的部分算法结果要优于原论文的结果，这样用户就能够直接使用这些模型进行迁移学习。除此之外，GluonCV 的官方文档中还提供了复现算法相关的训练代码和训练日志，用户可以从这些训练代码中学习到代码复现的细节，这对于后续的算法创新非常有帮助。

本节将以图像分类算法领域的 ResNet 网络为例介绍训练代码的细节，目前 GluonCV 库提供了如图 12-8 所示的多种形式的 ResNet 网络复现结果。在图 12-8 中，第一列表示模型名称，本节以 ResNet50_v1 [一] 算法为例介绍训练代码内容，笔者从 GluonCV 官方网页 [二] 下载训练脚本 train_imagenet.py 并保存在 "~/chapter12-GluonCV/12.2-classification" 目录下，参数配置保存在 "~/chapter12-GluonCV/12.2-classification/run_train.sh" 脚本中。

因为参数配置信息都写在 "~/chapter12-GluonCV/12.2-classification/run_train.sh" 脚本中，因此如果用户要启动训练，那么在准备好数据之后可以通过如下命令来启动，需要注意的是，启动脚本中默认训练过程在 8 块 GPU 上进行，因此如果你的机器上没有这么多

〇　He K, Zhang X, Ren S, et al. Deep residual learning for image recognition[C]//Proceedings of the IEEE conference on computer vision and pattern recognition. 2016: 770-778.

〇　https://gluon-cv.mxnet.io/build/examples_classification/dive_deep_imagenet.html。

GPU 可用，则需要根据实际情况修改 --num-gpus 参数。实现代码具体如下：

```
$ cd ~/chapter12-GluonCV/12.2-classification
$ sh run_train.sh
```

Model	Top-1	Top-5	Hashtag	Training Command	Training Log
ResNet18_v1 [1]	70.93	89.92	a0666292	shell script	log
ResNet34_v1 [1]	74.37	91.87	48216ba9	shell script	log
ResNet50_v1 [1]	77.36	93.57	cc729d95	shell script	log
ResNet101_v1 [1]	78.34	94.01	d988c13d	shell script	log
ResNet152_v1 [1]	79.22	94.64	acfd0970	shell script	log
ResNet18_v1b [1]	70.94	89.83	2d9d980c	shell script	log
ResNet34_v1b [1]	74.65	92.08	8e16b848	shell script	log
ResNet50_v1b [1]	77.67	93.82	0ecdba34	shell script	log
ResNet101_v1b [1]	79.20	94.61	a455932a	shell script	log
ResNet152_v1b [1]	79.69	94.74	a5a61ee1	shell script	log
ResNet50_v1c [1]	78.03	94.09	2a4e0708	shell script	log
ResNet101_v1c [1]	79.60	94.75	064858f2	shell script	log
ResNet152_v1c [1]	80.01	94.96	75babab6	shell script	log
ResNet50_v1d [1]	79.15	94.58	117a384e	shell script	log
ResNet50_v1d (no mixup) [1]	78.48	94.20	00319ddc	shell script	log
ResNet101_v1d [1]	80.51	95.12	1b2b825f	shell script	log
ResNet101_v1d (no mixup) [1]	79.78	94.80	8659a9d6	shell script	log
ResNet152_v1d [1]	80.61	95.34	cddbc86f	shell script	log
ResNet152_v1d (no mixup) [1]	80.26	95.00	cfe0220d	shell script	log
ResNet18_v2 [2]	71.00	89.92	a81db45f	shell script	log
ResNet34_v2 [2]	74.40	92.08	9d6b80bb	shell script	log
ResNet50_v2 [2]	77.11	93.43	ecdde353	shell script	log
ResNet101_v2 [2]	78.53	94.17	18e93e4f	shell script	log
ResNet152_v2 [2]	79.21	94.31	f2695542	shell script	log

图 12-8   GluonCV 复现的 ResNet 算法列表

接下来我们看看启动脚本的详细内容：

```
python train_imagenet.py \
  --rec-train /media/ramdisk/rec/train.rec \
  --rec-train-idx /media/ramdisk/rec/train.idx \
  --rec-val /media/ramdisk/rec/val.rec \
```

```
--rec-val-idx /media/ramdisk/rec/val.idx \
--model resnet50_v1 --mode hybrid \
--lr 0.4 --lr-mode cosine --num-epochs 120 \
--batch-size 128 --num-gpus 8 -j 60 \
--warmup-epochs 5 --dtype float16 \
--use-rec --last-gamma --no-wd --label-smoothing \
--save-dir params_resnet50_v1_best \
--logging-file resnet50_v1_best.log
```

启动脚本中涉及的几个参数及其说明具体如下。

❑ --rec-train，表示训练数据的 RecordIO 文件。

❑ --rec-train-idx，表示训练数据的 index 文件。

❑ --rec-val，表示验证数据的 RecordIO 文件。

❑ --rec-val-idx，表示验证数据的 index 文件。

❑ --model，表示模型名称。

❑ --mode，表示模型训练的模式，主要有符号式（symbolic）、命令式（imperative）和混合式（hybrid）3 种，符号式的训练方式类似于本书前面篇章提到的训练方式，这里采用混合式，也就是在网络结构构建阶段采用命令式，构建结束后转成静态图进行训练。

❑ --lr，表示初始学习率。

❑ --lr-mode，表示学习率变化函数。

❑ --num-epochs，表示训练的 epoch 数量。

❑ --batch-size，表示训练的批次大小。

❑ --num-gpus，表示训练的 GPU 数量。

❑ -j，表示数据读取的线程数。

❑ --warmup-epochs，表示模型在热身阶段的训练 epoch 数量。

❑ --dtype，表示数值类型。

❑ --use-rec，表示是否采用 RecordIO 数据读取方式，因为该参数设置为 action='store_true'，所以只需要加上 --use-rec，该参数就是 True，而不需要采用 --use-rec True 的形式，后面有类似操作的参数也是同样的道理。

❑ --last-gamma，表示每个 bottleneck 结构中的最后一个 BN 层的 γ 参数是否初始化为 0，这里设置为用 0 进行初始化。

❑ --no-wd，表示是否对网络结构中的所有偏置参数（bias）、BN 层的 γ 和 β 参数进行权重衰减操作（weight decay），这里设置为不进行。

❑ --label-smoothing，表示是否对数据标签做平滑操作，这里设置为执行平滑操作，后续代码中还会进行详细介绍。

❑ --save-dir，表示训练得到的模型的保存路径。

❑ --logging-file，表示训练日志的保存文件。

这份训练代码的整体结构与本书前面章节介绍的图像分类代码的结构类似，主要包括导入模块、命令行参数设置、日志信息设置、训练参数配置、模型导入、数据读取、评价标准设定、模型训练等过程。之所以要介绍这份代码主要包含如下两个方面的原因。

1）这份代码混合使用了 MXNet、Gluon 和 GluonCV 等多个工具，从中可以感受命令式编程和符号式编程结合的优势。

2）这份代码是用于复现目前前沿的图像分类算法的代码，相信用户能够从这份代码中收获很多，尤其是一些细节处理方面的经验，往往是前人经过长时间的调优总结出来的，非常宝贵。

本节中，我会按照代码实际运行和便于理解的顺序介绍代码内容，而不是按照源代码从第一行介绍到最后一行，希望这样处理对用户理解这份代码能有所帮助。

12.2.1　导入模块

这部分主要是导入模型训练必需的模块，比如用于参数解析的 argparse 模块，用于记录日志信息的 logging 模块等，除了 Python 中这些常用的模块之外，这里还导入了 MXNet、Gluon 和 GluonCV 相关的模块，因此这份代码将通过混合使用这几个工具来训练模型，这样做既能够保证代码的书写灵活，也能够保证代码的运行效率。导入模块的实现代码具体如下：

```
import argparse, time, logging, os, math

import numpy as np
import mxnet as mx
from mxnet import gluon, nd
from mxnet import autograd as ag
from mxnet.gluon import nn
from mxnet.gluon.data.vision import transforms

from gluoncv.data import imagenet
from gluoncv.model_zoo import get_model
from gluoncv.utils import makedirs, LRScheduler
```

12.2.2　命令行参数设置

这部分是通过 argparse 模块设置模型训练所需要的超参数，这样在启动训练脚本时就能够在命令行直接配置相关的参数了。如下所示的是训练脚本中配置的参数信息，限于篇幅原因这里只贴出部分内容。这些参数会在后续代码中结合实际操作进行讲解，需要注意，在 12.2 节中介绍的启动脚本会对部分参数做修改，所以在阅读后续代码时需要注意这些参数的设置，当然我在接下来的介绍过程中也会强调各参数的实际设置。命令行参数设置代码具体如下：

```
parser = argparse.ArgumentParser(description='Train a model for image classification.')
parser.add_argument('--data-dir', type=str, default='~/.mxnet/datasets/imagenet',
                     help='training and validation pictures to use.')
parser.add_argument('--rec-train', type=str, default='~/.mxnet/datasets/
                     imagenet/rec/train.rec',
                     help='the training data')
parser.add_argument('--rec-train-idx', type=str, default='~/.mxnet/datasets/
                     imagenet/rec/train.idx',
                     help='the index of training data')
......
parser.add_argument('--log-interval', type=int, default=50,
                     help='Number of batches to wait before logging.')
parser.add_argument('--logging-file', type=str, default='train_imagenet.log',
                     help='name of training log file')
opt = parser.parse_args()
```

12.2.3　日志信息设置

这部分是通过 logging 模块设置模型训练过程中的日志信息输出和保存操作，设置好之后即可以调用记录器 logger 的 info() 方法显示和保存指定信息，比如这里的 logger.info(opt) 代码就是将配置的参数都显示并保存下来，日志保存的路径是 opt.logging_file 所设置的文件。在后面介绍模型训练的代码时，你将继续看到 logger.info() 的身影。日志信息设置的代码具体如下：

```
filehandler = logging.FileHandler(opt.logging_file)
streamhandler = logging.StreamHandler()

logger = logging.getLogger('')
logger.setLevel(logging.INFO)
logger.addHandler(filehandler)
logger.addHandler(streamhandler)

logger.info(opt)
```

12.2.4   训练参数配置

模型训练相关的参数配置主要可以分为以下 5 个部分。

第一部分是基础参数的设置，比如批次大小 batch_size、分类类别数 classes、训练样本数量 num_training_samples 等，实现代码具体如下：

```
batch_size = opt.batch_size
classes = 1000
num_training_samples = 1281167
```

第二部分是训练环境相关的设置，比如：是否采用 GPU 训练模型（num_gpus>0 表示采用 GPU 训练模型）；批次大小的设置 batch_size，因为这份代码会将数据集按照 GPU 数量进行划分，所以在批次大小设置上也会同步；数据读取的线程数量 num_workers，这个参数主要是为了加快数据读取速度，需要注意的是这里设置的是线程数量，不是进程数量。实现代码具体如下：

```
num_gpus = opt.num_gpus
batch_size *= max(1, num_gpus)
context = [mx.gpu(i) for i in range(num_gpus)] if num_gpus > 0 else [mx.cpu()]
num_workers = opt.num_workers
```

第三部分是关于学习率和学习率变化策略的设定，其主要涉及如下几个参数。

❑ opt.lr_decay，该参数表示学习率发生变换时要变成当前学习率的 opt.lr_decay 倍，默认设置为 0.1，这也是很多算法常用的配置。

❑ opt.lr_decay_period，该参数表示采用学习率的周期性变化策略，这份代码中是采用默认值 0，假设将该参数设置为大于 0，即表示采用这种周期性变化策略，比如设置为 5，那么这个设置就意味着每训练 5 个 epoch 就修改学习率一次。

❑ opt.lr_decay_epoch，该参数的值与 opt.lr_decay_period 相关：当 opt.lr_decay_period 参数大于 0 时，就采用周期性变化策略；当 opt.lr_decay_period 参数小于等于 0 时，就采用特定 epoch 变化策略。假如此时的 opt.lr_decay_epoch 参数设置为 '40,60'，那么就只在第 40 和 60 个 epoch 修改学习率。

关于学习率变换策略的设定，这里选择的是 gluoncv.utils.LRScheduler() 接口，这个接口与 7.1.2 节介绍的学习率变化策略接口 mxnet.lr_scheduler.MultiFactorScheduler() 类似，只不过，gluoncv.utils.LRScheduler() 接口可以通过设置 mode 参数选择变化策略，比如设置 mode 参数为 'step' 时，其功能就与 mxnet.lr_scheduler.MultiFactorScheduler() 接口一样，这份代码是将 mode 参数设置为 'cosine'，因此学习率变化公式中会引入余弦函数，感兴趣的读者可以查看该接口的文档。gluoncv.utils.LRScheduler() 接口中有一个参数 warmup_ epochs，表示用一个小的学习率训练模型时的 epoch 数量，单词 'warmup' 翻译过来是热身，也就是说在用初始学习率训练模型之前，先用较小的学习率训练模型，相当于是给正式训练热热身，这样做对模型的正式训练有所帮助。热身过程涉及 3 个参数，参数及其说明具体如下。

- ❏ warmup_epochs，该参数表示热身阶段的训练 epoch 数量，这份代码中将其设置为 5。
- ❏ warmup_lr，该参数表示热身阶段的初始学习率，这份代码中采用默认值 0，因此该参数没有写出来。
- ❏ warmup_mode，该参数表示热身阶段的学习率变化策略，默认是 'linear'，也就是线性增长，还可以设置为 'constant'，表示一直采用 warmup_lr 进行训练，这份代码中采用的是默认的 'linear'，表示使得热身阶段的学习率不断增长到正式训练的初始学习率，从而较好地完成热身操作。

学习率与学习率策略变化的设定代码具体如下：

```
lr_decay = opt.lr_decay
lr_decay_period = opt.lr_decay_period
if opt.lr_decay_period > 0:
    lr_decay_epoch = list(range(lr_decay_period, opt.num_epochs, lr_decay_period))
else:
    lr_decay_epoch = [int(i) for i in opt.lr_decay_epoch.split(',')]
num_batches = num_training_samples // batch_size
lr_scheduler = LRScheduler(mode=opt.lr_mode, baselr=opt.lr,
                           niters=num_batches, nepochs=opt.num_epochs,
                           step=lr_decay_epoch, step_factor=opt.lr_decay,
                           power=2, warmup_epochs=opt.warmup_epochs)
```

第四部分是关于优化函数的设置，这里将优化函数 optimizer 设置为 'nag'，'nag' 是 Nesterov accelerated SGD 的缩写表示，是随机梯度下降（SGD）的改进之一。目前针对优化函数的改进非常多，比如 Adam、AdaGrad、RMSProp 等，感兴趣的读者可以都试一试。优化函数的设置代码具体如下：

```
optimizer = 'nag'
optimizer_params = {'wd': opt.wd, 'momentum': opt.momentum,
                    'lr_scheduler': lr_scheduler}
if opt.dtype != 'float32':
    optimizer_params['multi_precision'] = True
```

最后一部分是设置模型的保存间隔和保存路径，保存间隔参数 save_frequency 表示每训练多少个 epoch 就保存模型一次；保存路径参数 save_dir 表示模型的保存路径。

```
save_frequency = opt.save_frequency
if opt.save_dir and save_frequency:
    save_dir = opt.save_dir
    makedirs(save_dir)
else:
    save_dir = ''
    save_frequency = 0
```

12.2.5　模型导入

模型导入部分可以通过调用 gluoncv.model_zoo.get_model() 接口来实现，使用该接口时除了提供模型名称参数 model_name 之外，还可以看到另一个参数 **kwargs，其在 Python 中称为关键字参数，该参数允许用户在调用函数时传入 0 个或任意数量含有参数名的参数，这些参数在函数内部会自动组装成字典格式从而完成参数的传递，因此任意数量参数可以直接用 Python 的字典格式进行维护，这也是 kwargs 参数初始化成字典的原因。kwargs = {'ctx': context, 'pretrained': opt.use_pretrained, 'classes': classes}，在 kwargs 字典中主要配置的参数及其说明具体如下。

❑ 'ctx'，该参数表示模型的训练环境，比如 GPU。

❑ 'pretrained'，该参数表示是否使用预训练模型，这份代码是不使用的。

❑ 'classes'，表示图像分类的类别数。

因为 opt.last_gamma 参数设置为 True，所以会执行 kwargs['last_gamma'] = True 这一行代码，表示指定 BN 层的 γ 参数将初始化为 0。net.cast(opt.dtype) 是将模型的参数数值类型从默认的 32 位浮点型（float32）转成 16 位浮点型（训练启动脚本中将 opt.dtype 参数设置为 float16）。最后的条件语句是断点训练相关的，如果设置了断点训练和模型路径，那么就用指定模型的参数初始化网络结构，这份代码中是不进行断点训练的。

模型导入的实现代码具体如下：

```
model_name = opt.model

kwargs = {'ctx': context, 'pretrained': opt.use_pretrained, 'classes': classes}
if model_name.startswith('vgg'):
    kwargs['batch_norm'] = opt.batch_norm
elif model_name.startswith('resnext'):
    kwargs['use_se'] = opt.use_se

if opt.last_gamma:
    kwargs['last_gamma'] = True

net = get_model(model_name, **kwargs)
```

```
net.cast(opt.dtype)
if opt.resume_params is not '':
    net.load_parameters(opt.resume_params, ctx = context)
```

12.2.6　数据读取

数据读取和数据增强操作对模型的训练结果影响很大，也是很多论文复现时容易踩坑的地方。训练代码中提供了两种数据读取方式：基于 RecordIO 文件和基于原图像，其中，基于 RecordIO 文件读取数据可通过 get_data_rec() 函数实现，基于原图像读取数据可通过 get_data_loader() 函数实现。因为这份代码中采用的是基于 RecordIO 文件的数据读取方式，所以这里仅介绍该函数的内容。

get_data_rec() 函数依然是通过 mxnet.io.ImageRecordIter() 接口读取 RecordIO 文件，该接口的许多参数都曾在第 5 章中有过详细介绍，需要注意如下几个参数的设置。

❑ preprocess_threads，该参数表示数据读取的线程数，其能够在一定程度上加快数据的读取速度。

❑ random_resized_crop，这个参数在 5.3.2 节已经介绍过了，能够裁剪得到不同大小和宽高比的图像，该参数需要结合 max_aspect_ratio、min_aspect_ratio、max_random_area 和 min_random_area 这 4 个参数一起使用，这 4 个参数相当于控制裁剪区域的面积和宽高比。

❑ 色彩相关的参数设置，比如亮度（brightness）、饱和度（saturation）、对比度（contrast），在这份代码中，这些参数都设置为 jitter_param，jitter_param 设置为 0.4，整体上看数据增强操作还是比较丰富的。

get_data_rec() 函数中还定义了一个 batch_fn() 函数，该函数的主要作用在于将输入数据沿着 batch_axis 维度拆分成 len(ctx_list) 份数据并返回，因为 len(ctx_list) 表示 GPU 的数量，因此简单而言，假如训练模型是在 2 块 GPU 卡上进行的，那么这个函数所要做的就是将输入数据拆分成 2 份并分别分配给每块 GPU，这也是数据并行的含义。get_data_rec() 函数的实现代码具体如下：

```
def get_data_rec(rec_train, rec_train_idx, rec_val, rec_val_idx, batch_size,
                 num_workers):
    rec_train = os.path.expanduser(rec_train)
    rec_train_idx = os.path.expanduser(rec_train_idx)
    rec_val = os.path.expanduser(rec_val)
    rec_val_idx = os.path.expanduser(rec_val_idx)
    jitter_param = 0.4
    lighting_param = 0.1
```

```python
input_size = opt.input_size
crop_ratio = opt.crop_ratio if opt.crop_ratio > 0 else 0.875
resize = int(math.ceil(input_size / crop_ratio))
mean_rgb = [123.68, 116.779, 103.939]
std_rgb = [58.393, 57.12, 57.375]

def batch_fn(batch, ctx):
    data = gluon.utils.split_and_load(batch.data[0], ctx_list=ctx,
                                      batch_axis=0)
    label = gluon.utils.split_and_load(batch.label[0], ctx_list=ctx,
                                       batch_axis=0)

    return data, label

train_data = mx.io.ImageRecordIter(
    path_imgrec         = rec_train,
    path_imgidx         = rec_train_idx,
    preprocess_threads  = num_workers,
    shuffle             = True,
    batch_size          = batch_size,

    data_shape          = (3, input_size, input_size),
    mean_r              = mean_rgb[0],
    mean_g              = mean_rgb[1],
    mean_b              = mean_rgb[2],
    std_r               = std_rgb[0],
    std_g               = std_rgb[1],
    std_b               = std_rgb[2],
    rand_mirror         = True,
    random_resized_crop = True,
    max_aspect_ratio    = 4. / 3.,
    min_aspect_ratio    = 3. / 4.,
    max_random_area     = 1,
    min_random_area     = 0.08,
    brightness          = jitter_param,
    saturation          = jitter_param,
    contrast            = jitter_param,
    pca_noise           = lighting_param,
)
val_data = mx.io.ImageRecordIter(
    path_imgrec         = rec_val,
    path_imgidx         = rec_val_idx,
    preprocess_threads  = num_workers,
    shuffle             = False,
    batch_size          = batch_size,

    resize              = resize,
```

```
        data_shape            = (3, input_size, input_size),
        mean_r                = mean_rgb[0],
        mean_g                = mean_rgb[1],
        mean_b                = mean_rgb[2],
        std_r                 = std_rgb[0],
        std_g                 = std_rgb[1],
        std_b                 = std_rgb[2],
    )
    return train_data, val_data, batch_fn
```

12.2.7　定义评价指标

因为 opt.mixup 参数设置为 False，所以训练阶段的评价指标采用 mxnet.metric.Accuracy()，测试阶段的评价指标采用 acc_top1 和 acc_top5，其中，acc_top1 就是常见的准确率计算，因此 acc_top1 仍然使用 mxnet.metric.Accuracy()，acc_top5 是 ImageNet 数据集中常用的评价指标，表示真实类别的预测概率排在前 5 时模型的准确率，因此 acc_top5 通过 mxnet.metric.TopKAccuracy() 接口实现。实现代码具体如下：

```
if opt.mixup:
    train_metric = mx.metric.RMSE()
else:
    train_metric = mx.metric.Accuracy()
acc_top1 = mx.metric.Accuracy()
acc_top5 = mx.metric.TopKAccuracy(5)
```

12.2.8　模型训练

代码训练的入口是 main() 函数，在 main() 函数中，因为 opt.mode 参数设置为 'hybrid'，因此这里采用混合式训练方式，具体而言，网络结构的定义部分是采用 Gloun 接口来实现的，也就是命令式编程，所以需要调用网络对象的 hybridize() 接口构建静态图，这样网络结构在训练时就是基于静态图来进行，这样做能够提高训练效率和减少显存使用。main() 函数的实现代码具体如下：

```
def main():
    if opt.mode == 'hybrid':
        net.hybridize(static_alloc=True, static_shape=True)
    train(context)

if __name__ == '__main__':
```

```
main()
```

训练过程通过 train() 函数实现，接下来将 train() 函数拆分成如下几个部分分别进行介绍。

1）网络参数的初始化：net.initialize(mx.init.MSRAPrelu(), ctx=ctx)。因为前面在导入网络结构时并没有选择导入网络参数，所以相当于是要从头开始训练模型，这就涉及网络参数的初始化，而这行代码是利用 mxnet.init.MSRAPrelu() 方式进行参数初始化，该初始化方式是在第 7 章的 7.1.1 节介绍的 mxnet.init.Xavier() 初始化方式的基础上进行修改而得到的，关于 mxnet.init.MSRAPrelu() 初始化方式的详细内容可以参考一篇论文⊖。网络参数初始化的代码如下：

```
if isinstance(ctx, mx.Context):
    ctx = [ctx]
if opt.resume_params is '':
    net.initialize(mx.init.MSRAPrelu(), ctx=ctx)
```

2）opt.no_wd 参数在这份代码中设置为 True，表示对网络结构中的所有偏置参数（bias）、BN 层的 γ 和 β 参数不进行权重衰减操作（weight decay），权重衰减操作通过在损失函数中增加正则项以达到防止模型过拟合的目的，一般而言，正则项会对网络的所有参数起作用，而这里相当于是设置了权重衰减操作所针对的参数。在 12.2.2 节介绍的命令行参数中，有一个 " --wd "（weight decay 的缩写）参数，其默认设置为 0.0001，这个参数就是正则项前面的系数，可用来平衡正则项与损失函数之间的权重关系。opt.no_wd 参数的设置代码具体如下：

```
if opt.no_wd:
    for k, v in net.collect_params('.*beta|.*gamma|.*bias').items():
        v.wd_mult = 0.0
```

3）调用 gluon.Trainer() 接口初始化训练器，这里一共传入了 3 个参数：net.collect_params() 表示获取网络结构的参数，optimizer 表示优化函数，optimizer_params 表示优化函数相关的参数（这里就包括第 2 点提到的 " --wd " 参数）。gluon.Trainer() 函数的实现代码如下：

```
trainer = gluon.Trainer(net.collect_params(), optimizer, optimizer_params)
```

4）opt.label_smoothing 参数表示是否设置标签平滑，这份代码使用标签平滑。平滑操作简而言之就是将原来是 0 或 1 的标签平滑成 0 到 1 之间的浮点型标签，使得类别之间的差异减小一些，这一点对于缓解模型过拟合有一定的帮助。如果设置了标签平滑操作，那

⊖ He K, Zhang X, Ren S, et al. Delving deep into rectifiers: Surpassing human-level performance on imagenet classification[C]//Proceedings of the IEEE international conference on computer vision. 2015: 1026-1034.

么在定义交叉熵损失函数时就要设置对应的参数，以让损失函数明白此时的真实标签已经平滑过了。opt.label_smoothing 参数的设置代码具体如下：

```
if opt.label_smoothing or opt.mixup:
    L = gluon.loss.SoftmaxCrossEntropyLoss(sparse_label=False)
else:
    L = gluon.loss.SoftmaxCrossEntropyLoss()
```

5）在以 epoch 为单位的大循环中，一开始会执行一些重置操作，包括对训练数据、训练评价指标的重置和记时操作，重置操作结束后就以 batch 为单位开始循环训练每一个批次的数据。循环训练的代码具体如下：

```
tic = time.time()
if opt.use_rec:
    train_data.reset()
train_metric.reset()
btic = time.time()
```

6）在以 batch 为单位的循环训练过程中，先通过 batch_fn() 函数对数据迭代器的数据进行拆分，拆分的份数与 GPU 的数量相等。batch_fn() 函数的实现代码如下：

```
data, label = batch_fn(batch, ctx)
```

7）因为 opt.mixup 参数设置为 False，opt.label_smoothing 参数设置为 True，所以对于输入标签会执行平滑操作 label = smooth(label, classes)，标签平滑的具体操作都在 smooth() 函数中，具体实现代码如下：

```
if opt.mixup:
    lam = np.random.beta(opt.mixup_alpha, opt.mixup_alpha)
    if epoch >= opt.num_epochs - opt.mixup_off_epoch:
        lam = 1
    data = [lam*X + (1-lam)*X[::-1] for X in data]

    if opt.label_smoothing:
        eta = 0.1
    else:
        eta = 0.0
    label = mixup_transform(label, classes, lam, eta)

elif opt.label_smoothing:
    hard_label = label
    label = smooth(label, classes)
```

8）with ag.record() 中的 ag 表示 MXNet 的 autograd 模块，该语句执行的是模型的前向

计算和损失函数计算，计算完损失函数之后即可将损失回传，回传损失的过程中会计算出梯度，最后调用 trainer 对象的 step() 方法更新网络参数，这样就完成了一个批次数据的训练。with ag.record() 函数的实现代码具体如下：

```
with ag.record():
    outputs = [net(X.astype(opt.dtype, copy=False)) for X in data]
    loss = [L(yhat, y.astype(opt.dtype, copy=False))
        for yhat, y in zip(outputs, label)]
for l in loss:
    l.backward()
lr_scheduler.update(i, epoch)
trainer.step(batch_size)
```

9）训练过程的评价指标更新计算也与 opt.mixup 参数、opt.label_smoothing 参数的设置相关。因为 opt.mixup 参数设置为 False，opt.label_smoothing 参数设置为 True，所以最后调用 train_metric.update(hard_label, outputs) 计算当前批次数据的训练评价指标值。评价指标更新计算的实现代码具体如下：

```
if opt.mixup:
    output_softmax = [nd.SoftmaxActivation(out.astype('float32', copy=False))
                        for out in outputs]
    train_metric.update(label, output_softmax)
else:
    if opt.label_smoothing:
        train_metric.update(hard_label, outputs)
    else:
        train_metric.update(label, outputs)
```

10）这一部分是打印模型训练过程中的信息，因为 opt.log_interval 参数设置为 50，所以每训练 50 个批次的数据就会显示一次训练过程的信息，包括训练速度、训练指标数值、训练学习率等，可以看到日志信息的输出正是通过调用记录器 logger 的 info() 方法来实现的。打印模型训练过程信息的实现代码具体如下：

```
if opt.log_interval and not (i+1)%opt.log_interval:
    train_metric_name, train_metric_score = train_metric.get()
    logger.info('Epoch[%d] Batch [%d]\tSpeed: %f samples/sec\t%s=%f\tlr=%f'%(
                epoch, i, batch_size*opt.log_interval/(time.time()-btic),
                train_metric_name, train_metric_score, trainer.learning_rate))
    btic = time.time()
```

11）执行完一个 epoch 数据的训练之后，接下来就要统计该 epoch 数据的训练指标信息、时间消耗信息等，同时还会调用 test() 函数测试模型在验证数据集上的效果并输出相关指标，实现代码具体如下：

```
train_metric_name, train_metric_score = train_metric.get()
throughput = int(batch_size * i /(time.time() - tic))

err_top1_val, err_top5_val = test(ctx, val_data)

logger.info('[Epoch %d] training: %s=%f'%(epoch, train_metric_name,
            train_metric_score))
logger.info('[Epoch %d] speed: %d samples/sec\ttime cost: %f'%(epoch,
            throughput, time.time()-tic))
logger.info('[Epoch %d] validation: err-top1=%f err-top5=%f'%(epoch, err_top1_val,
            err_top5_val))
```

12）接下来这 2 个条件语句都是与保存训练模型相关的语句，一方面要保存在验证数据集上表现最好的模型，另一方面当训练过程进行到设定的保存模型 epoch 时就会保存对应 epoch 的模型，实现代码具体如下：

```
if err_top1_val < best_val_score:
    best_val_score = err_top1_val
    net.save_parameters('%s/%.4f-imagenet-%s-%d-best.params'%(save_dir, best_
        val_score, model_name, epoch))
    trainer.save_states('%s/%.4f-imagenet-%s-%d-best.states'%(save_dir, best_
        val_score, model_name, epoch))
if save_frequency and save_dir and (epoch + 1) % save_frequency == 0:
    net.save_parameters('%s/imagenet-%s-%d.params'%(save_dir, model_name,epoch))
    trainer.save_states('%s/imagenet-%s-%d.states'%(save_dir, model_name, epoch))
```

13）最后这个条件语句是在 epoch 训练大循环之外的，这是用来处理最后一个 epoch 模型的保存，实现代码具体如下：

```
if save_frequency and save_dir:
    net.save_parameters('%s/imagenet-%s-%d.params'%(save_dir, model_
        name,opt.num_epochs-1))
    trainer.save_states('%s/imagenet-%s-%d.states'%(save_dir, model_name,
        opt.num_epochs-1))
```

14）前面提到过，在每个 epoch 训练的最后都会通过 test() 函数测试模型在验证数据集上的效果，test() 函数的内容比较简单，其主要执行如下几项操作：

- ❑ 各项指标的重置操作。
- ❑ 遍历验证数据集，将数据按照 GPU 数量进行拆分。
- ❑ 执行模型的前向计算得到预测结果。
- ❑ 基于真实标签和预测结果更新评价指标。
- ❑ 所有验证数据计算结束后读取评价指标并返回。

test() 函数的实现代码具体如下：

```
def test(ctx, val_data):
    if opt.use_rec:
        val_data.reset()
    acc_top1.reset()
    acc_top5.reset()
    for i, batch in enumerate(val_data):
        data, label = batch_fn(batch, ctx)
        outputs = [net(X.astype(opt.dtype, copy=False)) for X in data]
        acc_top1.update(label, outputs)
        acc_top5.update(label, outputs)

    _, top1 = acc_top1.get()
    _, top5 = acc_top5.get()
    return (1-top1, 1-top5)
```

至此，基于 ImageNet 数据集的 ResNet50 网络训练代码就介绍结束了，可以看到，官方这份代码的书写风格还是非常棒的，逻辑也比较清晰，即便是深度学习的初学者也能快速理解。

12.3　本章小结

GluonCV 是专门为计算机视觉任务打造的深度学习工具库，该工具库提供了包括图像分类、目标检测、图像分割等领域的前沿算法复现结果，部分复现结果甚至要优于原论文。除了提供复现模型，GluonCV 还提供了具体的复现代码和训练日志，用户可以直接使用复现的模型作为预训练模型实现迁移学习，同时详细的复现代码也为其他想要深入了解复现细节的用户提供了参考。另外，GluonCV 还提供了丰富的公开数据集读取接口和可视化接口，以方便用户读取和查看数据。

复现算法的过程不仅仅需要对算法本身有深入的理解，而且对于代码细节的处理要求也非常高，GluonCV 推出的复现模型很好地解决了这个问题，本章解读了最常用的图像分类算法 ResNet 的训练代码，希望能够借此帮助读者理解代码复现的细节，这些都是 GluonCV 的优秀工程师积累的宝贵财富。限于篇幅的原因，本章没有讲解关于目标检测、图像分割等领域的复现代码，感兴趣的读者可以从 GluonCV 的官方文档下载复现代码自行学习。